U0252258

复杂地质环境下边坡流变机理及稳定性研究

王新刚　王家鼎　著

国家自然科学基金重点项目（41630639）
国家自然科学基金面上项目（40972193、41372269）
铁道部重大科技攻关项目（2005K001-A（G））
中国博士后基金（2016M602743）
资助出版

科学出版社
北京

内 容 简 介

本书是国家自然科学基金重点项目和多项面上项目的研究成果，针对边坡失稳中的科学问题和技术难点开展了大量的野外地质调查、现场及室内试验、数值模拟和力学分析等研究工作，获得了一系列创新性成果，内容包括饱水-失水循环作用下岩石的常规与流变试验研究，饱水-失水循环作用对岩石损伤的规律研究，饱水-失水循环作用下岩石损伤流变本构模型，岩石流变本构模型的二次开发与验证，渗透压与应力耦合作用下岩石流变机理研究，不同含水率下岩石剪切流变机理研究，复杂地质环境下考虑流变效应的边坡长期稳定性工程应用研究等。

本书可供广大从事地质灾害分析与防治、工程地质、岩土工程、水利水电、矿山、铁路、交通、建筑等行业的工程技术人员和有关高等院校相关专业的师生参考使用。

图书在版编目(CIP)数据

复杂地质环境下边坡流变机理及稳定性研究／王新刚，王家鼎著．—北京：科学出版社，2018．3

ISBN 978-7-03-055559-5

Ⅰ．①复…　Ⅱ．①王…　②王…　Ⅲ．①复杂地层-边坡-岩体流变学-研究　Ⅳ．①TU452

中国版本图书馆 CIP 数据核字（2017）第 283921 号

责任编辑：张井飞　白　丹　韩　鹏／责任校对：张小霞
责任印制：张　伟／封面设计：耕者设计工作室

科学出版社 出版
北京东黄城根北街 16 号
邮政编码：100717
http://www.sciencep.com
北京中石油彩色印刷有限责任公司 印刷
科学出版社发行　各地新华书店经销
*
2018 年 3 月第　一　版　开本：720×1000　B5
2019 年 3 月第三次印刷　印张：15 1/2
字数：300 000

定价：128.00 元

（如有印装质量问题，我社负责调换）

序　一

当代地球科学正面临着新的发展机遇和挑战。一方面，面对全球变化、社会发展需求和人类社会可持续发展，对地球科学提出了新的重大需求（资源、能源、生态、环境、灾害防治等）；另一方面，地球科学在20世纪发展的基础上，正处于发展新的科学理论和知识体系的重要关键时期。其中，最突出的是发展当代地学占主导地位的板块构造理论，构建大陆构造与动力学理论体系。而迄今的发展业已表明，在天体地球构造运行演化中，物质运动的流变学问题就是其关键问题之一，而且是地学研究中的薄弱环节，所以流变学问题，尤其是大陆流变学问题，已成为地学研究中突出的核心问题之一。

在地球科学中，流变学是探索研究地球组成物质，即岩石，包括从深部核幔到地壳的不同岩石在不同条件下的介质材料，随时间的流动规律的科学。中国大陆属于多块体拼合的大陆，长期处于全球特殊复合构造部位，具有长期、多期活动性，其地表系统和造山带极其复杂，成为当代地学发展前沿领域得天独厚的研究基地与天然实验室，也是大陆流变学试验与研究的良好场所。其中，中国大陆复杂地表系统的工程地质问题，尤其是未成岩松散或未完全固结的各类土质介质材料，如黄土和类黄土的松散介质材料的工程地质问题，就是一个突出的复杂性问题，其流变性，尤其是流体参与下的流变学问题就更为复杂突出。王家鼎教授与其团队长期从事地质灾害机理与防控关键技术研究，取得了重要成果，有新发现、新认识、新成果。该书主要是针对多种高边坡开展的一系列流变试验与理论方面的探索研究的初步总结，获得的创新性研究成果是：①以国家重点工程龙滩水电站的坝址区库岸高边坡“消落带”砂岩、泥板岩的流变试验成果为基础，总结后创新性地提出“非线性黏弹塑性流变模型”（DNBVP模型），并对其进行了二次开发与验证；②以三峡库区典型库岸滑坡岩体为例，进行渗透压与应力耦合作用下的岩石三轴流变试验，研究渗透压作用下岩石的蠕变规律与蠕变模型；③以西藏邦铺矿区花岗岩为对象，进行不同含水状态的剪切蠕变试验，分析不同含水状态下的剪切蠕变规律，并建立一种考虑含水率损伤的非线性黏弹塑性剪切蠕变模型；④根据所提出的流变本构模型，以室内试验和理论研究对所研究的边坡稳定性进行概括总结分析。

该书涉及的水电工程、高陡露天采矿工程等的边坡，开挖规模巨大，在内、外地质动力作用下，此类高陡边坡所受的地质演化环境变得更为复杂，造成高陡边坡特殊、复杂的运行环境和荷载条件，因而其稳定性要求比一般工程更高、安全服役时间更长，边坡设计、施工与运行的难度也更大。该书的出版正是对复杂地质环境下边坡长期稳定性和工程地质学中的许多重要问题的实验、实施和理论综合分析的总结，因而具有十分重要的工程意义和科学价值。该书针对工程地质中未成岩介质材料的流变学行为及其构造作用和意义所提出的新认识、新理论可为流变构造学研究提供实际资料、理论参考与工程应用示例。

该书可供工程地质和构造地质研究者与有兴趣的读者阅读和参考。

中国科学院院士 [signature]

2017 年 8 月于西安

序　二

中国是山地大国，包括高原和丘陵在内，约有山地面积666万km^2，占国土总面积的69.4%，山区人口占全国总人口的1/3以上。随着国家“一带一路”倡议的提出与“西部大开发”的不断深入，我国西部的水利水电、矿山、铁路、公路等都有了蓬勃发展，然而，西部建设的大型工程大多位于深山峡谷地区，地形高低悬殊，地质构造复杂，因此，出现了大量复杂地质环境下的高陡边坡，其使中国灾害成因具有过程复杂性和成灾环境多样性的特点，制约着区域经济发展和社会的进步。

这些复杂地质环境下的边坡影响着周边的工程建设与运营安全，我们既要重视此类边坡施工期间的临时稳定性问题，更要保证日后运营的长期稳定性。然而，边坡工程的变形乃至失稳破坏往往涉及岩体的流变性质，因此，有必要对其性质进行深入研究以充分掌握其流变规律，才能确保此类复杂地质环境下边坡工程的长期稳定性和安全性。

王家鼎教授所带领的研究团队，多年来一直致力于复杂工程地质环境下地质灾害问题的研究，并获得了国际同行的高度认可。该书是其团队在以往研究理论和工程应用实例基础上的总结和提炼，主要包含以下几点创新性成果：①研究了典型库岸边坡“消落带”岩石试样在饱水-失水循环作用下的劣化机理和效应，在Hoek-Brown强度准则（简称GH-B强度准则）的基础上引入饱水-失水循环作用后岩石累积损伤率，考虑了饱水-失水循环作用对岩石的损伤影响，改进了GH-B强度准则，构建了改进的GH-B强度准则对应的“GSI量化取值表格”；②在流变试验的基础上，提出了考虑岩石饱水-失水循环次数n损伤的“非线性黏弹塑性流变模型（DNBVP模型）”，使用VC++编程对该模型进行了基于FLAC3D软件的二次开发；③研究了渗透压与应力耦合作用下的岩石流变机理及不同含水率下的岩石剪切流变机理，提出了相应的流变本构模型；④根据所提出的流变本构模型，结合室内试验和理论研究成果分析了龙滩水电站坝址区库岸边坡、三峡库区马家沟库岸边坡、西藏邦铺矿区露采高陡边坡的长期稳定性。研究成果为大量存在的复杂地质环境下边坡岩体的流变机理及其长期稳定性的评价提供了经验积累和理论依据。

相信该书不仅对我国复杂地质环境下边坡流变机理及其长期稳定性的研究有

所促进，而且对我国水利水电、矿山、铁路、公路等工程建设具有重要的参考价值。特为之序。

中国科学院院士

2017年8月于成都

序　三

中国是一个灾害频发的国家，其中大多灾害与边坡相关，如滑坡、山崩、坠石和泥石流等灾害，都是直接危害人民生命财产的重大自然灾害，因此边坡工程的灾变失稳机制与稳定性研究一直是众多学者研究的重点工作。由于受地质条件复杂性、水文条件多样性及荷载条件多样性等多方面的影响，边坡工程处于一个复杂的孕灾环境中，因此边坡失稳破坏问题是一项集复杂性、高度不确定性及动态变化特性于一体的系统性问题，涉及面广、涵盖内容多。

随着中国“一带一路”战略的提出和“西部大开发”的不断深入，中国的水利水电、矿山、铁路、公路等方面都有了蓬勃发展，这些涉及的大型工程大多地处崇山峻岭中的深山峡谷地区，地形高差悬殊，地质构造复杂，因此，出现了大量的复杂地质环境下的高陡边坡，致使中国灾害成因具有过程复杂性和成灾环境的多样性，制约区域经济的发展和社会进步。

王教授与其团队长期从事地质灾害机理与防控技术研究，成就斐然。该专著是过去科研工作的延伸和深化，针对多种复杂地质环境下的高边坡开展的一系列流变试验与理论方面的科研工作，取得了一系列创新性成果：①改进了 Hoek-Brown 强度准则，并构建了新的“GSI 量化取值表格”；②创新性的提出了一种“非线性黏弹塑性流变模型（DNBVP 模型）”，并对其进行了二次开发与验证；③对渗透压与应力耦合作用下岩石流变机理和不同含水率下岩石剪切流变机理进行了研究，提出了相应的流变本构模型。王教授与其团队的研究成果为大量存在的复杂地质环境下边坡的流变机理及稳定性评价，提供了试验积累和理论依据。

该专著将理论与实践相结合，介绍了中国一些复杂地质环境下边坡工程的流变问题，提出了新认识、新理论。该专著的出版，将有力地推动世界范围内地质灾害的防治和工程地质学的发展，具有十分重要的工程意义和科学价值。我非常乐意为此书作序，希望王教授及其团队持之以恒，取得更加丰硕的成果。

加拿大渥太华大学教授 V. Yai Krishna

2017. 09. 30

Preface 3

China is a natural disaster-prone country; most of these disasters are related to slope failures which include landslides, slump slides, rockfalls and mudflows. These disasters have a significant impact on human lives, natural and man-made slope terrain and civil engineering infrastructure. For this reason, the slope failing mechanism and analysis of slope stability problems have attracted the attention of numerous researchers. Slope problems are complex, highly uncertain, dynamic and systemic problems, covering a wide range of research fields, since the failure of slope is developed under fairly complicated geological, hydrological and loading conditions.

Professor Jia-Ding Wang and his research group members have worked on loess slopes for several decades. Research under his leadership contributed to the development of constitutive and numerical models to better understand the mechanism of loess slope failures and prevention along with the treatment of loess landslides. Most of the investigations based on large scale in-situ and extensive experimental studies using state-of-the-art equipment. This monograph is a summary as well as an extension of their work in the past which includes a series of rheological tests and theoretical researches that were carried out on high loess slopes in complicated geological environment. The achievements include: ① the Hoek-Brown strength criterion was modified, and a new GIS quantized value form was proposed; ② a nonlinear viscoelastic-plastic rheological model (i.e. DNBVP model) was proposed, tested and validated; ③ the rheological behaviour of rocks under the coupling effects of osmotic pressure and stresses and the shearing and rheological behaviour of rocks with various water contents were investigated, and a rheological constitutive model was proposed. These achievements provide theoretical references for researches related to the rheological behaviour and stability analysis of high loess slopes in complicated geological environment.

In summary, the publication of this monograph will undoubtedly promote the advancement of prevention and treatment of geological disaster and principles of geological engineering around the world, and hence is of great value to engineering practice and scientific research. I am very honored to write a preface for this monograph; I wish Professor Wang and his research group all the best and will be eagerly waiting to learn more about their on-going research achievements for addressing loess slope problems in the near future.

V. Sai Krishna

Professor of Civil Engineering, University of Ottawa

前　言

随着人类工程活动的日益频繁及范围的扩大，我国的水利水电、露天矿山等方面都出现了大量高陡开挖边坡。水电开发往往在高山峡谷中进行，山体雄厚，危岩体发育，地质环境复杂多样；水电工程边坡具有规模巨大、坡度陡峻、运营时间长、设计和施工难度大等特点。露天采矿边坡的地质环境条件也通常极为复杂，露采边坡具有高度大、总体边坡角度陡、开采过程扰动因素大、开采时间长、失稳危害严重等特点。

鉴于此，迫切需要对这些大型水利水电、露天矿山边坡的岩体流变力学特性进行更深入的研究。建立恰当的流变本构模型来描述和模拟岩石力学特性与时间之间的关系，从而为进行此类复杂地质环境下边坡岩体的流变机理及其长期稳定性评价与分析，提供试验积累和理论依据。

本书主要介绍了作者近年来在龙滩水电站库岸边坡、三峡库区库岸边坡、西藏邦铺矿区高陡露天采矿边坡开展的一些研究工作。内容包括饱水-失水循环作用下岩石的常规与流变试验研究，饱水-失水循环作用对岩石损伤的规律研究，饱水-失水循环作用下岩石损伤流变本构模型，岩石流变本构模型的二次开发与验证，渗透压与应力耦合作用下岩石流变机理研究，不同含水率下岩石剪切流变机理研究，复杂地质环境下考虑流变效应的边坡长期稳定性工程应用研究等。

本专著的成果是在国家自然基金重点项目（编号：41630639）、中国博士后基金（2016M602743）等项目的资助下完成的。

本书可供广大从事地质灾害分析与防治、工程地质、岩土工程、水电水利、矿山、铁路、交通、建筑等行业的工程技术人员和有关高等院校相关专业的师生参考使用。

在本书的研究工作中，中国地质大学唐辉明教授，胡新丽教授，胡斌教授，李长东教授给予了莫大的帮助，西北大学谢婉丽副教授、谷天峰副教授、贾鹏飞讲师等同事提出很多建设性意见及建议，同时有数十名博士、硕士研究生参与了本书的现场调研、室内试验、理论分析工作，感谢连宝琴博士、蒋海飞硕士对本书文字校对方面做了大量细致的工作。借此机会，特向对本书研究提供帮助、支持和指导的所有领导、专家和同行表示衷心的感谢！

由于学术水平所限，书中难免有不妥之处，敬请读者批评指正。

作　者

2017 年 10 月 1 日

目　录

第1章 绪 论

1.1 研究背景

随着人类工程活动的日益频繁和范围扩大，我国的水利水电、露天矿山等方面出现了大量的高陡开挖边坡，见表1-1，而且在此类开挖边坡开口线之上还可能存在数百米甚至千米以上的自然边坡。水电开发往往在高山峡谷中进行，山体雄厚，危岩体发育，地质环境复杂多样，水电工程边坡具有规模巨大，坡度陡峻，运营时间长，设计和施工难度大等特点（周创兵，2013）；露天采矿边坡的地质环境条件通常也极为复杂，露采边坡具有高度大、总体边坡角度陡、开采过程扰动因素大、开采时间长、失稳危害严重等特点（王新刚等，2011）。

表1-1　我国部分水电、露天矿工程高边坡

序号	工程名称（水电站）	自然坡度/(°)	开挖坡高/m	序号	工程名称（露天矿）	最终边坡角/(°)	开挖坡高/m
1	小湾	47	670	1	大冶铁矿	41～43	444
2	锦屏一级	>55	530	2	峨口铁矿	42	720
3	大岗山	>40	380～410	3	南芬	35～46	500
4	溪洛渡	>60	300～350	4	抚顺西	25～30	400
5	天生桥	50	350	5	平庄西	32～37	400
6	糯扎渡	>43	300～400	6	水厂	30～47	700
7	白鹤滩	>42	400～600	7	厂坝	43～48	600
8	乌东德	>43	430	8	松树南沟	42～49	340
9	龙滩	>40	420	9	西藏邦铺	35～38	1065

岩体大多处于流变变形中，岩体的流变性是岩石力学研究和工程预测中的基本理论问题（陈宗基和康文法，1991；孙钧，1999）。岩体的流变特征与岩土工程的长期稳定性和安全性密切相关，大量的工程实践和研究都表明了岩体失稳破坏与时间有着密切的关系（Xu et al.，2012；王新刚等，2014；Wang et al.，2016），岩体流变常常会引起如滑坡、地基失稳等自然灾害（蒋海飞等，2013；王新刚等，2016；Jane，2017）。通过研究岩石的流变性能，可以分析复杂地质环境下边坡岩体长期稳定性和工程地质学中的许多重要问题。

如果忽视了岩土体的流变特性，往往会引发灾难性后果，如意大利 Vaiont 大坝库岸因水库蓄水影响下软弱层的流变效应而发生大滑坡，造成了 1925 人死亡，700 余人受伤（Hendron and Patton，1987；王新刚等，2014）；法国的马尔帕塞大坝因岩体中的断续裂隙面不断地蠕变、扩展，进而产生宏观断裂，最终发生溃决破坏（黄达和黄润秋，2010），造成 500 余人死亡和失踪，财产损失达 300 亿法郎；1989 年发生在甘肃省永靖县盐锅峡镇焦家崖头的高速滑坡（王家鼎，1992），1990 年天水市锻压机床厂发生的大型滑坡（王家鼎等，1993），均是由于岩土体蠕动变形而发生滑带岩土体抗剪强度降低的情况，在重力作用下蠕动变形达到一定的临界值，发生灾害。

水利水电、露天矿山等涉及的高边坡工程，它们的服务年限长达数十年甚至上百年，这些大型工程的开挖边坡既需要重视施工期间的稳定性问题，更要保证日后运营的长期稳定性，而其边坡工程的变形乃至失稳破坏往往涉及岩体的流变性质，因此，必须考虑边坡岩体的流变性质，并且有必要对其流变性质进行深入研究以充分掌握其流变规律，才能确保此类边坡工程的长期稳定性和安全性。

鉴于此，迫切需要对这些大型水利水电、露天矿山边坡的岩体流变力学特性进行深入研究。建立恰当的流变本构模型来描述和模拟岩石力学特性与时间之间的关系，从而为进行此类复杂地质环境下边坡岩体的流变机理及其长期稳定性评价与分析提供试验积累和理论依据。

1.2 国内外研究现状

国内外学者在岩石流变学等相关领域进行了大量卓有成效和富有开拓性的研究，积累了丰富的研究经验，取得了一定的研究成果，使岩石流变力学获得了重大进展，并为相关的岩土工程问题的解决提供了新的思路和重要的理论依据。在国内，陈宗基院士等率先提出并开展了岩石流变力学问题的研究。在孙钧院士等一大批研究学者的推动下，岩石流变力学从试验研究、理论分析到本构模型的识别等方面得到了系统的发展与突破（王思敬，2004）。

流变学是一门研究物体在力场或其他外界因素作用下，物体的流动与变形的科学。它的基本研究内容是揭示物体应力-应变状态规律和其随时间的变化情况，并建立与之相应的流变本构方程，从而解决工程实际中所遇到的相应问题（孙钧，1999）。

岩石的流变特性是岩土工程研究领域中应当认真对待的重要问题。岩土工程中所遇到的诸多问题往往都与岩石的流变特性有着密不可分的联系（王芝银和李云鹏，2008；Wang et al.，2016；Wu et al.，2017）。

多年来，众多学者研究探讨了采用流变力学理论来解释和处理边坡（Furuya

et al.，1999)、地下洞室（Debernardi and Barla，2009；Barla et al.，2012)、大坝坝基（张强勇等，2011）等工程中所遇到的各种随时间变化有关的问题和现象(徐卫亚等，2006；王新刚等，2014，2016；Wu et al.，2017)。进行岩石流变力学特性研究，发掘岩石在流变破坏过程中的规律，对水利水电、矿山、道路交通、核能工程、民用建筑等领域具有十分重要的现实意义。

1.2.1 岩石流变试验研究

岩石流变试验分为室内和现场两种。Griggs（1939）最早对岩石进行了流变试验研究；葛修润（1987）介绍了岩石大型三轴试件的变形和强度特性；陈宗基和康文法（1991）对泥板岩、砂岩进行了长达8400h的流变试验，研究探讨了岩石的流变、封闭应力和扩容现象；Boukharov等（1995）对易碎岩体的流变三阶段进行了研究；陈卫忠（1998）通过模型试验、理论分析和数值计算方法系统地研究了断续节理岩体的蠕变损伤断裂机理；徐卫亚等（2005）对绿片岩进行了流变试验，建立了七元件的岩石非线性黏弹塑性流变模型；Fabre和Pellet（2006）介绍了三种高比例黏土颗粒泥岩的静态和循环单轴流变试验结果，分析其流变特性；Aydan等（2014）代表ISRM（国际岩石力学学会）对岩石流变特性的试验方法进行了建议。

流变试验是获取岩石流变行为特性的一个主要方法。因此，在过去的几十年里，很多学者对各种岩石——岩盐（Yahya et al.，2000；Zhou et al.，2011；Fuenkajorn et al.，2012；Sheinin and Blokhin，2012)、泥岩（Pham et al.，2007)、页岩（Yang and cheng，2011)、泥灰岩（Tomanovic，2006)、石灰石(Maranini and Brigooli，1999；Nedjar and Le Roy，2013)、黏土岩（Pellet et al.，2013；Gilles et al.，2017)、花岗岩（Wang et al.，2016)、凝灰岩（Ma and Daemen，2006)、砂岩（Jiang et al.，2013；Brantut et al.，2014；Wu et al.，2017）等的室内单轴或三轴流变行为试验进行了研究。

1.2.2 考虑水作用的岩石流变研究现状

水是影响岩土工程安全最活跃的因素（王新刚等，2013a，2013b，2013c；王家鼎和王建斌，2016)，诸多地质灾害，如泥石流、降雨型滑坡、地面沉降、水库诱发地震、煤矿突水、岩溶塌陷等，都是水-岩相互作用引起的结果。岩石在遇水后会产生弱化现象，岩石的物理力学性质发生改变，从而降低了岩土体的稳定性（Agan，2016)。而随着时间的推移，水在岩石孔隙中进行扩散，岩石的长期强度、峰值强度、弹性模量、黏滞系数等都有所减弱，而流变速率却愈加显著，水的存在加剧了岩石的流变特性（王新刚等，2014；Wang et al.，2017)，因此，对饱水状态下岩石的流变特性进行研究具有十分重要的意义。Conil等

(2004) 根据泥岩试验成果，建立了用于描述损伤对水-力耦合影响的孔隙塑性模型；Xie 和 Shao (2006) 研究了岩石在饱和水条件下的弹塑性特性；王芝银和李云鹏 (2008) 建立了岩体应力场与渗流场耦合作用下的流变分析模型；杨圣奇等 (2006) 对饱和状态下的硬岩进行了三轴流变破裂机制研究；Okubo 等 (2008, 2010) 对饱和水和风干两种状态下的岩石蠕变特性进行了试验研究；Wang 等 (2016) 对不同含水率情况下的花岗岩进行了剪切流变试验研究；王新刚等 (2016) 对渗透压力和应力耦合下的泥岩进行了流变试验，提出了一种描述其流变特性的本构模型。

1.2.3 流变本构模型的研究

岩石的流变本构模型辨识一直是国内外学者研究的重点，岩石流变的本构模型一般通过以下方法建立：①经验流变模型；②元件组合模型；③采用非线性元件，以及断裂力学、内时理论、损伤力学等理论来建立岩石流变本构模型。其中，元件组合模型是用胡克体 (H)、牛顿体 (N)、圣维南体 (S) 等组合来模拟岩土的弹性、塑性、黏弹性、黏塑性等流变力学特征，在描述流变变形时灵活简便，且能够较好地应用于工程实例的数值分析，因此，在描述岩石材料的流变特性中应用较广 (Cai et al., 2004)。但是因为元件模型是线性的流变体，所以普遍存在以下几个问题 (王新刚, 2014)：①线性模型虽能够描述岩石变形的发展，但却无法对岩石的破坏特性进行准确的描述，更无法对岩石的强度载荷的速度效应给出定量分析；②线性模型虽然能够反映岩石的模量随着载荷速度增加的变化规律，但却与试验结果的差异甚大；③对流变应力与流变时间之间的关系，无法给出定量的描述；④尽管其元件组合形式多变、复杂，但均只能反映岩石的线性特征，即只能描述岩石在加速流变阶段之前的线性特性，而无法描述岩石的加速流变阶段的非线性特征，为解决这一问题，相关学者对元件模型进行了非线性化的改进。例如，Steipi 和 Gioda (2009)、Gao 等 (2010) 对岩石的流变模型进行了改进，用以描述岩石的黏弹塑性流变力学特征；Yang 等 (2013) 对辉绿岩进行了流变试验研究，并提出了一种描述其流变特性的非线性模型；Nedjar 和 Le Roy (2013) 针对石膏岩长期流变特性，提出了一个黏弹性损伤模型；Chen 和 Wang (2014) 针对考虑温度效应的花岗岩，提出了一种损伤力学流变模型；Sun 等 (2016) 对滑带碎石土的流变特性进行了研究，提出了一种非线性流变模型。

通过以上学者的研究可见，岩石非线性元件流变模型适用性较强，但元件模型的非线性化仍是岩石流变力学理论发展的一个重要课题。

1.2.4 流变本构模型参数辨识与反演研究

流变本构模型参数确定的方法主要有试验数据取点法、绘图法、试验数据回归分析法、最小二乘法、曲线分解法和位移反分析方法。孙钧（1999）对岩体的本构模型识别原理做了较为详尽的论述。关于流变模型参数反演方面，Feng 等（2006）使用遗传算法与粒子群算法耦合的方法对黏弹性模型参数进行了辨识；王伟（2007）采用改进粒子群优化算法对边坡工程的力学参数进行了反演；陈炳瑞等（2007）结合改进粒子群算法和 FLAC3D 软件，提出全局并行的改进粒子群参数反演方法；杨文东（2011）对粒子群算法进行了更为全面的研究，使其在提高反演效率的情况下，用于复杂流变模型的参数反演；Bozzano 等（2012）对岩质滑坡的流变参数进行了反演分析；王新刚（2014）提出了一种改进的 BP-PSO 算法，并对边坡岩体的流变参数进行了反演研究，但以上岩石流变模型参数辨识与反演方法仍需要进一步发展，这也是岩石流变力学中亟待解决的重要问题之一。

1.2.5　流变本构模型的二次开发研究

在工程应用的数值计算中，由于计算软件本身所提供的流变本构模型往往不同于研究学者所提出的本构模型，国内外学者对软件的流变本构模型进行了二次开发，以扩展软件的工程应用范围。Malan（1999）将提出的流变软化弹-黏塑性流变模型加入 FLAC 软件中，分析某矿井开挖之后硬岩的流变行为；Boidy 等（2002）将 Lemaitre 黏塑性流变模型加入 FLAC 软件中，对隧道围岩的蠕变行为做了反分析；Dragan 等（2003）将一个考虑岩石硬化软化过程的弹塑性本构模型加入 FLAC 软件中，进行了巷道开挖长期变形行为分析；徐卫亚等（2006）提出了河海流变本构模型，进行了相关数值程序的研制，并对工程实例进行了三维流变的数值模拟分析；张强勇等（2009）建立了一个变参数的损伤蠕变本构模型，并通过 C++语言和 Fish 语言编程对 FLAC3D 软件进行了二次开发，实现该损伤蠕变本构模型的程序化；陈育民和刘汉龙（2007）利用 VC++环境在 FLAC3D 软件中实现了邓肯-张本构模型的开发，并验证了该模型的正确性；杨文东等（2010）提出了一个认为岩体蠕变参数随时间变化的改进的 Burgers 变参数蠕变损伤模型，利用 FLAC3D 软件平台对该模型进行了二次开发，并通过计算验证了该模型的塑性、黏性与损伤的力学性质；陈芳等（2014）对碎石土进行了研究，提出了改进的邓肯-张本构模型，并利用 FLAC3D 软件平台对该模型进行了二次开发。可见，目前流变本构模型的二次开发有了一定的成果和较为成熟的开发环境，因此，参照相关文献研究成果使用 VC++编程，对于所建立的岩石流变本构模型，可以实现基于 FLAC3D 软件的二次开发。

1.3　工作思路

本书主要介绍了笔者近年来在龙滩水电站库岸边坡、三峡库区库岸边坡、西藏邦铺矿区高陡露天采矿边坡等开展的一些研究工作。针对饱水-失水循环作用下岩石的常规与流变试验研究，以国家重点工程龙滩水电站的坝址区库岸高边坡“消落带”砂岩、泥板岩为研究对象，进行饱水-失水循环作用对岩石损伤的规律研究，饱水-失水循环作用下岩石损伤流变本构模型、岩石流变本构模型的二次开发与验证；针对渗透压与应力耦合作用下的岩石流变机理研究，以三峡库区典型库岸滑坡——马家沟滑坡岩体为例，进行渗透压与应力耦合作用下的岩石三轴流变试验，研究渗透压作用下岩石的流变规律与流变模型；针对不同含水率下岩石剪切流变机理研究，以西藏邦铺矿区花岗岩为例，进行不同含水状态的剪切流变试验，分析不同含水状态下的剪切流变规律，并建立一种考虑含水率损伤的非线性黏弹塑性剪切流变模型；最后，我们结合研究成果对以上复杂地质环境下考虑流变效应的边坡长期稳定性进行了工程应用研究。

1.4 主要成果

本书取得了如下研究成果。

（1）对“消落带”岩石试样在饱水-失水循环作用下的劣化机理和效应进行研究，在 GH-B 强度准则的基础上，引入饱水-失水循环作用后的岩石累积损伤率，考虑了饱水-失水循环作用对岩石的损伤影响，改进了 GH-B 强度准则，为饱水-失水循环作用下现场岩体力学参数的获取提供了理论依据和过渡的“桥梁”，构建了“新的 GSI 量化取值表格”，为不同地质情况下定量地将岩石力学参数转换为岩体力学参数提供了新的依据。

（2）在流变试验的基础上提出了一种能同时描述岩石黏弹塑性特性的非线性流变模型（NBVP），建立了考虑岩石饱水-失水循环次数 n 损伤的“非线性黏弹塑性流变模型”（DNBVP 模型），并推导了 DNBVP 模型的三维流变本构方程。

（3）使用 VC++编程对 DNBVP 模型进行了基于 FLAC3D 的二次开发，选取龙滩水电站坝址区流变体 B 区域的典型剖面进行了考虑库水位涨落与岩体流变特性的数值模型计算分析，采用所提出的“BP-PSO 算法的边坡位移反分析方法”反演得到了数值计算模型中“岩体”的 DNBVP 模型最优流变参数，以“改进的 GH-B 强度准则”和“新的 GSI 量化取值表格”为桥梁，合理确定龙滩水电站运营前所选剖面模型计算的初值参数，并将反演得到的最优流变参数代入到数值计算模型中，运用 DNBVP 流变模型进行流变数值计算，结合库水位涨落周期内坝区高边坡岩体现场监测成果，论证提出的流变本构模型，对库水位涨落下坝区高边坡长期稳定性进行计算与预测，并提出了相应的防治措施，为工程实践提供参考。

（4）对渗透压与应力耦合作用下的岩石流变机理和不同含水率下的岩石剪切流变机理进行研究，提出了相应的流变本构模型。

（5）根据所提出的流变本构模型，结合室内试验和理论研究成果对龙滩水电站坝址区库岸高边坡、西藏邦铺矿区露采高陡边坡的长期稳定性进行了工程应用研究。

第2章 饱水-失水循环作用下岩石的常规与流变试验研究

“天下莫柔弱于水，而攻坚强者莫之能胜，此乃柔德也；故柔之胜刚，弱之胜强坚”——《老子》第七十八章。“水滴石穿，柔能克刚”——《道德经》。

我国古人早就对水有着深刻、丰富的认识。水性柔弱，但却可以穿透坚硬的岩石。水，外观上软弱无力，却有任何力量都不能抵挡的力量，王家鼎等对受水作用下的黄土边坡进行了丰富的研究（1991～2017年），而水对岩石具有膨胀、软化、润滑、泥化、崩解等作用（王新刚，2014），水的长期作用使岩石的物理性质和微观结构改变，削弱了岩石矿物颗粒之间的联系，岩石的力学性质被损伤劣化，强度降低（Wang et al.，2017）。

我国水力资源居世界首位，国家启动“西电东输”等战略工程，西部地区诸多建设与规划中的大型水电工程（表2-1）大多具有库区地形复杂、高低悬殊、坝址区边坡高陡、库水位变幅差大等特征，将产生一系列高陡边坡，因此，所带来的复杂地质环境下的“水岩耦合”问题已成为岩土工程界广泛关注的前沿课题。随着这些大型水电工程的运营，其库水位每年大幅度循环涨落（图2-1、图2-2），造成了库岸边坡消落带岩石的饱水-失水循环效应（边坡岩体处于完全饱水状态时更易失稳，因此，不同于简单的“浸湿”，本书中的饱水指岩石完全饱水，失水指人工强制的烘干完全失水），这种效应是一种累积性发展过程，将加速岩石的损伤劣化，导致水库蓄水后次生地质灾害发育（图2-3），致使库区成为滑坡地质灾害高发区和重灾区，如举世瞩目的长江三峡水利工程，建成蓄水后库水位在145～175m变化，调查统计资料显示，在175m库水位影响的范围内共有大小滑坡1190余个，仅三峡库区蓄水至最终水位这一阶段，库区共发生形变或地质灾害灾情132起，崩滑体总体积约2亿m^3，塌岸97段长约3.3km，库水位大幅度、周期性涨落将使库水位变动对地质灾害发育的影响作用更为剧烈（王新刚等，2013a）。库水位的长期周期性涨落变化引起库岸边坡岩体的饱水-失水反复循环，边坡岩体的黏聚力被削弱，宏观强度明显降低，岩体的塑性和流变性能也将显著增强。同时，由于西部深山峡谷地区的地应力水平较高，就造成了库水位涨落作用下的岩体流变力学问题，这对库岸边坡的长期稳定性研究提出了更高的要求。

表 2-1　西部地区已建成或规划中部分大型水电工程概况

水电站名称	最大坝高/m	年均发电量/(亿 kW · h)	蓄水高程/m	枯水高程/m	库水位变幅差/m	投产年
二滩	240	145	1200	1155	45	1999 年
小湾	294	190	1240	1181	59	2010 年
三峡	185	846.8	175	145	30	2003 年
龙滩	216.5	187	400	330	60	2007 年
锦屏一级	305	166.2	1880	1800	80	2012 年
溪洛渡	285.5	640	600	540	60	2015 年
糯扎渡	261.5	239.1	812	765	47	2017 年
乌东德	270	387.6	975	950	25	2020 年
白鹤滩	289	602.4	825	760	65	2022 年
松塔	318	159.6	1925	1865	60	规划中

库岸边坡消落带岩体的长期稳定对大型水电工程这类造福于人类的百年工程至关重要。目前，诸多学者关于消落带岩石的研究主要集中在自然状态、饱水状态、干–湿（浸泡–风干）循环下的常规力学试验和理论研究，取得了丰富的研究成果（黄明，2010；刘新荣等，2014；Weng，2014；王新刚等，2015；Deng et al.，2016；Wang et al.，2017）。但是对于消落带岩石在库水位循环涨落（饱水–失水循环）后的流变机理研究过少，本章以国家重点工程龙滩水电站坝址区边坡消落带岩石为例，进行“库岸边坡岩石饱水–失水循环作用下的流变试验研究”。

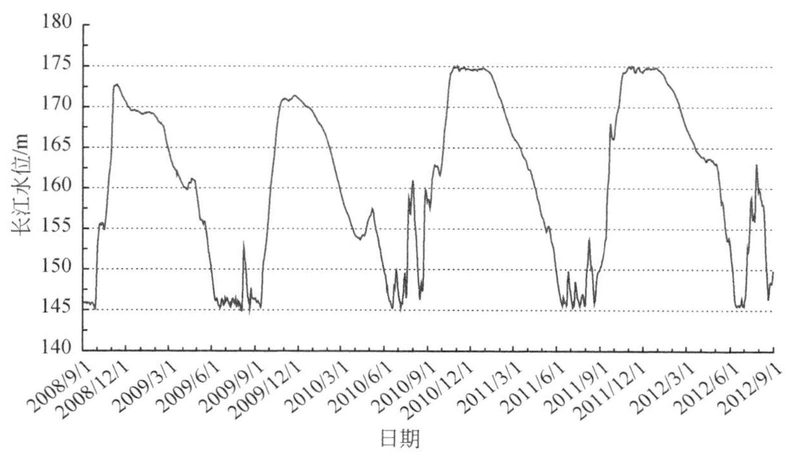

图 2-1　长江三峡大坝运营后库水位变化曲线（王新刚等，2013a）

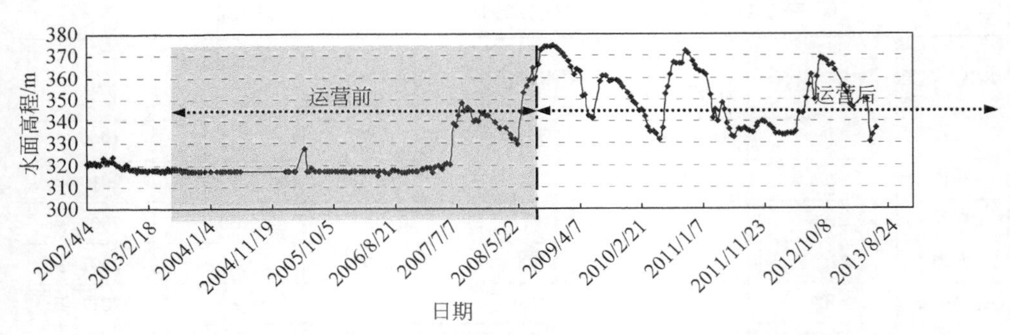

图 2-2　龙滩水电站运营前后库水位变化过程曲线（王新刚，2014）

图 2-3　龚家方滑坡

三峡库区蓄水后，库岸消落带在水位波动与流变效益长期耦合作用下，导致了大量滑坡发生

2.1　取样位置与岩样制取

正在运营中的国家重点工程龙滩水电站位于广西壮族自治区天峨县境内，总投资243亿元，是我国西部大开发的十大标志工程和“西电东送”工程的战略项目之一。该水电站按正常蓄水位400m设计，最大坝高216.5m，装机容量9台，总容量达5400MW，年发电量187.1亿kW·h，水库总库容为272.7亿m^3。坝址两岸山顶高程为600m左右，左岸边坡高达420m。坝区共揭露断层500余条，规模较大者50余条，地质条件极其复杂。坝址区除自然边坡外，根据工程需要在左岸边坡区开挖了约420m的高边坡。左岸高边坡岩层倾向山里，岩性由砂岩、泥板岩两者互层组成，是一个典型的反倾向层状边坡。岩层软硬相间，层间错动发育。经探明，左岸进水口高边坡及其上游存在面积较大的A、B流变体。由于该库岸边坡离大坝较近，在电站运营期将按计划进行周期性蓄水和排水，库水位反复大幅升降对消落带的岩体来说是一种疲劳损伤作用，将造成岩体性质逐渐劣

化，加剧消落带岩体的流变性，如 Vaiont 大坝（图 2-4）因水库蓄水影响库岸边坡软弱层的流变效应，是否会引起大滑坡这类事故，值得思考和研究。

图 2-4　Vaiont 大坝坝址边坡失稳前后图

Vaiont 大坝库岸边坡，从滑坡开始到灾难发生，整个过程不超过 7min，共有 1925 人在这场灾难中丧命，700 余人受伤

本章以国家重点工程龙滩水电站的坝址区库岸高边坡“消落带”砂岩、泥板岩为研究对象（图 2-5），考虑库岸边坡在水电站运营中经常遇到的库水位涨落情况，对“消落带”岩石试样在饱水–失水循环作用下的劣化机理和效应进行研究，进行不同“饱水–失水”循环次数作用后的单轴压缩试验、三轴抗压强度试验、抗拉试验和三轴流变试验。

图 2-5　龙滩水电站坝址区边坡

龙滩水电站正常蓄水位 400m，枯水位 230m，坝顶高程 406.5m，最大坝高 216.5m，坝顶长 830.5m

龙滩水电站坝址地层为下三叠统罗楼组（T_1l）和中三叠统板纳组（T_2b）。罗楼组以薄层、中厚层硅质泥板岩、泥质灰岩为主，夹少量粉砂岩互层岩组；板纳组由厚层钙质砂岩、粉砂岩、泥板岩互层组成，总厚度 1219.07m，其中，砂岩占 68.2%，泥板岩占 30.8%，灰岩占 1%。选取坝址区“消落带”库岸高边坡砂岩、泥板岩为研究对象，现场（取样地点见图 2-6）采取原位大块岩石包装好后运输。

岩样单轴压缩试验、三轴抗压强度试验尺寸标准为 ϕ50mm×100mm（直径×

图 2-6　取样位置

长度)，抗拉试验尺寸标准为 ϕ50mm×50mm（直径×长度)，严格按照 ISRM 推荐标准进行制备，部分岩样照片如图 2-7 所示。

图 2-7　部分岩样照片

2.2 “饱水–失水”循环试验方案与设备

为了避免初始岩样之间物理力学差异对试验结果造成的影响，采用 MTS 815 电液伺服岩石试验系统（图 2-8）进行弹性模量声波测试试验（图 2-9)，以弹性模量试验波速结果来挑选试验岩块。岩石的初始物理、力学参数测定包括天然、饱水状态下的密度试验、吸水率试验、单轴试验、三轴抗压强度试验（围压：2MPa、4MPa、6MPa、8MPa)、抗拉试验等。边坡岩体处于浸泡或饱水状态时，库岸边坡更易失稳，因此，以饱水状态下的物理、力学参数作为岩石试样的初始参数，在后面试验中，物理力学参数的测定均在饱水状态下测定。饱水–失水循环分为 0（饱水状态）次、1 次、5 次、10 次、15 次、20 次共 6 种次别。岩样饱水：将挑选的岩样放入盛有蒸馏水的密封容器中，采用真空抽气机使其密封饱和，保持0.1MPa的负压12h后，保证试样充分饱水；岩样失水：使用烘干机放置12h，对岩样进行充分干燥，并自然冷却，此过程即为一个饱水-失水循环。在每种饱水-失水循环后进行单轴压缩试验、抗拉试验、三轴抗压强度试验（围压：2MPa、4MPa、6MPa、8MPa）、三轴流变试验，循环方案见图2-10。

图2-8　MTS 815电液伺服岩石试验系统

图2-9　弹性模量声波测试试验

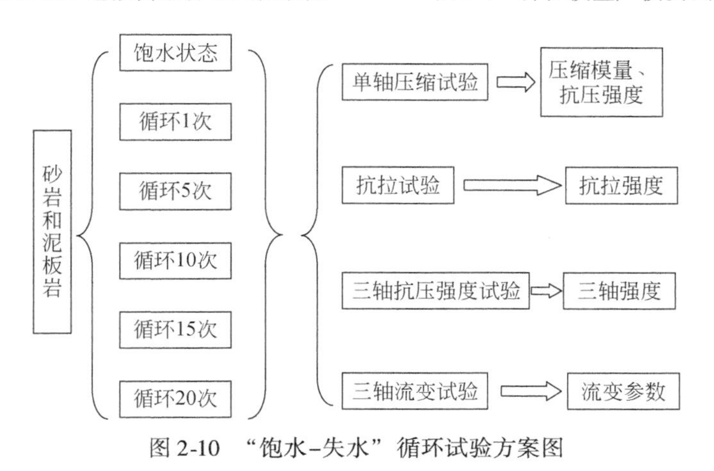

图2-10　“饱水-失水”循环试验方案图

2.3　岩石单轴压缩试验

岩石的单轴压缩试验目的是，测定岩石的单轴抗压强度、弹性模量、泊松比等参数。本次单轴试验是在电液伺服岩石试验系统（2000kN型）上进行的。该系统主要由伺服控制系统、计算机控制系统、液压源和处理系统四大部分组成（图2-11）。试验数据处理采用的分析软件是MaxTest软件，其操作界面如图2-12所示。MaxTest软件数据库中包含《工程岩体试验方法标准》（GB/T 50266—2013）、金属材料 拉伸试验 第1部分：室温试验方法（GB/T 228.1—2010）等试验标准，可以自动计算岩石弹性模量、泊松比等数据。

图 2-11　2000kN 型电液伺服岩石试验系统

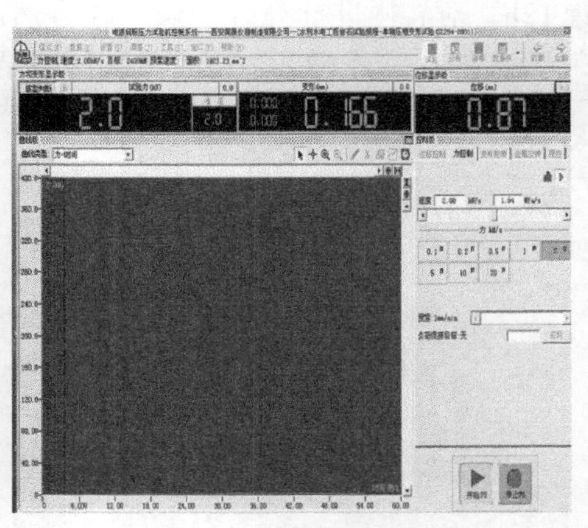

图 2-12　MaxTest 软件操作界面

2.3.1　试验步骤

（1）根据《工程岩体试验方法标准》（GB/T 50266—2013）进行岩石试验分组。将砂岩试件和泥板岩试件分别分成 6 组，其中，饱水-失水循环为 0（饱水状态）次、1 次、5 次、10 次、15 次、20 次共 6 种次别的试样各占 1 组，每组 3 块试样。

（2）量测岩石试样尺寸。试验采用圆柱形试样，量测试件的两端与中点 3 个断面直径，并取平均值作为直径；等间距取 3 个点在岩样两顶端量测岩样的高度，取其均值作为岩样高度。

（3）将岩样放置在压力机的承压板中心，调整底座，使岩样两端面均匀接触。

（4）以 2kN/s 的加载速度加载，直至岩样破坏。

（5）描述岩样的破坏情况，并记录。

（6）打印试验曲线，并保存试验记录文件。

2.3.2　试验成果整理及计算方法

本试验中，岩石单轴压缩试验成果由 MaxTest 软件直接输出，见表 2-2。

由表 2-2 的试验结果可见，砂岩、泥板岩的平均单轴抗压强度和平均弹性模量均随着饱水-失水循环次数的递增而降低。初始饱水状态砂岩的平均单轴抗压强度为 154.23MPa，经过饱水-失水循环 20 次后降低为 72.23MPa，而其平均弹性模量由初始饱水状态的 21.01GPa 降低为 9.22GPa（饱水-失水循环 20 次）；初始饱水状态泥板岩的平均单轴抗压强度为 84.28MPa，经过饱水-失水循环 20 次后降低为 23.68MPa，而其平均弹性模量由初始饱水状态的 10.63GPa 降低为 2.68GPa（饱水-失水循环 20 次）。

表 2-2　岩石单轴压缩试验成果表

岩性	n	编号	σ_c/MPa		E/GPa		岩性	n	编号	σ_c/MPa		E/GPa	
				均值		均值					均值		均值
砂岩	0	S0-1	155.12	154.23	21.52	21.01	泥板岩	0	N0-1	88.02	84.28	11.04	10.63
		S0-2	153.18		20.06				N0-2	83.27		9.29	
		S0-3	154.39		21.43				N0-3	81.55		11.57	
	1	S1-1	145.67	143.68	20.01	19.44		1	N1-1	78.31	78.27	9.53	9.81
		S1-2	142.28		18.98				N1-2	78.02		9.26	
		S1-3	143.09		19.36				N1-3	78.48		10.65	
	5	S2-1	118.29	117.63	15.05	15.65		5	N2-1	62.53	63.45	7.91	7.81
		S2-2	114.37		17.28				N2-2	64.18		7.67	
		S2-3	120.22		14.63				N2-3	63.64		7.86	
	10	S2-1	103.68	99.65	12.34	13.07		10	N3-1	48.76	44.83	5.61	5.36
		S2-2	97.12		14.41				N3-2	45.28		4.98	
		S1-3	98.15		12.48				N3-3	40.45		5.49	
	15	S1-1	77.45	79.76	11.02	10.27		15	N4-1	36.17	33.12	3.27	3.86
		S1-2	81.24		9.38				N4-2	33.78		4.21	
		S1-3	80.59		10.41				N4-3	29.41		4.09	
	20	S1-1	71.08	72.23	9.36	9.22		20	N5-1	25.12	23.68	2.47	2.68
		S1-2	75.24		8.97				N5-2	22.07		2.81	
		S1-3	70.37		9.34				N5-3	23.85		2.76	

注：n 为饱水-失水循环次数；σ_c为单轴抗压强度；E 为弹性模量。

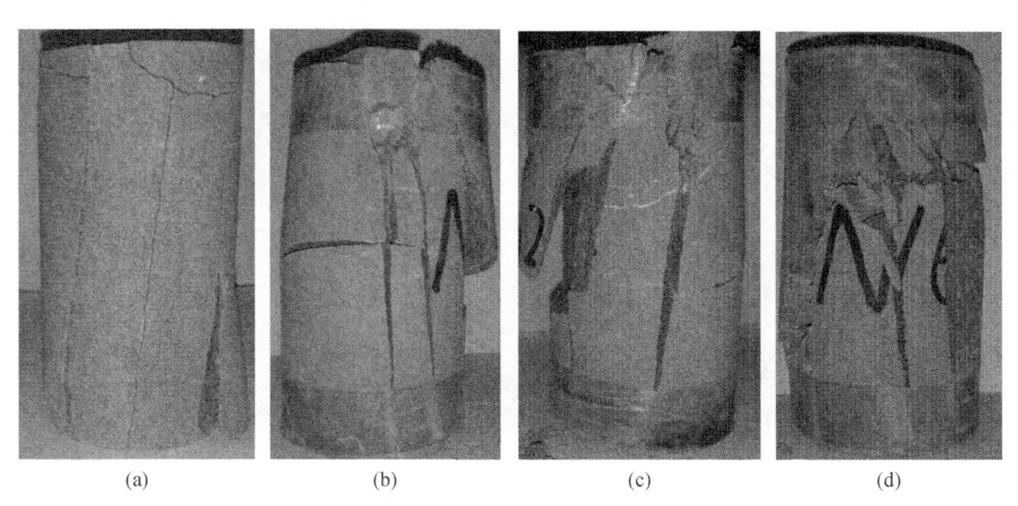

(a)　(b)　(c)　(d)

图 2-13　单轴压缩试验部分岩样破坏形态

图 2-13 为单轴试验部分岩样破坏形态，岩样主要发生垂向的劈裂破坏，破坏面方向与轴向荷载加载的方向几乎平行。部分泥板岩岩样局部有横向的破坏面。

2.4 岩石抗拉强度试验

本试验的目的是测定岩石抗拉强度，试验方法采用劈裂法。将试样置于一对垫条之间，通过试验机对其施加集中荷载直到试件破坏，以测得岩石抗拉强度。试验采用型号为 WE-10 的液压万能试验机，它的最大荷载为 10t。

2.4.1 试验步骤

（1）根据《工程岩体试验方法标准》（GB/T 50266—2013）要求进行分组。将砂岩试件和泥板岩试件分别分成 6 组，其中，饱水-失水循环为 0（饱水状态）次、1 次、5 次、10 次、15 次、20 次共 6 种次别的试样各占 1 组，每组 3 块试样。

（2）量测试样尺寸。本试验采用圆柱形的试样。需测量试件两端和中点 3 个断面的直径，并取其平均值作为试件的直径；在两端面等间距取 3 个点量测试件的高，并取其平均值作为试件的高。尺寸测量应精确至 0.001cm。

（3）将两根垫条沿加载基线固定在试件两端，将试件置于试验机承压板中心（图 2-14）。

（4）以 0.3 ~ 0.5MPa/s 的加荷速度加荷载，直至试件破坏。

（5）记录下破坏荷载，描述试件破坏后的形态。

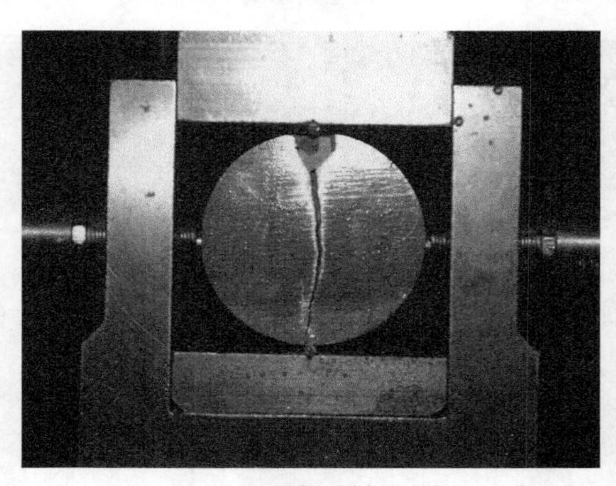

图 2-14 抗拉试样的安装

2.4.2 试验成果整理及计算方法

根据试验得到的岩样抗压强度成果见表 2-3。

表 2-3　岩石抗拉试验成果表

岩性	n	编号	抗拉强度/MPa	抗拉强度均值/MPa	岩性	n	编号	抗拉强度/MPa	抗拉强度均值/MPa
砂岩	0	K0-1	1.49	1.51	泥板岩	0	KN0-1	1.21	1.12
		K0-2	1.53				KN0-2	1.06	
		K0-3	1.51				KN0-3	1.09	
	1	K1-1	1.44	1.43		1	KN1-1	0.98	0.98
		K1-2	1.42				KN1-2	1.03	
		K1-3	1.43				KN1-3	0.93	
	5	K2-1	1.24	1.12		5	KN2-1	0.82	0.81
		K2-2	1.16				KN2-2	0.78	
		K2-3	0.96				KN2-3	0.83	
	10	K3-1	0.96	0.93		10	KN3-1	0.63	0.62
		K3-2	1.03				KN3-2	0.61	
		K3-3	0.8				KN3-3	0.62	
	15	K4-1	0.75	0.79		15	KN4-1	0.52	0.53
		K4-2	0.83				KN4-2	0.52	
		K4-3	0.79				KN4-3	0.55	
	20	K5-1	0.65	0.64		20	KN5-1	0.39	0.38
		K5-2	0.66				KN5-2	0.38	
		K5-3	0.61				KN5-3	0.37	

由表 2-3 的试验结果可见，砂岩、泥板岩的平均抗拉强度随着饱水–失水循环次数的递增而降低。初始饱水状态砂岩的平均抗拉强度为 1.51MPa，经过饱水–失水循环 20 次后降低为 0.64MPa；初始饱水状态泥板岩的平均抗拉强度为 1.12MPa，经过饱水–失水循环 20 次后降低为 0.38MPa。

2.5 岩石三轴试验

本试验的目的是，测定岩石试样在三轴压缩应力下的轴向及径向应变值，得到岩块全应力–应变关系曲线，求得岩石黏聚力 C 和内摩擦角 φ 。岩石三轴压缩试验所使用的仪器为英国 INSTRON 公司制造的全数字电液伺服控制刚性试验机

INSTRON1346（图 2-15），该仪器轴压为 2000kN，压力跟踪补给能力为 230L/min，可进行岩石动载和静载试验。将砂岩试件和泥板岩试件分别分成 6 组，其中，饱水-失水循环为 0（饱水状态）次、1 次、5 次、10 次、15 次、20 次共 6 种次别的试样各占 1 组，每组 4 块试样，分别在不同围岩（2MPa、4MPa、6MPa、8MPa）下进行。

图 2-15　INSTRON1346 型全数字电液伺服控制刚性试验机

2.5.1　试验步骤

根据《水利水电工程岩石试验规程》的相关试验规定进行三轴压缩试验，具体试验步骤如下。

（1）测量岩样尺寸，用热缩胶套将岩样包裹好，以防止试验过程中液压油进入岩样内，影响岩石力学特性参数的测定。然后在两端加上与岩样直径大致相等的刚性垫块，以减小断面应力集中对试验结果的影响，将岩样置于三轴室中，调整好轴向位移传感器。

（2）先对岩样施加围压，待围压稳定后对岩样施加轴向压力，轴向压力加载速率为 1.00MPa/s。试验过程中自动采集数据，并进行试验处理，绘制全程应力-应变关系曲线。

（3）停止试验，取出试样，进行记录描述。

（4）设备归位，存放试样。

2.5.2　试验结果

岩石三轴试验结果见表 2-4。

表 2-4　岩石三轴试验结果

岩性	n	编号	σ_3 /MPa	σ_1 /MPa	C /MPa	φ/(°)	岩性	n	编号	σ_3 /MPa	σ_1 /MPa	C /MPa	φ/(°)
砂岩	0	S0-2	2	176.32	23.19	56.20	泥板岩	0	SN0-2	2	54.90	9.46	43.52
		S0-3	4	199.99					SN0-3	4	65.75		
		S0-3	6	223.65					SN0-3	6	76.60		
		S0-4	8	247.32					SN0-4	8	87.44		
	1	S1-2	2	150.60	21.53	53.82		1	SN1-2	2	49.92	8.82	42.15
		S1-3	4	169.34					SN1-3	4	60.08		
		S1-3	6	188.09					SN1-3	6	70.24		
		S1-4	8	206.84					SN1-4	8	80.40		
	5	S2-2	2	93.21	14.98	48.55		5	SN2-2	2	30.89	6.03	35.42
		S2-3	4	107.18					SN2-3	4	38.40		
		S2-3	6	121.16					SN2-3	6	45.92		
		S2-4	8	135.13					SN2-4	8	53.43		
	10	S3-2	2	59.37	10.68	42.79		10	SN3-2	2	25.34	5.21	32.05
		S3-3	4	69.84					SN3-3	4	31.86		
		S3-3	6	80.31					SN3-3	6	38.39		
		S3-4	8	90.79					SN3-4	8	44.91		
	15	S4-2	2	39.33	7.07	39.79		15	SN4-2	2	17.93	3.46	29.89
		S4-3	4	48.44					SN4-3	4	23.91		
		S4-3	6	57.55					SN4-3	6	29.88		
		S4-4	8	66.66					SN4-4	8	35.85		
	20	S5-2	2	31.60	5.88	36.94		20	SN5-2	2	12.72	2.13	28.24
		S5-3	4	39.63					SN5-3	4	18.31		
		S5-3	6	47.65					SN5-3	6	23.90		
		S5-4	8	55.68					SN5-4	8	29.49		

对砂岩进行三轴压缩试验后，根据试验得到的应力状态可绘制成岩石三轴压缩的包络线（图 2-16 和图 2-17），从而可求得岩石三轴压缩条件下的黏聚力 C 和内摩擦角 φ。

图 2-18 为三轴试验部分岩样破坏形态，岩样主要发生斜截面式的剪切破坏，破坏面方向与轴向荷载加载的方向呈 30°~60°。

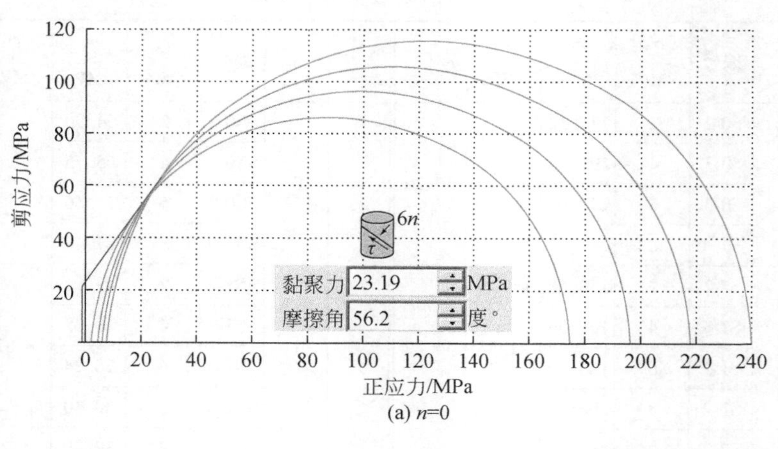
剪应力/MPa
正应力/MPa
6n
τ
黏聚力 23.19 MPa
摩擦角 56.2 度°
(a) n=0

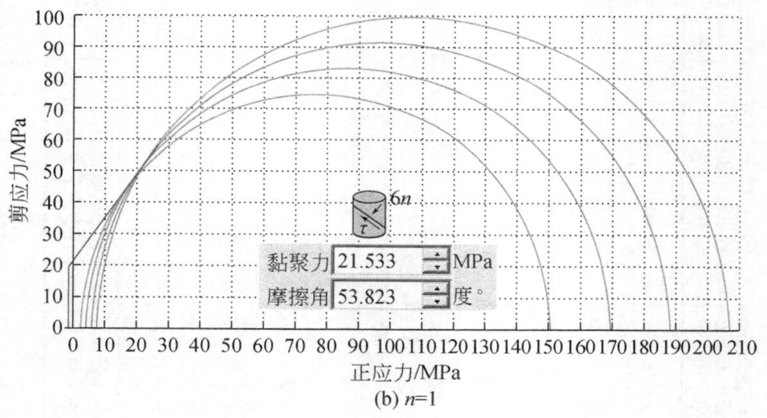
剪应力/MPa
正应力/MPa
6n
τ
黏聚力 21.533 MPa
摩擦角 53.823 度°
(b) n=1

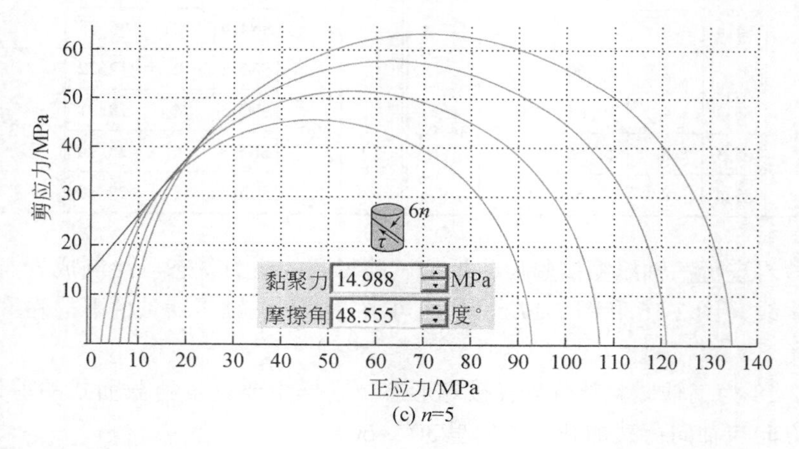
剪应力/MPa
正应力/MPa
6n
τ
黏聚力 14.988 MPa
摩擦角 48.555 度°
(c) n=5

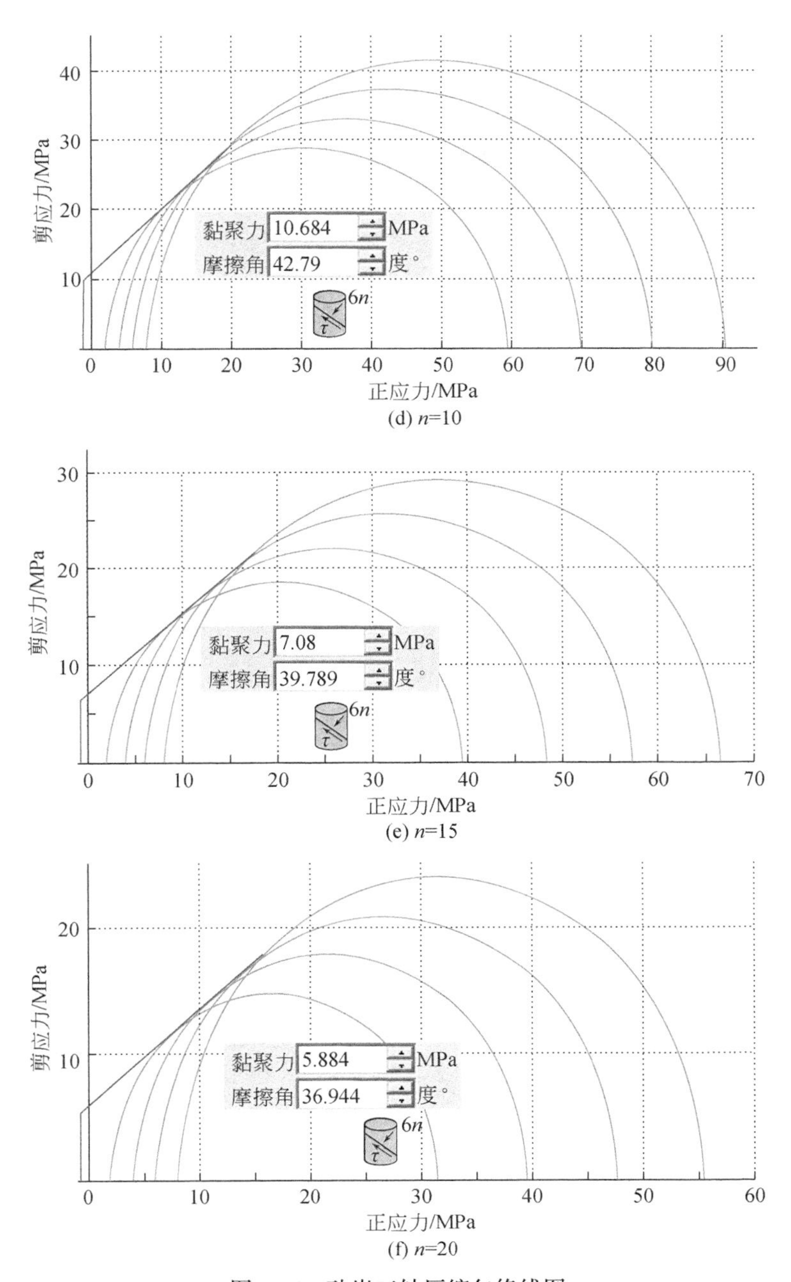

图 2-16　砂岩三轴压缩包络线图

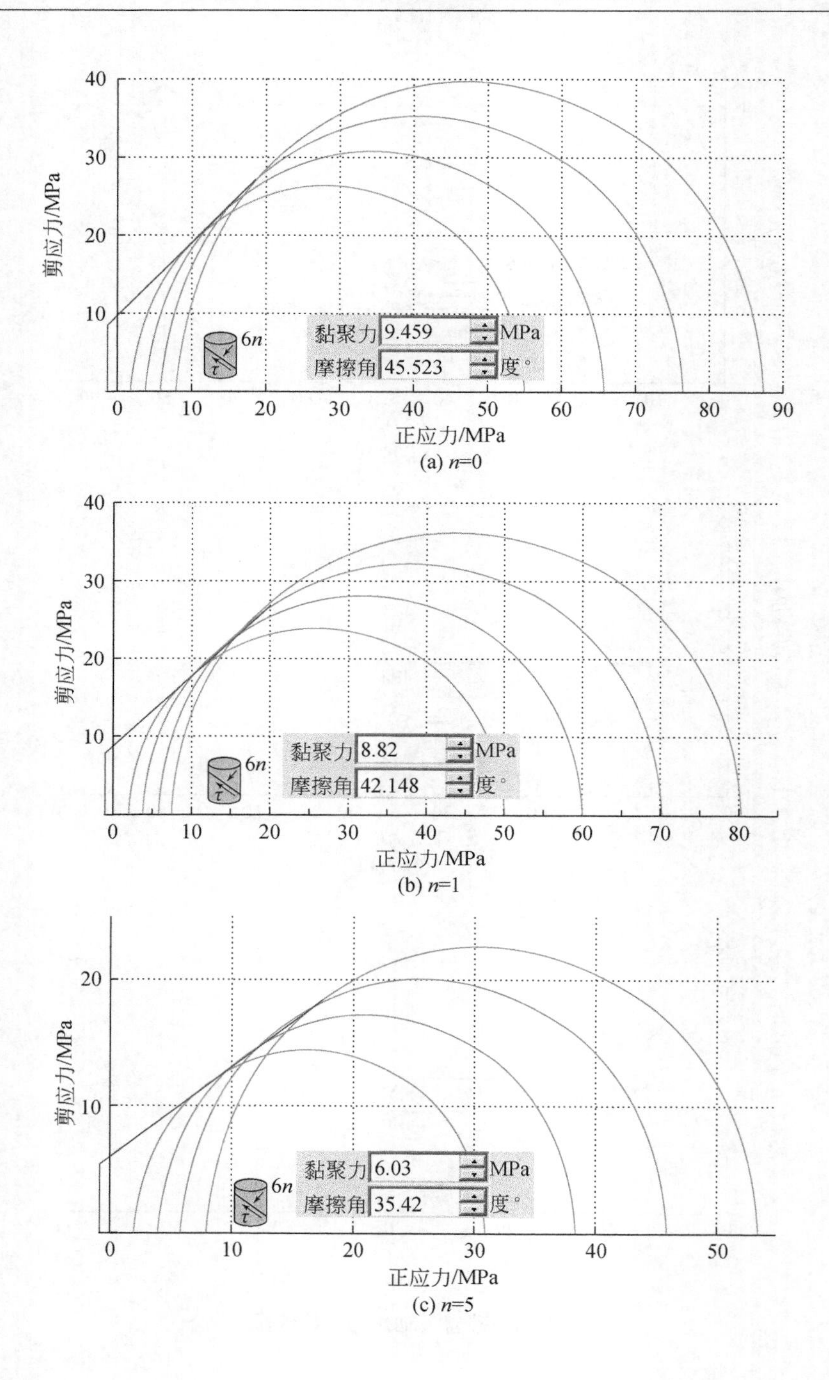
剪应力/MPa
正应力/MPa
黏聚力 9.459 MPa
摩擦角 45.523 度°
6n
τ
(a) n=0
剪应力/MPa
正应力/MPa
黏聚力 8.82 MPa
摩擦角 42.148 度°
6n
τ
(b) n=1
剪应力/MPa
正应力/MPa
黏聚力 6.03 MPa
摩擦角 35.42 度°
6n
τ
(c) n=5

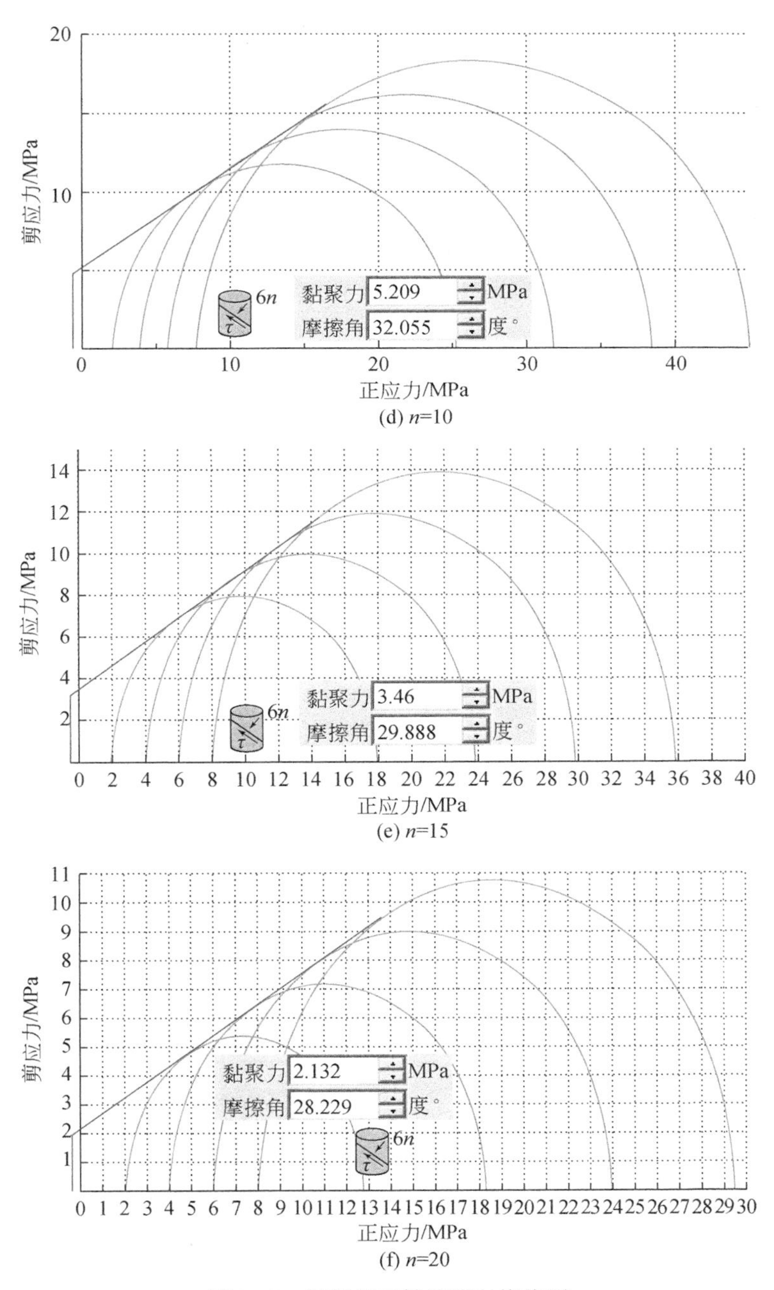

图 2-17　泥板岩三轴压缩包络线图

(a)　(b)　(c)　(d)　(e)　(f)

图 2-18　三轴试验部分岩样破坏形态

由表 2-4 的试验结果可知，砂岩、泥板岩的黏聚力 C 和内摩擦角 φ 均随着饱水-失水循环次数的递增而降低。初始饱水状态砂岩的黏聚力 C 为 23. 19MPa，经过饱水-失水循环 20 次后，砂岩黏聚力 C 降低为 5. 88MPa，而砂岩内摩擦角 φ 由初始饱水状态的 56. 20°降低为 36. 94°（饱水-失水循环 20 次）；初始饱水状态泥板岩的黏聚力 C 为 9. 46MPa，经过饱水-失水循环 20 次后泥板岩黏聚力 C 降低为 2. 13MPa，而泥板岩内摩擦角 φ 由初始饱水状态的 43. 52°降低为 28. 24°（饱水-失水循环 20 次）。

2. 6　岩石三轴流变试验

室内岩石三轴流变试验是在岩石全自动流变伺服仪试验系统（图 2-19）上完成的，该设备主要由控制系统、油源、轴压系统、围压系统、渗流系统、温度系统 6 个部分及各种传感器组成，传感器部分包括位移、载荷、压力、温度等专业测量元件，主要用于开展岩石类材料在应力、温度、渗流、化学腐蚀耦合条件

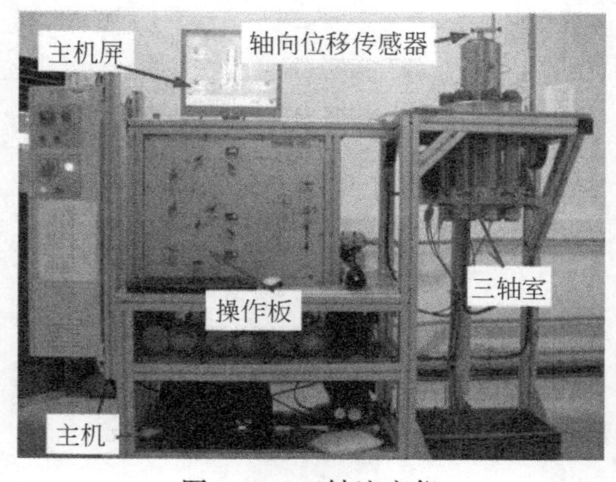

图 2-19　三轴流变仪

下的试验，如单轴抗压强度测试、三轴测试、化学和温度耦合试验、单轴和三轴流变测试、三轴渗透测试、化学耦合测试等，并被广泛应用于软岩、脆硬性岩和结构面的流变试验中，其中，岩石三轴流变测试对仪器的要求是最高的。

该流变仪系统试样尺寸要求为 ϕ20mm×40mm、ϕ37.5mm×75mm 和 ϕ50mm×100mm。系统的主要特点是：①全自动控制和数据采集；②可实现应变和应力加载控制方式，控制精度高；③特殊设计的水压加载系统具有稳流、稳压特点。该系统可以测量试件的轴向和环向变形，其中，轴向变形采用安置在试件两侧的两个 LVDT 进行测量，测量结果取两者的平均值；环向变形则通过环向传感器测量，如图 2-20 所示。

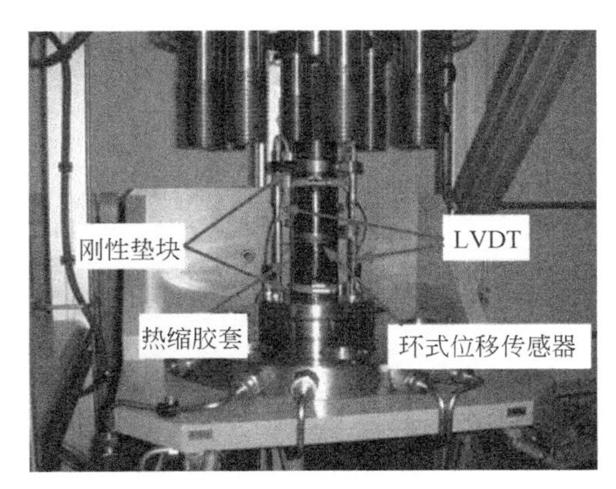

图 2-20 流变三轴室

2.6.1 试验步骤

在进行砂岩、泥板岩的三轴流变试验时，严格按以下具体步骤来实施。

(1) 采用真空饱和的方法使岩样在试验之前处于饱和状态，测量岩样尺寸，再将岩样置于三轴室中（图 2-20），调整好轴向位移传感器、横向位移传感器，轻轻放下三轴压力缸，可见岩样安装流程图（图 2-21）。

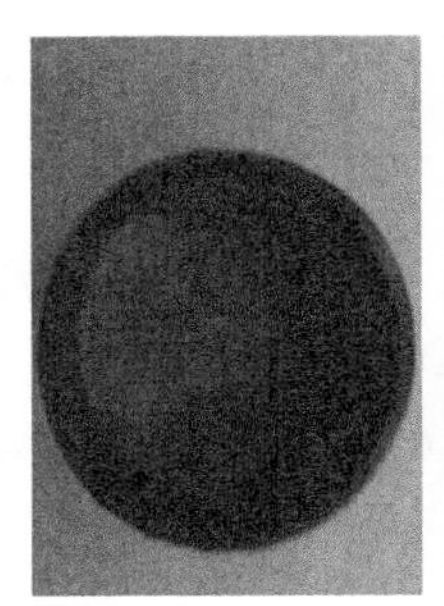

(a)包裹岩样

(b)垫滤纸

(c)垫排水板

(d)安装横向位移传感器

(e)放置岩样

(f)放置上压头

(g)放下三轴压力缸

图 2-21 岩样安装流程图

（2）根据岩样的单轴抗压强度，采用分级加载的方式，在加载过程中数据的采样频率为20次/min，加载后1h内的采样频率为1次/min，之后为0.1次/min，围压的加载速率为10bar[①]/min，轴向荷载的加载速率为20bar/min，室内温度控制在25℃。各级荷载的加载持续时间不少于72h，且变形增量小于0.001mm/24h，即认为施加该级荷载所产生的流变已基本稳定，可以施加下一级荷载，主机自动绘制全应力-应变关系曲线。

（3）停止试验，取出试样，进行记录描述。

（4）设备归位，存放试样。

将每种饱水-失水循环次别的岩样进行饱水状态后的三轴压缩流变试验，试验过程中，维持围压为4MPa，岩样的轴向压力均按照分级加载方式进行，参照相应围压下的常规三轴试验数据，按照三轴抗压强度的20%、30%、45%、

① 1bar=100kPa。

60%、75%施加轴向分级荷载（为避免泥板岩饱水–失水循环 20 次后围压大于轴压情况，此时按照三轴抗压强度的 30%、45%、60%、75%、85%施加分级荷载），轴向分级荷载等级见表 2-5。试验完成后对数据进行处理可以得到岩石轴向应变与时间关系曲线，如图 2-22 和图 2-23 所示。

表 2-5　砂岩流变试验轴向荷载等级

岩性	分级荷载/MPa	饱水–失水循环次数					
		0 次	1 次	5 次	10 次	15 次	20 次
砂岩	第一级	39. 20	34. 00	21. 60	14. 00	10. 00	8. 00
	第二级	58. 80	51. 00	32. 40	21. 00	15. 00	12. 00
	第三级	88. 20	76. 50	48. 60	31. 50	22. 50	18. 00
	第四级	117. 60	102. 00	64. 80	42. 00	30. 00	24. 00
	第五级	147. 00	127. 50	81. 00	52. 50	37. 50	30. 00
泥板岩	第一级	13. 20	12. 00	7. 80	6. 40	4. 80	5. 40
	第二级	19. 80	18. 00	11. 70	9. 60	7. 20	8. 10
	第三级	29. 70	27. 00	17. 55	14. 40	10. 80	10. 80
	第四级	39. 60	36. 00	23. 40	19. 20	14. 40	13. 50
	第五级	49. 50	45. 00	29. 25	24. 00	18. 00	15. 30

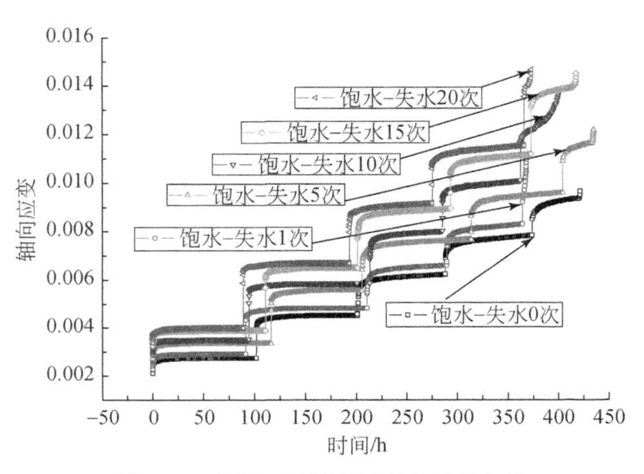

图 2-22　砂岩三轴流变试验全过程曲线

由图 2-22 和图 2-23 的试验结果可知，不同饱水–失水循环次数下砂岩、泥板岩的流变全过程曲线均经历了瞬时弹性变形阶段、减速流变阶段、稳定流变阶段和加速流变阶段。在较低的轴向荷载作用下，砂岩、泥板岩流变曲线只出现前三种阶段，在轴向荷载接近或达到岩石临界破坏值时才依次出现上述 4 种流变阶

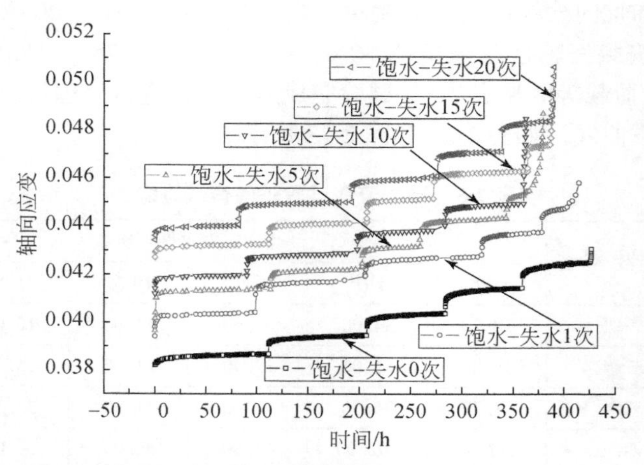

图 2-23　泥板岩三轴流变试验全过程曲线

段。在施加各级轴向应力的瞬时，砂岩、泥板岩产生了轴向的瞬时弹性变形，砂岩、泥板岩在各级轴向荷载作用下，所产生的轴向瞬时弹性变形量基本上随轴向荷载的增大而逐渐增大。不同饱水–失水循环次数下的砂岩、泥板岩流变曲线有以下规律：①在相同饱水–失水循环次数，不同轴向荷载情况下，随着轴向荷载的增大，砂岩、泥板岩流曲线达到稳定流变阶段后流变曲线的斜率（即流变速率）逐渐增大。②在相同岩性、相同荷载等级，不同饱水–失水循环次数情况下，随着饱水–失水循环次数增多，初始瞬时弹性变形量越大，各级相同荷载等级下的稳定后流变应变量也随之增大。③在相同饱水–失水循环次数，相同荷载等级情况下，达到稳定流变阶段后泥板岩流变曲线的轴向应变量值大于砂岩的轴向应变量值，说明泥板岩的流变现象比砂岩更明显。

2.6.2　三轴流变试验后破坏形态分析

宏观形态：以砂岩为例对三轴流变试验后岩石的宏观断口情况进行分析，图 2-24 和图 2-25 为饱水–失水循环 1 次、15 次后三轴流变试验后砂岩的断口形态。可以看出饱水–失水循环 1 次后三轴流变试验的砂岩试样破坏的劈裂面分布不规整，破裂面呈类似“X”形，岩样破坏以剪破坏为主，以张破坏为辅，破裂面有较大范围发生粉碎性破坏，出现很多粉末，破坏面断口颜色呈灰绿色，颜色较浅；饱水–失水循环 15 次后，三轴流变试验的砂岩试样破坏的劈裂面以剪破坏为主，剪切破裂面贯穿整个试样，将岩样分为主要的两块，这是因为随着饱水–失水循环次数增多，岩石在其颗粒接触部位形成微小的裂隙扩展，或者原有的原生裂隙扩展，使得岩样沿着扩展后的裂隙破坏，此时砂岩断口颜色呈较深的褐黄色，可见饱水–失水循环的长期作用使得砂岩裂隙面出现风化现象。

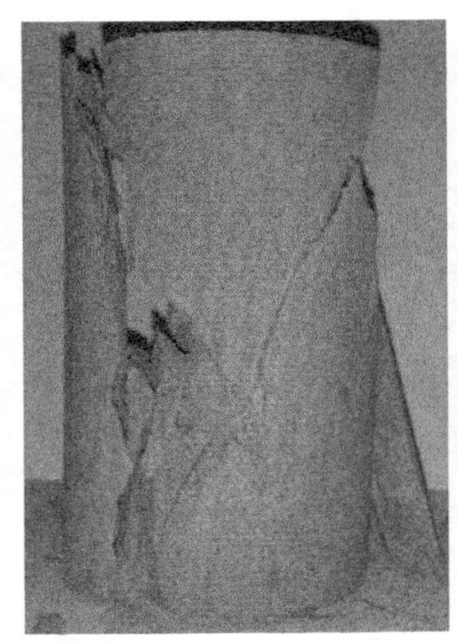

图 2-24　饱水–失水循环 1 次后砂岩宏观断口

图 2-25　饱水–失水循环 15 次后砂岩宏观断口

细观形态：对砂岩、泥板岩不同饱水–失水循环下三轴流变试验后的破坏断口的微观形貌进行电镜扫描，先对分析断口样品进行镀金处理，见图 2-26 和图 2-27，扫描试验在 Quanta200 环境扫描电镜上进行，结果见图 2-28 和图 2-29。

从图 2-28 中可以看出，不同饱水–失水循环下砂岩三轴流变破坏后，初始饱水状态砂岩断口破裂面较为整洁、光滑，大部分呈台阶状，台阶的高度大小不等，小的只有几微米，高的可达 20 ~ 30μm。随着饱水–失水循环次数增多，断口破裂面台阶高度变小、级数变多，破裂面逐渐有不规则的裂隙产生［图 2-28（c）和图 2-28（d）］；最终总体呈现出明显的碎屑状［图 2-28（e）和图 2-28（f）］，结构松散，形态不规则，粒径小，孔洞明显，说明砂岩中含有的 C、S 和有机质等，在饱水–失水循环作用下发生风化分解，使砂岩内部产生空隙，说明饱水–失水作用对砂岩损伤明显。

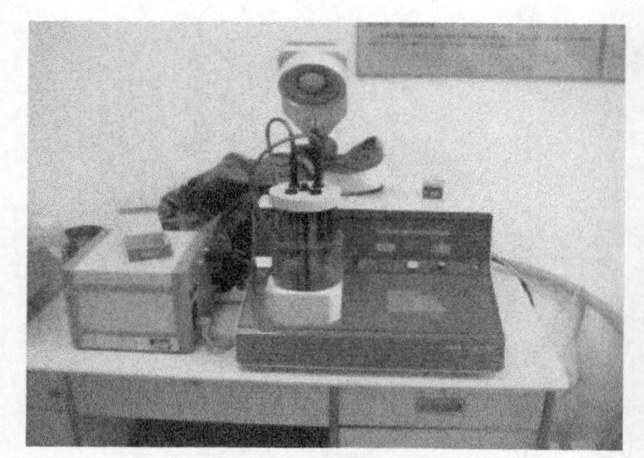

图 2-26　镀金仪图

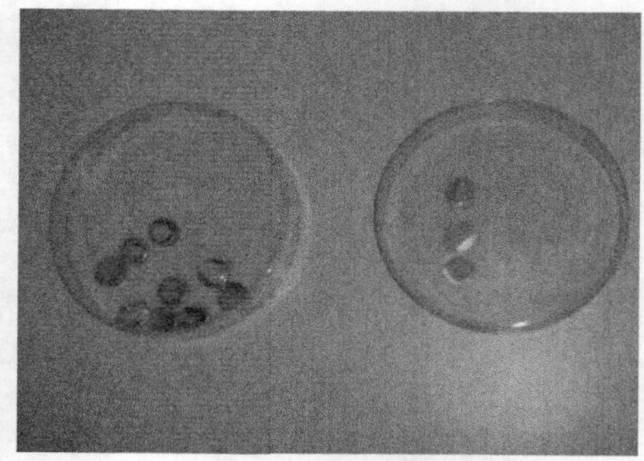

图 2-27　镀金后断口样品

(a)初始饱水状态

(b)饱水-失水循环1次

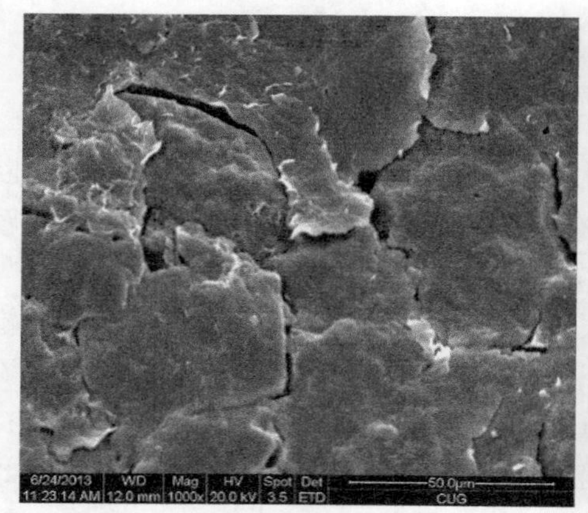

(c)饱水-失水循环5次

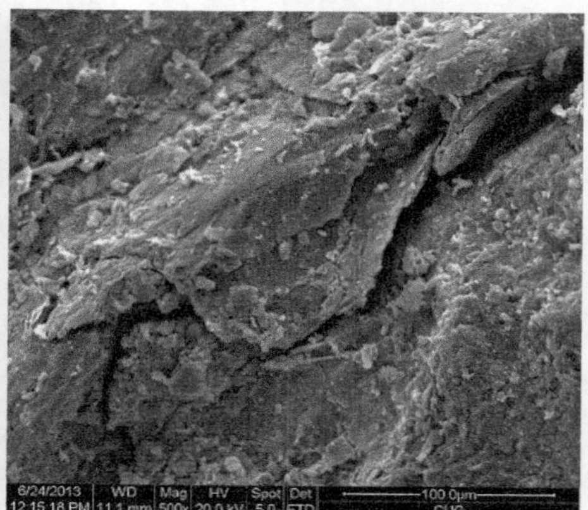

(d)饱水-失水循环10次

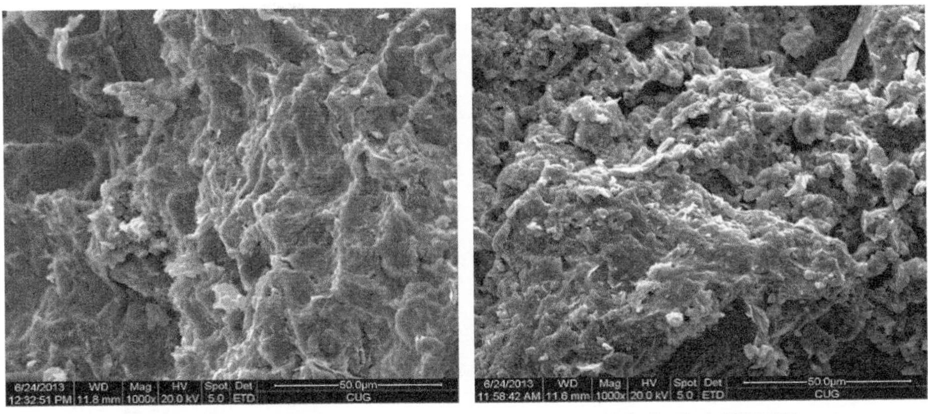

(e)饱水−失水循环15次　(f)饱水−失水循环20次

图2-28　砂岩电镜扫描图

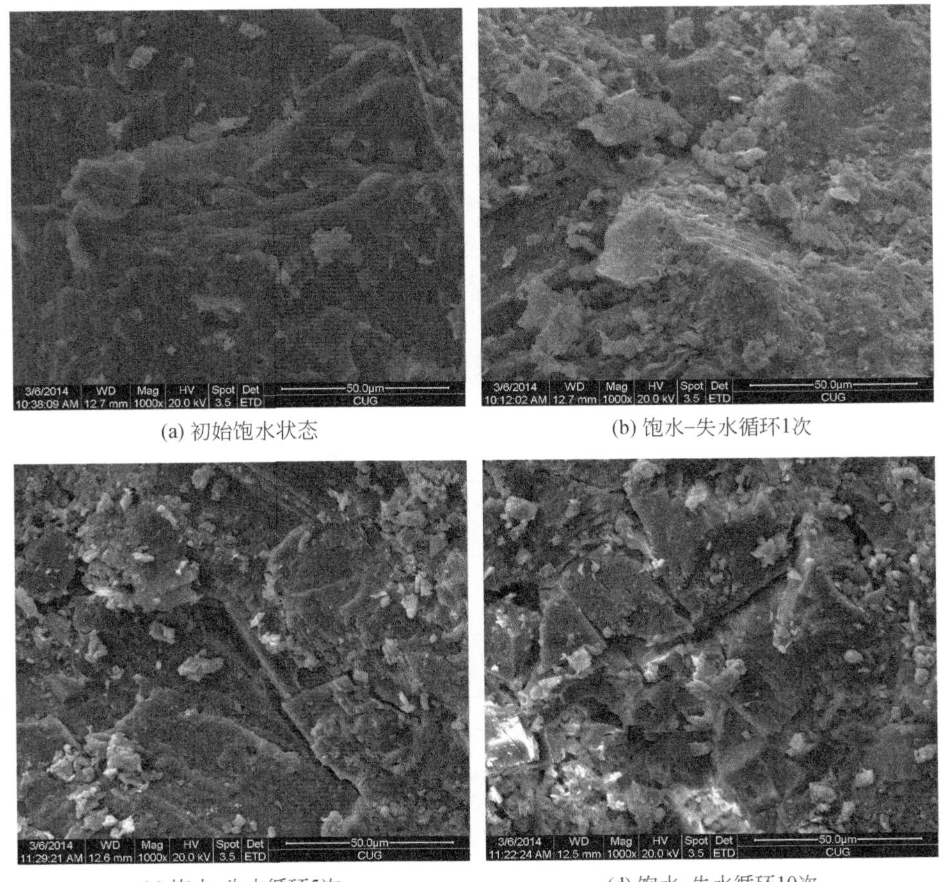

(a) 初始饱水状态　(b) 饱水−失水循环1次

(c) 饱水−失水循环5次　(d) 饱水−失水循环10次

(e) 饱水−失水循环15次

(f) 饱水−失水循环20次

图 2-29　泥板岩电镜扫描图

由图 2-29 分析可知，不同饱水−失水循环下砂岩三轴流变破坏后，初始饱水状态泥板岩断口破裂面较为整洁，摩擦滑移的迹象不甚明显，其结构较密实，总体呈团块状，有较为光滑的层面；随着饱水−失水循环次数增多，泥板岩破裂断口发育有较多的微裂隙，延伸长度约 50μm，宽度为 1～5μm，沿着伸展方向逐渐尖灭，为张裂隙，断口面呈现了因裂隙面之间的滑移摩擦而产生的阶梯状形态，并有因滑移摩擦所致的微细晶粒粉末；饱水−失水循环 15 次、20 次后，断口破裂面呈不规则形态，其结构较松散，整体由破裂的小团块状组成，因此，分析认为，在饱水−失水循环作用下，孔隙水在反复作用下容易进入泥岩矿物粒间，对松散的泥粒进行软化，饱水−失水循环作用会造成泥岩细观结构的损伤劣化。

2.7　本 章 小 结

对龙滩水电站的坝址区库岸高边坡“消落带”岩石，进行不同“饱水−失水”循环次数作用后的单轴压缩试验、三轴抗压强度试验、抗拉试验和三轴流变试验。得到了以下结论。

（1）单轴压缩试验结果表明，砂岩、泥板岩的平均单轴抗压强度和平均弹性模量均随着饱水−失水循环次数的递增而降低。抗拉试验结果表明，砂岩、泥板岩的平均抗拉强度随着饱水−失水循环次数的递增而降低。三轴抗压强度试验结果表明，砂岩、泥板岩的黏聚力 C 和内摩擦角 φ 均随着饱水−失水循环次数的递增而降低。以上说明“饱水−失水”循环对砂岩、泥板岩的物理力学性质具有明显的损伤劣化作用。

（2）三轴流变试验结果表明：①在相同饱水−失水循环次数，不同轴向荷载情况下，随着轴向荷载的增大，砂岩、泥板岩流变曲线达到稳定流变阶段后的斜率（亦即流变速率）逐渐增大；②在相同岩性、相同荷载等级，不同饱水–失水循环次数情况下，随着饱水–失水循环次数增多，初始瞬时弹性变形量越大，各级相同荷载等级下的流变应变量也随之增大；③在相同饱水–失水循环次数，相同荷载等级情况下，达到稳定流变阶段后泥板岩流变曲线的轴向应变量值大于砂岩的轴向应变量值，说明泥板岩的流变现象比砂岩更明显。

（3）对砂岩、泥板岩三轴流变试验后的破坏形态进行宏观、细观形态分析发现，饱水–失水循环作用对岩石宏观、细观形态损伤明显。

第3章　饱水-失水循环作用对岩石损伤的规律研究

岩石中含有孔穴、微裂纹、微裂隙等缺陷，在外界因素作用下（如饱水-失水循环作用）必然会引起这些缺陷的扩展，岩石的损伤即岩石内部的微缺陷发展(谢和平和陈忠辉，2004)。天然岩石在形成时便有孔隙和空洞，这种天然缺陷便可视为一种损伤（尹双增，1992），而饱水-失水循环次数不同则会引起岩样力学性能的劣化损伤效果不同，饱水-失水循环对岩样物理力学性质的损伤会随着循环次数增多而有规律地加剧（王新刚，2014）。本章将依据室内试验成果，揭示库水位消落带岩石在饱水-失水循环作用下的损伤劣化规律。

另外，现场自然状况下大范围岩体的物理力学性质与室内试验制作的岩石试样有很大差异，岩体（rockmass）是特指在地质历史形成过程中，由岩石块体与结构面网络组成的、具有特点的结构，并赋存了一定的天然应力状态、地温、地下水等地质环境中的地质体。岩体的内部具有联结力较弱的节理、片理、层理和断层等，表现出明显的不连续性，这使得岩体的强度远远低于室内岩石试样的强度（王新刚等，2013），因此，岩体和室内岩石的物理力学性质不能混为一谈。本章考虑了饱水-失水循环作用对室内岩石试验物理力学性质的损伤影响，在GH-B强度准则的基础上，引入饱水-失水循环作用后的岩石累积损伤率，考虑了饱水-失水循环作用对岩石的损伤影响，改进了GH-B强度准则，并在E. Hoek提出的广义GH-B强度准则中地质强度指标（geological strength index，GSI）评分表格的基础上，对GSI评分系统进行量化取值，构建了“新的GSI量化取值表格”，用以将不同饱水-失水循环作用下，不同地质情况下的岩石力学参数转换为岩体力学参数。

3.1　岩石饱水-失水循环次数与单轴抗压强度关系

表2-2试验结果表明，砂岩、泥板岩的平均单轴抗压强度和平均弹性模量均随着饱水-失水循环次数的递增而降低。为揭示饱水-失水循环劣化作用对岩石的损伤规律，以初始饱水状态（饱水-失水循环0次）的岩石强度参数为基准值，岩石在每种饱水-失水循环次数后，强度值与基准值比值定义为损伤率D_s，对表2-2的试验结果进行研究分析，可得表3-1。

表3-1　岩石单轴试验损伤分析表

岩性	饱水–失水次数	平均单轴抗压强度 $\bar{\sigma}_c$/MPa	平均弹性模量 $\bar{E}$/GPa	阶段损伤率 ΔD_s		累积损伤率 D_s	
				$(\bar{\sigma}_{ci}-\bar{\sigma}_{ci-1})\times 100\%/\bar{\sigma}_{c0}$	$(\bar{E}_i-\bar{E}_{i-1})\times 100\%/\bar{E}_0$	$(\bar{\sigma}_{c0}-\bar{\sigma}_{ci})\times 100\%/\bar{\sigma}_{c0}$	$(\bar{E}_0-\bar{E}_i)\times 100\%/\bar{E}_0$
砂岩	0	154.23	21.01	0.00	0.00	0.00	0.00
	1	143.68	19.44	6.84	7.47	6.84	7.47
	5	117.63	15.65	16.89	18.04	23.73	25.51
	10	99.65	13.07	11.65	12.28	35.39	37.79
	15	79.76	10.27	12.90	13.33	48.29	51.12
	20	72.23	9.22	4.88	5.00	53.17	56.12
泥板岩	0	84.28	10.63	0.00	0.00	0.00	0.00
	1	78.27	9.81	7.13	7.71	7.13	7.71
	5	63.45	7.81	17.58	18.81	24.72	26.53
	10	44.83	5.36	22.09	31.37	46.81	49.58
	15	33.12	3.86	13.89	14.11	60.70	63.69
	20	23.68	2.68	11.20	11.10	71.90	74.79

注：$\bar{\sigma}_{c0}$ 为初始饱水状态时平均单轴抗压强度；$\bar{E}_0$ 为平均弹性模量；$\bar{\sigma}_{ci}$ 为第 i 种饱水–失水循环次别时平均单轴抗压强度；$\bar{E}_i$ 为第 i 种饱水–失水循环次别时的平均弹性模量。

由表3-1可以看出，砂岩、泥板岩强度的阶段损伤率 ΔD_s 随着饱水–失水循环次数先递增后递减，砂岩在饱水–失水循环5次时阶段损伤率 ΔD_s 最大，此时，平均单轴抗压强度 $\bar{\sigma}_c$ 的 ΔD_s 为16.89%，平均弹性模量 $\bar{E}$ 的 ΔD_s 为18.04%；泥板岩在饱水–失水循环10次时阶段损伤率 ΔD_s 最大，此时，平均单轴抗压强度 $\bar{\sigma}_c$ 的 ΔD_s 为22.09%，平均弹性模量 $\bar{E}$ 的 ΔD_s 为31.37%。砂岩、泥板岩强度的累积损伤率 D_s 随着饱水–失水循环次数增多呈递增关系，砂岩在饱水–失水循环20次时的累积损伤率 D_s 最大，此时，平均单轴抗压强度 $\bar{\sigma}_c$ 的 D_s 为53.17%，平均弹性模量 $\bar{E}$ 的 D_s 为56.12%；泥板岩在饱水–失水循环20次时累积损伤率 D_s 最大，此时，平均单轴抗压强度 $\bar{\sigma}_c$ 的 D_s 为71.90%，平均弹性模量 $\bar{E}$ 的 D_s 为74.79%。由表3-1还可以看出，饱水–失水循环后，砂岩、泥板岩阶段损伤率、累积损伤率中平均弹性模量 $\bar{E}$ 比平均单轴抗压强度 $\bar{\sigma}_c$ 更为敏感，即砂岩、泥板岩的平均弹性模量最易受饱水–失水循环的损伤劣化影响。

根据损伤力学理论，假设饱水–失水循环次数 n 对岩石的平均单轴抗压强度 $\bar{\sigma}_c$、平均弹性模量 $\bar{E}$ 的损伤劣化作用是连续的，由表3-1绘制岩石平均单轴抗压

强度 $\bar{\sigma}_c$ 、平均弹性模量 $\bar{E}$ 随饱水-失水循环次数 n 的关系图，如图 3-1 和图 3-2 所示，并对图 3-1 和图 3-2 中的数据点进行拟合。

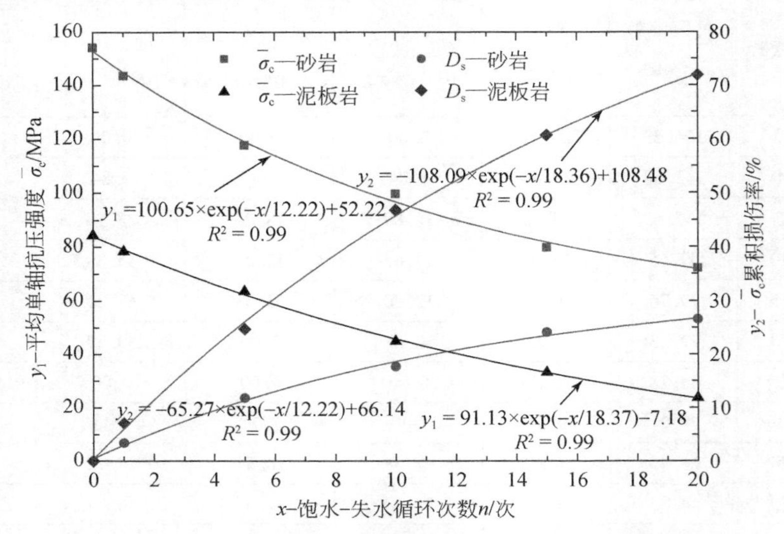

图 3-1　平均单轴抗压强度与饱水-失水循环次数关系图

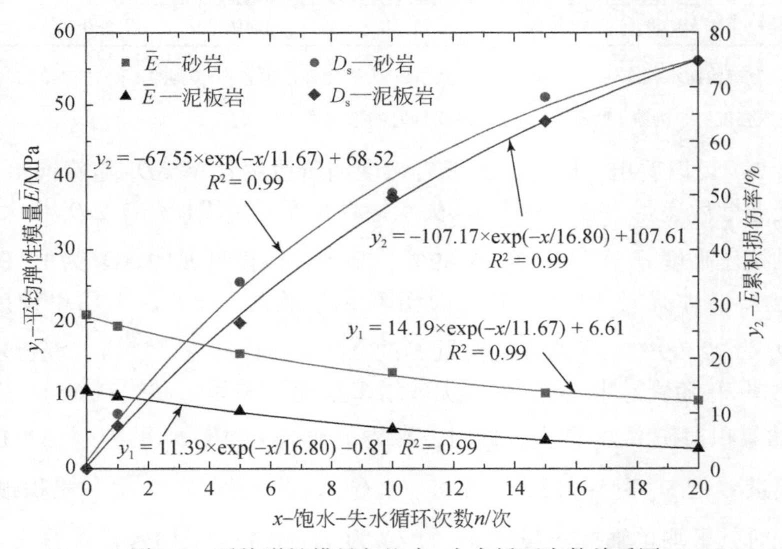

图 3-2　平均弹性模量与饱水-失水循环次数关系图

如图 3-1 所示，对于砂岩平均单轴抗压强度 $\bar{\sigma}_c$ 有以下结论。

$\bar{\sigma}_c$ 与饱水-失水循环次数 n 的关系式为

$$\bar{\sigma}_c(n) = 100.65 \times \exp(-n/12.22) + 52.22 \quad n \leqslant 20 \tag{3-1}$$

$\bar{\sigma}_c$ 的累积损伤率 D_s 与 n 的关系式为

$$D_s(n) = -65.27 \times \exp(-n/12.22) + 66.14 \quad n \leqslant 20 \tag{3-2}$$

对于泥板岩平均单轴抗压强度 $\bar{\sigma}_c$ 有以下结论。

$\bar{\sigma}_c$ 与饱水-失水循环次数 n 的关系式为

$$\bar{\sigma}_c(n) = 91.13 \times \exp(-n/18.37) - 7.18 \quad n \leqslant 20 \tag{3-3}$$

$\bar{\sigma}_c$ 的累积损伤率 D_s 与 n 的关系式为

$$D_s(n) = -108.09 \times \exp(-n/18.36) + 108.48 \quad n \leqslant 20 \tag{3-4}$$

如图 3-2 所示，对于砂岩平均弹性模量 $\bar{E}$ 有以下结论。

$\bar{E}$ 与饱水-失水循环次数 n 的关系式为

$$\bar{E}(n) = 14.19 \times \exp(-n/11.67) + 6.61 \quad n \leqslant 20 \tag{3-5}$$

$\bar{E}$ 的累积损伤率 D_s 与 n 的关系式为

$$D_s(n) = -67.55 \times \exp(-n/11.67) + 68.52 \quad n \leqslant 20 \tag{3-6}$$

对于泥板岩平均弹性模量 $\bar{E}$ 有以下结论。

$\bar{E}$ 与饱水-失水循环次数 n 的关系式为

$$\bar{\sigma}_c(n) = 11.39 \times \exp(-n/16.80) - 0.81 \quad n \leqslant 20 \tag{3-7}$$

$\bar{E}$ 的累积损伤率 D_s 与 n 的关系式为

$$D_s(n) = -107.17 \times \exp(-n/16.80) + 107.61 \quad n \leqslant 20 \tag{3-8}$$

3.2　岩石饱水-失水循环次数与抗拉强度关系

根据表 2-3 的试验结果，砂岩、泥板岩的平均抗拉强度随着饱水-失水循环次数的递增而降低。以初始饱水状态（饱水-失水循环 0 次）的岩石抗拉强度为基准值，岩石在每次饱水-失水循环后的抗拉强度值与基准值比值定义为损伤率 D_s，对表 2-3 的试验结果进行研究分析，可得表 3-2。

表 3-2　岩石抗拉试验损伤分析表

岩性	n	$\bar{\sigma}_\tau$ /MPa	ΔD_s	D_s	岩性	n	$\bar{\sigma}_\tau$ /MPa	ΔD_s	D_s
砂岩	0	1.51	0.00	0.00	泥板岩	0	1.12	0.00	0.00
	1	1.43	5.30	5.30		1	0.98	12.50	12.50
	5	1.12	20.53	21.68		5	0.81	15.18	27.68
	10	0.93	12.58	38.41		10	0.62	23.46	44.64
	15	0.79	9.27	47.68		15	0.53	8.04	52.68
	20	0.64	9.93	57.62		20	0.38	13.39	66.07

注：n 为初始饱水-失水循环次数；$\bar{\sigma}_\tau$ 为初始饱水状态时的平均抗拉强度；规定 $\bar{\sigma}_{\tau i}$ 为第 i 种饱水-失水循环次别时的平均抗拉强度，$\Delta D_s = (\bar{\sigma}_{\tau i} - \bar{\sigma}_{\tau i-1}) \times 100\% / \bar{\sigma}_{\tau 0}$；$D_s = (\bar{\sigma}_{\tau 0} - \bar{\sigma}_{\tau i}) \times 100\% / \bar{\sigma}_{\tau 0}$。

由表 3-2 可以看出，砂岩在饱水–失水循环 5 次时抗拉强度阶段损伤率 ΔD_s 最大，此时，平均抗拉强度 $\bar{\sigma}_\tau$ 的 ΔD_s 为 20.53%；泥板岩在饱水–失水循环 10 次时抗拉强度阶段损伤率 ΔD_s 最大，此时，平均抗拉强度 $\bar{\sigma}_\tau$ 的 ΔD_s 为 23.46%。砂岩、泥板岩强度的抗拉强度累积损伤率 D_s 随着饱水–失水循环次数增多呈递增关系，砂岩在饱水–失水循环 20 次时累积损伤率 D_s 最大，此时，平均抗拉强度 $\bar{\sigma}_\tau$ 的 D_s 为 57.62%；泥板岩在饱水–失水循环 20 次时抗拉强度累积损伤率 D_s 最大，此时，平均抗拉强度 $\bar{\sigma}_\tau$ 的 D_s 为 66.07%。由表 3-1 还可以看出，饱水–失水循环后泥板岩的抗拉强度阶段损伤率、累积损伤率比砂岩更为敏感，亦即泥板岩的平均抗拉强度最易受饱水–失水循环的损伤劣化影响。

根据损伤力学理论，假设饱水–失水循环次数 n 对岩石的抗拉强度 $\bar{\sigma}_\tau$ 的损伤劣化作用是连续的，由表 3-2 绘制岩石平均抗拉强度 $\bar{\sigma}_\tau$ 随饱水–失水循环次数 n 的关系图，如图 3-3 所示，并对图 3-3 中的数据点进行拟合分析。

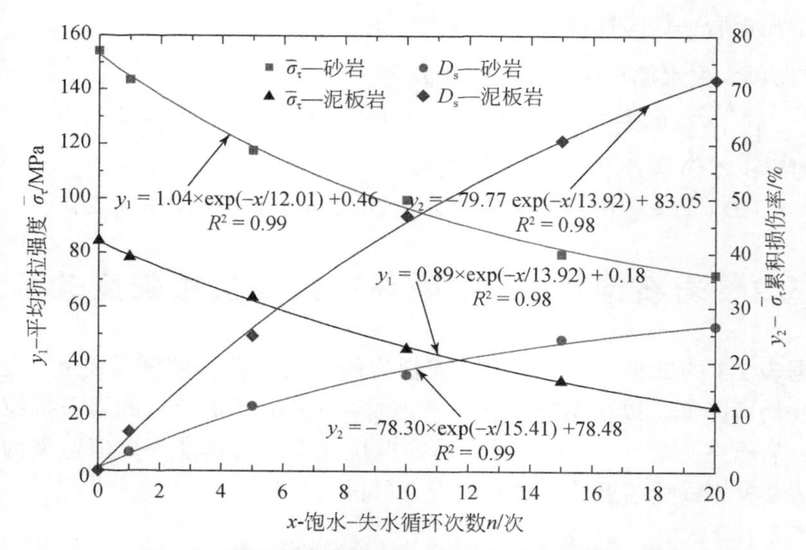

图 3-3　平均抗拉强度与饱水–失水循环次数关系图

如图 3-3 所示，对于砂岩平均抗拉强度 $\bar{\sigma}_\tau$ 有以下结论。

$\bar{\sigma}_\tau$ 与饱水–失水循环次数 n 的关系式为

$$\bar{\sigma}_\tau(n) = 1.04 \times \exp(-n/12.02) + 0.46 \quad n \leqslant 20 \tag{3-9}$$

$\bar{\sigma}_\tau$ 的累积损伤率 D_s 与 n 的关系式为

$$D_s(n) = -78.30 \times \exp(-n/15.41) + 78.48 \quad n \leqslant 20 \tag{3-10}$$

对于泥板岩平均抗拉强度 $\bar{\sigma}_\tau$ 有以下结论。

$\bar{\sigma}_\tau$ 与饱水–失水循环次数 n 的关系式为

$$\bar{\sigma}_{\tau}(n) = 0.89 \times \exp(-n/13.92) + 0.18 \quad n \leqslant 20 \tag{3-11}$$

$\bar{\sigma}_{\tau}$ 的累积损伤率 D_s 与 n 的关系式为

$$D_s(n) = -79.77 \times \exp(-n/13.92) + 83.05 \quad n \leqslant 20 \tag{3-12}$$

3.3　岩石饱水-失水循环次数与三轴力学性质的关系

根据表 2-4 的试验结果，砂岩、泥板岩的黏聚力和内摩擦角均随着饱水-失水循环次数的递增而降低，以初始饱水状态（饱水-失水循环 0 次）的黏聚力、内摩擦角为基准值，将岩石在每次饱水-失水循环后黏聚力、内摩擦角值与基准值比值定义为损伤率 D_s，对表 2-4 的试验结果进行研究分析可得表 3-3。

表 3-3　岩石三轴试验损伤分析表

岩性	饱水-失水次数	黏聚力 C/MPa	内摩擦角 φ/(°)	阶段损伤率 ΔD_s		累积损伤率 D_s	
				$(C_i - C_{i-1}) \times 100\%/C_0$	$(\varphi_i - \varphi_{i-1}) \times 100\%/\varphi_0$	$(C_0 - C_i) \times 100\%/C_0$	$(\varphi_0 - \varphi_i) \times 100\%/\varphi_0$
砂岩	0	23.19	56.20	0.00	0.00	0.00	0.00
	1	21.53	53.82	7.16	4.23	7.16	4.23
	5	14.98	48.55	28.24	9.38	35.40	13.61
	10	10.68	42.79	18.54	10.25	53.95	23.86
	15	7.07	39.79	15.57	5.34	69.51	29.20
	20	5.88	36.94	5.13	5.07	74.64	34.27
泥板岩	0	9.46	43.52	0.00	0.00	0.00	0.00
	1	8.82	42.15	6.77	3.15	6.77	3.15
	5	6.03	35.42	29.49	15.46	36.26	18.61
	10	5.21	32.05	8.67	7.74	44.93	26.36
	15	3.46	29.89	18.50	4.96	63.42	31.32
	20	2.13	28.24	14.06	3.79	77.48	35.11

注：初始饱水状态时黏聚力为 C_0；内摩擦角为 φ_0；第 i 种饱水-失水循环次别时黏聚力为 C_i；内摩擦角为 φ_i。

由表 3-3 可以看出，砂岩黏聚力、内摩擦角的阶段损伤率 ΔD_s 随着饱水-失水循环次数先递增后递减。砂岩黏聚力在饱水-失水循环 5 次时阶段损伤率 ΔD_s 最大，为 28.24%；砂岩内摩擦角在饱水-失水循环 10 次时阶段损伤率 ΔD_s 最大，为 10.25%。泥板岩黏聚力在饱水-失水循环 5 次时阶段损伤率 ΔD_s 最大，为 29.49%；泥板岩内摩擦角在饱水-失水循环 5 次时阶段损伤率 ΔD_s 最大，为 15.46%。砂岩、泥板岩的黏聚力、内摩擦角的累积损伤率 D_s 随着饱水-失水循环次数增多呈递增关系，砂岩在饱水–失水循环 20 次时累积损伤率 D_s 最大，此时，黏聚力的 D_s 为 74.64%，内摩擦角的 D_s 为 34.27%；泥板岩在饱水–失水循环 20 次时累积损伤率 D_s 最大，此时，黏聚力的 D_s 为 77.48%，内摩擦角的 D_s 为 35.11%。由表 3-3 可以看出，饱水–失水循环后砂岩、泥板岩阶段损伤率、累积损伤率中黏聚力比内摩擦角更为敏感，亦即砂岩、泥板岩的黏聚力最易受饱水–失水循环的损伤劣化影响；此外，还可以看出泥板岩比砂岩更易受受饱水–失水循环的损伤劣化影响。

根据损伤力学理论，假设饱水–失水循环次数 n 对岩石的黏聚力 C、内摩擦角 φ 的损伤劣化作用是连续的，由表 3-3 绘制岩石的黏聚力 C、内摩擦角 φ 随饱水–失水循环次数 n 的关系图，如图 3-4 和图 3-5 所示，并对图 3-4 和图 3-5 中的数据点进行拟合。

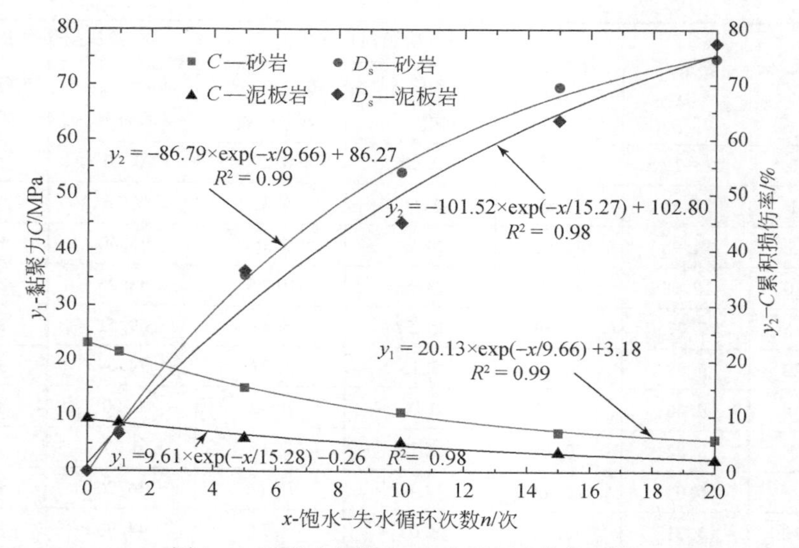

图 3-4　黏聚力与饱水–失水循环次数关系图

如图 3-4 所示，对于砂岩的黏聚力 C 有以下结论。

C 与饱水–失水循环次数 n 的关系式为

$$C(n) = 20.13 \times \exp(-n/9.66) + 3.18 \quad n \leqslant 20 \tag{3-13}$$

C 的累积损伤率 D_s 与 n 的关系式为

$$D_s(n) = -86.79 \times \exp(-n/9.66) + 86.27 \quad n \leqslant 20 \tag{3-14}$$

对于泥板岩的黏聚力 C 有以下结论。

C 与饱水–失水循环次数 n 的关系式为

$$C(n) = 9.61 \times \exp(-n/15.28) - 0.26 \quad n \leqslant 20 \tag{3-15}$$

C 的累积损伤率 D_s 与 n 的关系式为

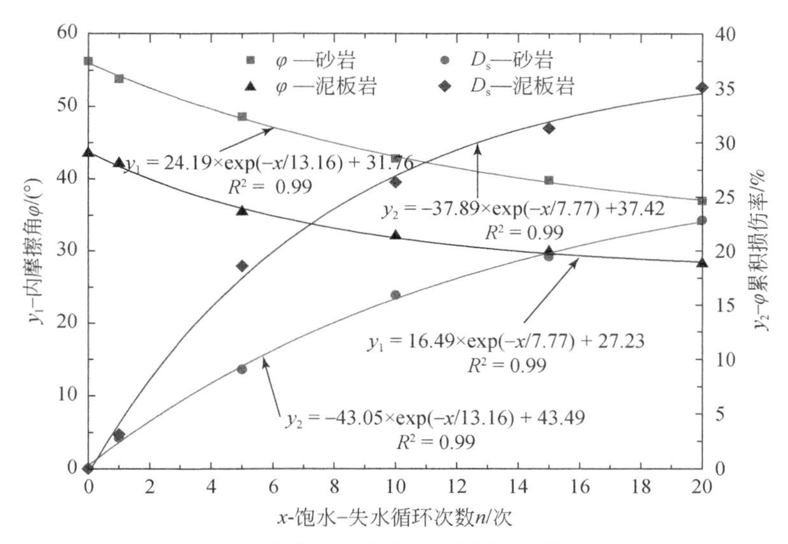

图 3-5　内摩擦角与饱水-失水循环次数关系图

$$D_s(n) = -101.52 \times \exp(-n/15.28) + 102.86 \quad n \leqslant 20 \tag{3-16}$$

如图 3-5 所示，对于砂岩的内摩擦角 φ 有以下结论。

φ 与饱水-失水循环次数 n 的关系式为

$$\varphi(n) = 24.19 \times \exp(-n/13.16) + 31.76 \quad n \leqslant 20 \tag{3-17}$$

φ 的累积损伤率 D_s 与 n 的关系式为

$$D_s(n) = -43.05 \times \exp(-n/13.16) + 43.49 \quad n \leqslant 20 \tag{3-18}$$

对于泥板岩的内摩擦角 φ 有以下结论。

φ 与饱水-失水循环次数 n 的关系式为

$$\varphi(n) = 16.49 \times \exp(-n/7.77) + 27.23 \quad n \leqslant 20 \tag{3-19}$$

φ 的累积损伤率 D_s 与 n 的关系式为

$$D_s(n) = -37.89 \times \exp(-n/7.77) + 37.42 \quad n \leqslant 20 \tag{3-20}$$

3.4　岩石物理力学参数向岩体力学参数过渡的研究

岩质边坡岩体的强度参数取值是其稳定性分析的关键（王新刚等，2013；刘强等，2013a；祝凯等，2016），如何可靠地获得岩体的力学参数，一直是岩石力学的重要课题，获得岩体的力学参数对岩质边坡的稳定性分析有着重要意义（胡斌等，2011，2013；李博等，2012；饶晨曦等，2014）。目前，确定岩体的力学参数方法主要包括经验分析法、现场原位试验法、室内试验法、数值分析法和地球物理测试法等，其中，较为准确的是现场原位试验法，但是通过现场原位试验获得的岩体力学参数耗时、耗费，且其结果离散性大，尺寸效应明显；反演分析法需要大范围、多点位的现场监测数据才能准确获取岩质边坡岩体的强度参数；室内试验法偏离了岩体的真实赋存环境、结构面特征和尺寸效应，由此获得的岩体力学参数与现场岩体力学性质实际不符。而 Hoek 等（2002）通过大量岩石三轴试验资料和岩体现场试验成果的统计分析，并将岩体的分级系统和地质信息的描述结合起来，提出基于 GSI 的强度经验准则——GH-B 强度准则，该准则能较好地反映岩体的强度特性，并得到了广泛的应用，解决了一系列工程实际问题（Thomas et al.，2008；Johan and Lars，2008；郭健等，2014；谭维佳等，2015；何怡等，2015；连宝琴和王新刚，2015；王新刚等，2013d，2013e，2015）。

GH-B 强度准则经历几次修改，其最新版为广义 GH-B 强度准则。GH-B 强度准则为

$$\sigma_1' = \sigma_3' + \sigma_{ci}\left(m_b \frac{\sigma_3'}{\sigma_{ci}} + s\right)^a \tag{3-21}$$

$$m_b = m_i \exp\left(\frac{\mathrm{GSI} - 100}{28 - 14D}\right) \tag{3-22}$$

$$s = \exp\left(\frac{\mathrm{GSI} - 100}{9 - 3D}\right) \tag{3-23}$$

$$a = \frac{1}{2} + \frac{1}{6}\left(\mathrm{e}^{-\mathrm{GSI}/15} - \mathrm{e}^{-20/3}\right) \tag{3-24}$$

式中，σ_1'，σ_3' 分别为岩体破坏时最大、最小有效主应力；σ_{ci} 为岩块单轴抗压强度；m_b，s 为与岩体特征有关的材料参数；a 为表征节理岩体的常数；m_i 为完整岩块的 m 值；GSI 为节理岩体地质强度指标，其取值方法见 Hoek 等（2002）、Hoek 和 Diederichs（2006）的研究；D 为应力扰动系数，取值范围为 0～1，对于边坡工程，其取值为 0。岩体弹性模量 E_m 为

$$E_m = \begin{cases} \left(1 - \frac{D}{2}\right)\sqrt{\frac{\sigma_{ci}}{100}} \cdot 10^{(\mathrm{GSI}-10)/40} & (\sigma_{ci} \leqslant 100\mathrm{MPa}) \\ \left(1 - \frac{D}{2}\right) \cdot 10^{(\mathrm{GSI}-10)/40} & (\sigma_{ci} \geqslant 100\mathrm{MPa}) \end{cases} \tag{3-25}$$

由式（3-21）可知，已知 σ_3'，根据摩尔–库仑强度准则有

$$\sigma_1' = \frac{1 + \sin\varphi_m}{1 - \sin\varphi_m}\sigma_3' + \frac{2c_m\cos\varphi_m}{1 - \sin\varphi_m} \tag{3-26}$$

式中，φ_m 和 c_m 分别为岩体抗剪切强度指标中的内摩擦角和黏聚力。

结合式（3-21）和式（3-26）可求得

$$\varphi_m = \arcsin\left[\frac{6am_b\,(s + m_b\sigma_{3n})^{a-1}}{2(1 + a)(2 + a) + 6am_b\,(s + m_b\sigma_{3n})^{a-1}}\right] \tag{3-27}$$

$$c_m = \frac{\sigma_{ci}[(1 + 2a)s + (1 - a)m_b\sigma_{3n}]\,(s + m_b\sigma_{3n})^{a-1}}{\sqrt{[(1 + a)(2 + a)] \cdot [1 + 6am_b\,(s + m_b\sigma_{3n})^{a-1}]}} \tag{3-28}$$

式中，$\sigma_{3n} = \sigma_{3\max}/\sigma_{ci}$ ，其中，

$$\sigma_{3\max} = 0.72\sigma_{cm}\left(\frac{\sigma_{cm}}{\gamma H}\right)^{-0.91} \tag{3-29}$$

式中，γ 为岩体重度；H 为边坡的高度；σ_{cm} 为表征岩体强度。

$$\sigma_{cm} = \sigma_{ci}\frac{[m_b + 4s - a(m_b - 8s)(m_b/4 + s)^{a-1}]}{2(1 + a)(2 + a)} \tag{3-30}$$

诸多学者对 GH-B 强度准则的岩体弹性模量 E_m 进行了修正，见表 3-4。

表 3-4　GH-B 强度准则中 m_b 的修正（Shen et al.，2012）

参数	相关作者	E_m	备注
RMR	Bieniawski（1978）	$E_m = 2\text{RMR} - 100$	RMR>50
	Serafim and Pereira（1983）	$E_m = 10^{(\text{RMR}-10)/40}$	RMR<50
	Mehrotra（1992）	$E_m = 10^{(\text{RMR}-20)/38}$	
	Read 等（1999）	$E_m = 0.1(\text{RMR}/10)^3$	
RMR 和 E_i	Nicholson and Bieniawski（1990）	$E_m = 0.01E_i(0.0028\text{RMR}^2 + 0.9e^{\frac{\text{RMR}}{22.38}})$	
	Mitri 等（1994）	$E_m = E_i[0.5(1 - \cos(\pi\text{RMR}/100))]$	
	Sonmez 等（2004）	$E_m = E_i10^{[(\text{RMR}-100)(100-\text{RMR})]/[4000\exp(-\text{RMR}/100)]}$	
GSI 和 D	Hoek 等（2002）	$E_m = (1 - 0.5D)10^{\left(\frac{\text{GSI}-10}{40}\right)}$	$\sigma_{ci} > 100\text{MPa}$
	Hoek 和 Diederichs（2006）	$E_m = 10^5\left(\frac{1 - 0.5D}{1 + e^{((75+25D-\text{GSI})/11)}}\right)$	
GSI，D 和 E_i	Carvalho（2004）	$E_m = E_i(s)^{0.25}$	$s = \exp\left(\frac{\text{GSI} - 100}{9 - 3D}\right)$
	Sonmez 等（2004）	$E_m = E_i(s)^{0.4}$ $a = 0.5 + \frac{1}{6}(e^{-\text{GSI}/15} - e^{-20/3})$	$s = \exp\left(\frac{\text{GSI} - 100}{9 - 3D}\right)$
	Hoek 和 Diederichs（2006）	$E_m = E_i\left(0.02 + \frac{1 - 0.5D}{1 + e^{((60+15D-\text{GSI})/11)}}\right)$	
GSI，D 和 σ_{ci}	Hoek 和 Brown（1997）	$E_m = \sqrt{\frac{\sigma_{ci}}{100}}10\left(\frac{\text{GSI} - 10}{40}\right)$	
	Hoek 等（2002）	$E_m = (1 - 0.5D)\sqrt{\frac{\sigma_{ci}}{100}}10\left(\frac{\text{GSI} - 10}{40}\right)$	σ_{ci} <100MPa
	Beiki 等（2010）	$E_m = \tan(\sqrt{1.56 + (\ln\text{GSI})^2})\sqrt[3]{\sigma_{ci}}$	

注：RMR 为岩体分级指标；E_i为完整岩石的弹性模量；GSI 为地质强度指标；D 为扰动系数；σ_{ci}为岩块单轴抗压强度；s，a 为 GH-B 岩体常数。

而对 GH-B 强度准则经验参数 m_b、s 取值的改进方法有：

（1）张建海等（2000）认为，介于扰动和未扰动之间的岩体可以用以下公式来确定 m_b、s：

$$m_b = m_i \exp\left(\frac{\mathrm{RMR} - 100}{21}\right) \tag{3-31}$$

$$s = \exp\left(\frac{\mathrm{RMR} - 100}{7.5}\right) \tag{3-32}$$

显然式（3-31）和式（3-32）并未考虑岩体的实际扰动因素，与现场岩体的实际情况不相符。

（2）闫长斌和徐国元（2005）引入完整性系数 K_v，建立了如下参数改进公式：

$$m_b = m_i \exp\left(\frac{\mathrm{RMR} - 100}{K_m}\right) \tag{3-33}$$

$$s = \exp\left(\frac{\mathrm{RMR} - 100}{K_s}\right) \tag{3-34}$$

式中，$K_m = 14(K_v + 1)$；$K_s = 3K_v + 6$；K_m 为 m_b 的修正系数；K_s 为 s 的修正系数。

该改进公式以完整性系数 K_v 表征岩体受扰动程度，当 $K_v = 1$ 时，岩体未受扰动，$K_m = 28$，$K_s = 9$；当 $K_v = 0$ 时，岩体受强烈扰动，$K_m = 14$，$K_s = 6$。

（3）陈昌富等（2008）基于 $K_m - K_v$、$K_s - K_v$ 的非线性关系，提出如下参数改进公式：

$$m_b = m_i \exp\left(\frac{\mathrm{RMR} - 100}{K_m}\right) \tag{3-35}$$

$$s = \exp\left(\frac{\mathrm{RMR} - 100}{K_s}\right) \tag{3-36}$$

式中，$K_m = 21 + 7\sin[(K_v - 0.5)\pi]$；$K_s = 7.5 + 1.5\sin[(K_v - 0.5)\pi]$。

该改进公式以完整性系数 K_v 表征岩体受扰动程度，当 $K_v = 1$ 时，岩体未受扰动，$K_m = 28$，$K_s = 9$；当 $K_v = 0$ 时，岩体受强烈扰动，$K_m = 14$，$K_s = 6$。

（4）袁文军等（2013）提出的 m_b、s 改进公式中，$K_m = 28 - 14D_1$，$K_s = 9 - 3D_1$，$D_1 = \ln[(1 - e)K_v + e]$。

本书考虑到饱水-失水作用对岩石的损伤影响，在 GH-B 强度准则的基础上引入了饱水-失水循环作用后岩石单轴抗压强度累积损伤率 D_s，考虑了饱水-失水循环作用对岩石的损伤影响，改进了 GH-B 强度准则，其中，

$$\sigma_1' = \sigma_3' + 0.01\sigma_{ci} D_s \left(m_b \frac{\sigma_3'}{\sigma_{ci}} + s\right)^a \tag{3-37}$$

$$m_b = m_i \exp\left(\frac{\mathrm{GSI} - 100}{28 - 14D}\right) \tag{3-38}$$

$$s = \exp\left(\frac{\mathrm{GSI} - 100}{9 - 3D}\right) \tag{3-39}$$

$$a = \frac{1}{2} + \frac{1}{6}\left(\mathrm{e}^{-\mathrm{GSI}/15} - \mathrm{e}^{-20/3}\right) \tag{3-40}$$

岩体弹性模量 E_{m} 为

$$E_{\mathrm{m}} = \begin{cases} \left(1 - \dfrac{D}{2}\right)\sqrt{\dfrac{0.01\sigma_{ci}D_{\mathrm{s}}}{100}} \cdot 10^{(\mathrm{GSI}-10)/40} & (\sigma_{ci} \leqslant 100\mathrm{MPa}) \\ \left(1 - \dfrac{D}{2}\right) \cdot 10^{(\mathrm{GSI}-10)/40} & (\sigma_{ci} \geqslant 100\mathrm{MPa}) \end{cases} \tag{3-41}$$

若已知 σ_3'，对应的莫尔–库仑强度准则为

$$\varphi_{\mathrm{m}} = \arcsin\left[\frac{6am_{\mathrm{b}}(s + m_{\mathrm{b}}\sigma_{3n})^{a-1}}{2(1+a)(2+a) + 6am_{\mathrm{b}}(s + m_{\mathrm{b}}\sigma_{3n})^{a-1}}\right] \tag{3-42}$$

$$c_{\mathrm{m}} = \frac{0.01\sigma_{ci}D_{\mathrm{s}}[(1+2a)s + (1-a)m_{\mathrm{b}}\sigma_{3n}](s + m_{\mathrm{b}}\sigma_{3n})^{a-1}}{\sqrt{[(1+a)(2+a)] \cdot [1 + 6am_{\mathrm{b}}(s + m_{\mathrm{b}}\sigma_{3n})^{a-1}]}} \tag{3-43}$$

式中，$\sigma_{3n} = \sigma_{3\max}/\sigma_{ci}$，其中，

$$\sigma_{3\max} = 0.72\sigma_{\mathrm{cm}}\left(\frac{\sigma_{\mathrm{cm}}}{\gamma H}\right)^{-0.91} \tag{3-44}$$

$$\sigma_{\mathrm{cm}} = 0.01\sigma_{ci}D_{\mathrm{s}}\frac{[m_{\mathrm{b}} + 4s - a(m_{\mathrm{b}} - 8s)(m_{\mathrm{b}}/4 + s)^{a-1}]}{2(1+a)(2+a)} \tag{3-45}$$

砂岩的 D_{s} 为

$$D_{\mathrm{s}}(n) = -108.09 \times \exp(-n/18.36) + 108.48 \quad n \leqslant 20 \tag{3-46}$$

泥板岩的 D_{s} 为

$$D_{\mathrm{s}}(n) = -65.27 \times \exp(-n/12.22) + 66.14 \quad n \leqslant 20 \tag{3-47}$$

以上式中 n 为完整岩石饱水–失水循环作用次数。

测得岩石的单轴抗压强度，获取岩体地质强度指标 GSI 值，便可以得到岩质边坡岩体的强度参数，进行岩质边坡稳定性分析与评价。室内岩石的单轴抗压强度依据室内试验容易获取，因此，现场岩体的地质强度指标 GSI 值便成为决定岩体物理力学参数的关键，合理地确定 GSI 值具有深刻的研究意义。

GH-B 强度准则是基于 GSI 评分体系的岩体力学参数确定方法，Hoek 提出估计 GSI 的因素如表 3-5 所示。分析表 3-5 可知，GSI 考虑的有岩体的结构性描述、岩体的风化状况两个主要因素。Hoek 虽然给出了 GSI 定性的概化区间范围（Marinos et al.，2005）和岩体扰动参数 D 的概化取值（Hoek et al.，2002），但未使其定量化，无法合理取值，岩体参数估算结果随机性大，不能满足工程精度需要。

为了更加方便地使用 GSI 系统，Sonmez 和 Ulusay（1999）提出了对 GSI 系统进行量化取值，通过引入岩体的体积节理数 J_{v} 和岩体的结构级数 SR，以及岩体表面条件等级 SCR 来定量化岩体的 GSI 参数取值，并不断对量化 GSI 系统进行修

正和应用（Sonmez et al.，2004）。

表 3-5　GSI 评分表（Hoek et al.，2002）

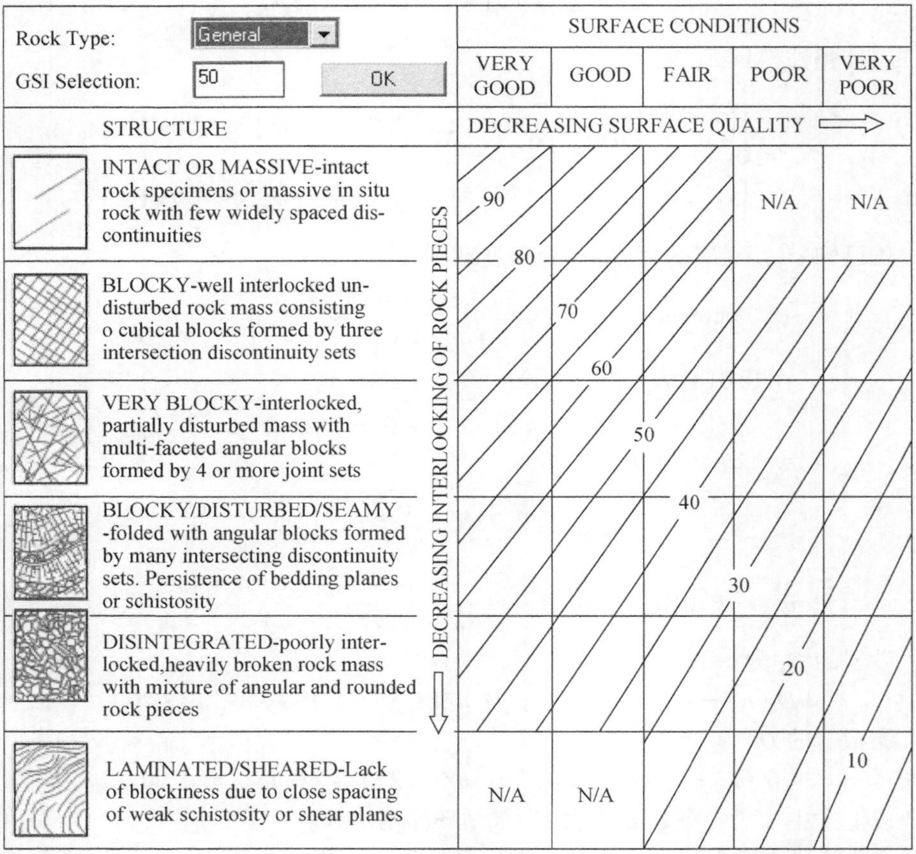

Rock Type: General GSI Selection: 50　OK	SURFACE CONDITIONS				
	VERY GOOD	GOOD	FAIR	POOR	VERY POOR
STRUCTURE	DECREASING SURFACE QUALITY ⇨				
INTACT OR MASSIVE-intact rock specimens or massive in situ rock with few widely spaced discontinuities	90 80			N/A	N/A
BLOCKY-well interlocked undisturbed rock mass consisting o cubical blocks formed by three intersection discontinuity sets		70 60			
VERY BLOCKY-interlocked, partially disturbed mass with multi-faceted angular blocks formed by 4 or more joint sets			50		
BLOCKY/DISTURBED/SEAMY-folded with angular blocks formed by many intersecting discontinuity sets. Persistence of bedding planes or schistosity			40	30	
DISINTEGRATED-poorly interlocked,heavily broken rock mass with mixture of angular and rounded rock pieces				20	
LAMINATED/SHEARED-Lack of blockiness due to close spacing of weak schistosity or shear planes	N/A	N/A			10

DECREASING INTERLOCKING OF ROCK PIECES ⇩

Cai 和 Kaisera（2006）、Cai 等（2004）提出了一个根据岩块体积 V_b 和节理条件系数 J_c 的确定 GSI 值的定量方法，该方法建立在描述大量的地质指标（如节理的粗糙度、间理间距、充填情况）和现场测试参数之上，这种定量化方法很适合经验不足的地质工作者对 GSI 系统的使用。Cai 采用的 V_b，J_c 与 GSI 的定量关系为

$$\mathrm{GSI}(V_b, J_c) = \frac{26.5 + 8.79\ln J_c + 0.9\ln V_b}{1 + 0.015\ln J_c - 0.0253V_b} \tag{3-48}$$

式中，V_b 为岩块体积，cm^3；J_c 为节理条件系数。

但是 Cai 提出的 GSI 值的定量方法中关于岩块体积 V_b 的确定是个难点，当岩体节理不规则时，节理面的夹角很难测量，因此，实际工程中很难实施。

此外，傅晏（2010）结合我国规范实际情况，将 GSI 的评分系统进行了修正，提出了一种包含岩体完整性系数 K_v、岩体节理体积系数 J_v 定量关系的改进的 GSI 评分表，但其岩体节理体积系数 J_v 为近似值；胡盛明和胡修文（2011）通过引入 Sonmez、Ulusay 提出的岩体节理体积数 J_v 与 Cai 和 Kaisera 等提出的节理特征系数 J_c，对 GSI 地质强度指标进行了量化，同样，岩体的节理体积系数 J_v 合理取值问题有待于解决；张永杰等（2011）运用结构面表面等级 SCR、岩体结构等级 SR 节理特征系数 J_c 与岩块体积 V_b 对地质强度指标 GSI 的取值进行量化，并采用了区间数取值方式，建立了基于区间数取值的 GSI 量化方法，但该方法中岩块体积 V_b 的确定是个难点，对于 3 组以上复杂角度的节理切割成的岩块体积估算不太适应。

描述岩体地质特征的参数有（王新刚，2014）岩体结构类型、岩体体积节理数 J_v、岩体完整性系数 K_v、岩体结构等级 SR、节理特征系数 J_c、结构面表面等级 SCR（评价时包含岩体结构面的粗糙度、风化度和充填物）。

Hoek 将岩体结构类型分为 6 类，将岩体体积节理数 J_v 与 GSI 表中岩体结构分类进行关联，如表 3-6 所示；岩体体积节理数 J_v 是指岩体单位体积内所有交切的岩体节理总数目，是国际岩石力学学会（ISRM）推荐的用来衡量岩体节理化程度的一个重要指标。岩体体积节理数 J_v 的取值如下：

$$J_v = \frac{N_1}{L_1} + \frac{N_2}{L_2} + \cdots + \frac{N_n}{L_n} \tag{3-49}$$

$$J_v = \frac{1}{S_1} + \frac{1}{S_2} + \cdots + \frac{1}{S_n} \tag{3-50}$$

式中，N 为沿某方向测线的节理数；L 为测线的长度，m；S 为某一组节理的间距，m；n 为节理的组数。

表 3-6　岩体结构类型与 J_v 对应的关系

岩体结构类型	完整或块状结构（I/M）	块状结构（B）	镶嵌结构（VB）	碎裂结构/扰动/裂缝（$B/D/S$）	散体结构（D）	层状/剪切带（L/Sh）
J_v/(条/m^3)	≤1	1～3	3～10	10～30	30～60	≥60

而对于发育多组节理的岩体，节理间距的确定是相当困难的。因此，Sonmez 和 Ulusay（1999）提出了一个更为实用的公式，即在 1m^3 体积的岩体中有

$$J_v = \frac{N_x}{L_x} \times \frac{N_y}{L_y} \times \frac{N_z}{L_z} \tag{3-51}$$

式中，N_x，N_y，N_z 分别为沿相互垂直方向测线上的节理数；L_x，L_y，L_z 分别为沿相互垂直方向测线的长度。

然而在现场岩体结构面地质调查测量中，调查量取沿着 3 个互相垂直的测线的节理面情况是相当困难的，假设结构面呈薄的圆盘状（贾洪彪等，2008），建立如图 3-6 所示的模型，假设结构面的法线与测线 L 平行，在测线 L 上取一圆

心，作一半径为 R，厚度为 $\mathrm{d}R$ 的空心圆筒，则其体积为 $\mathrm{d}V=2\pi RL\mathrm{d}R$，假设岩体结构面体密度为 J_v，则空心圆筒内的结构面数量 $\mathrm{d}N$ 为

$$\mathrm{d}N=J_v\mathrm{d}V=2\pi RLJ_v\mathrm{d}R \tag{3-52}$$

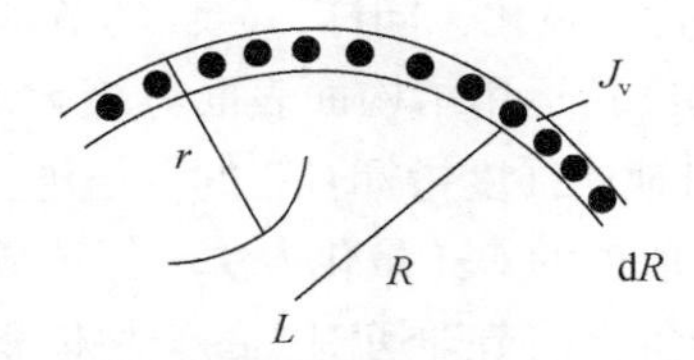

图 3-6 结构面圆盘模型（贾洪彪，2008）

因为，结构面中心点位于空心圆筒体积内，且只有其半径 $r\geqslant R$ 时才能与测线相交。假设结构面半径 r 的概率密度为 $f(r)$，则结构面中心点位于空心圆筒体积内，且与测线相交的结构面数目 $\mathrm{d}n$ 为

$$\mathrm{d}n=\mathrm{d}N\int_R^{\infty}f(r)\,\mathrm{d}r=2\pi LJ_vR\int_R^{\infty}f(r)\,\mathrm{d}r\mathrm{d}R \tag{3-53}$$

积分可得出整个空间内结构面与测线上的交点数 n 为

$$n=\int_0^{\infty}\mathrm{d}n=2\pi LJ_v\int_0^{\infty}R\int_R^{\infty}f(r)\,\mathrm{d}r\mathrm{d}R \tag{3-54}$$

则结构面线密度 J_d 为

$$J_d=2\pi LJ_v\int_0^{\infty}R\int_R^{\infty}f(r)\,\mathrm{d}r\mathrm{d}R \tag{3-55}$$

假如结构面痕长服从负指数发布，则结构面半径密度函数 $f(r)=\frac{\pi}{2}\mu\mathrm{e}^{-\frac{\pi}{2}\mu r}$，代入式（3-55）则可得结构面体密度 J_v 为

$$J_v=\frac{\lambda_d}{2\pi\,\bar{r}^2} \tag{3-56}$$

式中，$\bar{r}$ 为结构面平均半径。

若岩体中存在 m 组结构面，则结构面总体密度 $J_{v总}$ 为

$$J_{v总}=\frac{1}{2\pi}\sum_{k=1}^{m}\frac{J_{dk}}{\bar{r}_k^2} \tag{3-57}$$

式中，J_{dk}，$\bar{r}_k$ 分别为第 k 组结构面的线密度和半径均值。

岩体完整性系数 K_v 通常用来描述岩体结构完整的程度，一般采用测试室内岩石与现场岩体的弹性波波速值来确定。根据我国相关规范岩体完整性系数 K_v 与岩体体积节理数 J_v 关系（表 3-7），K_v 关于 J_v 的定量化关系式为

$$K_v=0.9415\mathrm{e}^{-0.0516J_v} \tag{3-58}$$

表 3-7　岩体结构类型与 K_v 对应的关系

岩体结构类型	J_v/(条/m^3)	K_v
完整或块状结构（*I/M*）	≤1	≥0.89
块状结构（*B*）	1～3	0.89～0.75
镶嵌结构（VB）	3～10	0.75～0.55
碎裂结构/扰动/裂缝（*B/D/S*）	10～30	0.55～0.20
散体结构（*D*）	30～60	0.20～0.043
层状/剪切带（*L*/Sh）	≥60	≤0.043

岩石质量指标 RQD 与岩体完整性系数 K_v 的关系见表 3-8。

表 3-8　岩石质量指标 RQD 与 K_v 对应的关系

岩石质量指标 RQD	很好 (100%～90%)	好 (90%～75%)	一般 (75%～50%)	差 (50%～25%)	很差 (<25%)
岩体完整性系数 K_v	完整 >0.75	较完整 0.75～0.55	较破碎 0.55～0.35	破碎 0.35～0.15	极破碎 <0.15

周洪福和聂德新（2010）针对我国西部大量存在的水电工程坝基的岩体结构进行了研究，建立了关于钻孔岩石质量指标 RQD 的岩体完整性系数 K_v 的关系式：

$$K_v = 0.0172 + 0.0086(\mathrm{RQD}) - 0.0000782\,(\mathrm{RQD})^2 + 8.94\times10^{-7}\,(\mathrm{RQD})^3 \tag{3-59}$$

岩体结构等级 SR 的取值是利用体积节理数 J_v，通过半对数图表进行取值，通过 J_v 对 SR 进行定量化取值，其取值公式如下。

（1）当岩体为完整或块状结构（*I/M*）时：

$$\mathrm{SR} = 83.3333 - 7.2382\ln(J_v)\quad J_v \leqslant 1 \tag{3-60}$$

（2）当岩体为块状结构（*B*）、镶嵌结构（VB）、碎裂结构/扰动/裂缝（*B/D/S*）、散体结构（*D*）时：

$$\mathrm{SR} = 84.3530 - 15.763\ln(J_v)\quad 1 \leqslant J_v \leqslant 60 \tag{3-61}$$

（3）当岩体为层状/剪切带（*L*/Sh）时：

$$\mathrm{SR} = 30.005 - 3.2578\ln(J_v)\quad J_v \geqslant 60 \tag{3-62}$$

当岩体为完整或块状结构（*I/M*）、块状结构（*B*）、镶嵌结构（VB）、碎裂结构/扰动/裂缝（*B/D/S*）、散体结构（*D*）时（傅晏，2010）：

$$\mathrm{SR} = 149.56K_v^3 - 195.05K_v^2 + 134.4K + 11.811\quad 0.043 \leqslant K_v \leqslant 1 \tag{3-63}$$

当岩体为层状/剪切带（*L*/Sh）时：

$$\mathrm{SR} = 387.6K_v\quad 0 \leqslant K_v \leqslant 0.043 \tag{3-64}$$

节理特征系数 J_c 定义为

$$J_c = \frac{J_W J_S}{J_A} \tag{3-65}$$

式中，J_W 为节理的宏观波动系数（其取值见表 3-9）；J_S 为节理的微观光滑系数（其取值见表 3-10）；J_A 为节理的蚀变系数（其取值见表 3-11）。

J_W 是根据波动率（α/d）来确定的，α 是结构面粗糙起伏的幅度，d 是结构面起伏最大峰值间的距离，如图 3-7 所示。

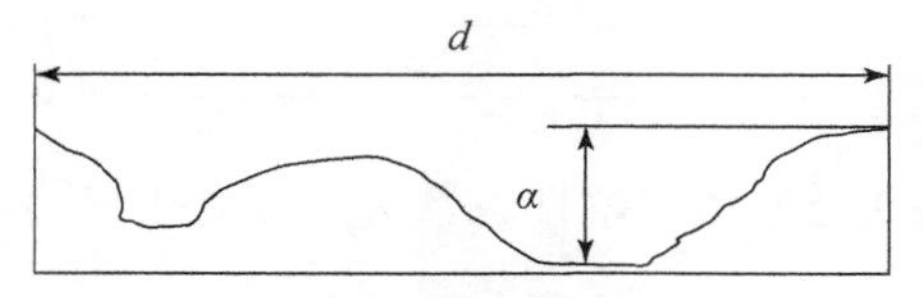

图 3-7　结构面波形示意图

表 3-9　节理宏观波动性 J_W 评分表

波动程度	起伏度/%	评分
紧密锁固	—	3.0
台阶状	>3.0	2.5
强烈起伏	0.3～3.0	2.0
轻微起伏	<0.3	1.5
平直	—	1.0

表 3-10　节理微观光滑性 J_S 评分表

光滑程度	描述	评分
很粗糙	近乎垂直且呈台阶状，脊状、节理面上呈自锁状态	3
粗糙	锯齿状，齿侧偏角明显；隙缝可见且清晰；具有磨砂感	2
轻微粗糙	不连续面间的粗糙感明显	1.5
光滑	表面光滑，手触有光滑感	1
磨光	具有光滑的视觉感	0.75
镜面，有擦痕	具有滑动产生的抛光或横纹的表面	0.6～1.5

表 3-11　结构面蚀变影响系数 J_A 评分表

结构面条件	结构面现场描述	评分	
		结构面壁部分接触，充填物厚度<5mm	结构面壁不接触，充填物足够厚
结构面中有充填物，结构面部分接触或无接触	有砂、砂砾石等摩擦型物质充填，无黏土成分	4.0	8.0
	高岭土、黏土等硬黏结型物质紧密充填	6.0	10.0
	低至中等强度的超固结黏土、高岭土等软黏结型物质充填	8.0	12.0
	膨胀性的黏土物质充填	8.0～12.0	12.0～120.0

续表

结构面条件	结构面现场描述	评分	
		结构面壁部分接触，充填物厚度<5mm	结构面壁不接触，充填物足够厚
结构面中无充填物，局部存在侵蚀、风化，结构面接触	结构面闭合，无充填	0.75	
	结构面新鲜，未见风化	1.0	
	结构面壁微分化，壁面可见颜色浸染，一级蚀变	2.0	
	结构面强风化，壁面见砂、淤泥	3.0	
	结构面蚀变、全风化，壁面见黏土、高岭土等蚀变物	4.0	
结构面中有薄层充填或薄膜覆盖，结构面壁紧密接触	有砂、碎石等无黏土成分的物质填充	3.0	
	黏土、高岭土等黏结型物质填充	4.0	

结构面表面等级（SCR）可通过结构面粗糙度系数（R_r）、风化系数（R_W）与充填系数（R_f）之和来确定，各参数值见表 3-12。

表 3-12　结构面表面等级参数 SCR 估算

粗糙度评分 R_r	非常粗糙	粗糙	较粗糙	较光滑	光滑
	6	5	3	1	0
风化度评分 R_W	未分化	微风化	中风化	强风化	全风化
	6	5	3	1	0
充填物评分 R_f	无充填	硬质充填		软质充填	
		<5mm	>5mm	<5mm	>5mm
	6	4	2	2	0
结构面表面条件评分 SCR = $R_r + R_W + R_f$					

本书在 Hoek 提出估计 GSI 评分表格的基础上，对 GSI 评分系统进行量化取值，构建了“新的 GSI 量化取值表格”，见表 3-13。

该表格包含了岩体结构类型、岩体体积节理数 J_v、岩体完整性系数 K_v、岩体结构等级 SR、节理特征系数 J_c、结构面表面等级 SCR（评价时包含岩体结构面的粗糙度、风化度和充填物）。新的 GSI 量化取值表格解决了岩体节理体积系数 J_v 不精确确定的问题，并采用我国相关规范以岩体完整性系数 K_v 替换岩块体积 V_b 来解决对岩体完整性合理的定量化取值问题，且采用定性化的结构面表面特征、结构面表面等级指标 SCR、节理特征系数 J_c、岩石质量指标 RQD 4 个指标，选择性对比验证岩体结构面特征的定量化取值。

由于野外岩体的地质情况复杂，岩体的结构面特性具有很大的随机性和人为判断不合理的局限性，因此，采用定值的 GSI 指标取值不够合理（张永杰等，2011），而 Hoek 等也指出基于从岩体结构、岩体性质和结构面表面特性等地质指标来确定 GSI 的取值时，不必太过试图使其精确，GSI = 33 ~ 37 的地质强度指数取值比 GSI = 35 取值更为切合实际的岩体力学参数情况，因此，采用区间数（GSI^L，GSI^R）理论来表示地质强度指标 GSI 的不确定性更为符合野外岩体力学参数取值的实际情况（L 表示取值下限，R 表示取值上限）。

结构面总体密度 $J_{v总}$ 可通过式（3-60）来确定。对现场实际测量资料进行整理时，式（3-66）中的 J_{dk}（第 k 组结构面的线密度）、$\bar{r}_k$（第 k 组结构面的半径均值），存在一定范围内的估算值，因此，采用区间数理论来表示含有 J_{dk}、$\bar{r}_k$ 的结构面总体密度 $J_{v总}$ 更为合理。则

$$(J_{v总}^L,\ J_{v总}^R) = \frac{1}{2\pi}\left(\sum_{k=1}^{m}\frac{J_{dk}^L}{\overline{r_k^{R2}}},\ \sum_{k=1}^{m}\frac{J_{dk}^R}{\overline{r_k^{L2}}}\right) \tag{3-66}$$

式中，J_{dk}^L、J_{dk}^R 为第 k 组结构面的线密度的最小值、最大值；$\overline{r_k^R}$、$\overline{r_k^L}$ 为第 k 组结构面的半径均值的最小值、最大值。

同理，对于岩体完整性系数 K_v、岩体结构等级 SR，可通过区间数理论来表示为（K_v^L，K_v^R）、（SR^L，SR^R）。对于岩体的节理特征系数 J_c，则根据式（3-68），表示为

$$(J_c^L,\ J_c^R) = \left(\frac{J_W^L J_S^L}{J_A^R},\ \frac{J_W^R J_S^R}{J_A^L}\right) \tag{3-67}$$

式中，J_c^L、J_c^R，J_W^L、J_W^R，J_S^L、J_S^R，J_A^L、J_A^R，分别为节理特征系数、节理的宏观波动系数、节理的微观光滑系数、节理的蚀变系数的下限值与上限值，其取值范围可查表 3-9 ~ 表 3-11。

结构面表面等级 SCR（评价时包含岩体结构面的粗糙度、风化度和充填物），其评价存在着更多现场语言描述的不确定性和人为判断的随机性，所以，采用区间数理论来表示各评价指标的取值范围更为合理，则

$$(SCR^L,\ SCR^R) = (R_r^L + R_W^L + R_f^L,\ R_r^R + R_W^R + R_f^R) \tag{3-68}$$

式中，SCR^L、SCR^R 为结构面表面等级的下限值与上限值；R_r^L、R_r^R，R_W^L、R_W^R，R_f^L、R_f^R，分别为岩体结构面的粗糙度、风化度和充填物评分取值的下限值与上限值，其取值范围可由表 3-12 获取。

GSI 确定方法：首先根据新的 GSI 量化表确定岩体结构类型，根据公式计算确定岩体体积节理数（$J_{v总}^L$，$J_{v总}^R$），进而得到岩体结构等级 SR 的区间值（SR^L，SR^R），同理，根据现场研究条件，选择性地确定结构面表面等级 SCR、节理特征系数 J_c、岩体完整性系数 K_v 的区间值（SCR^L，SCR^R）、（J_c^L，J_c^R）、（K_v^L，K_v^R）。此

外，岩体完整性系数 K_v 也可以根据岩石质量指标 RQD 值或者岩体弹性纵波波速来对比验证取值。表 3-13 由每种纵横轴指标区间数的交集部分可得出 GSI 的区间数取值（GSI^L，GSI^R），各个选择性指标的总交集（表 3-13 中的黑色部分）即为 GSI 的定值取值。

表 3-13　GSI 量化取值表格

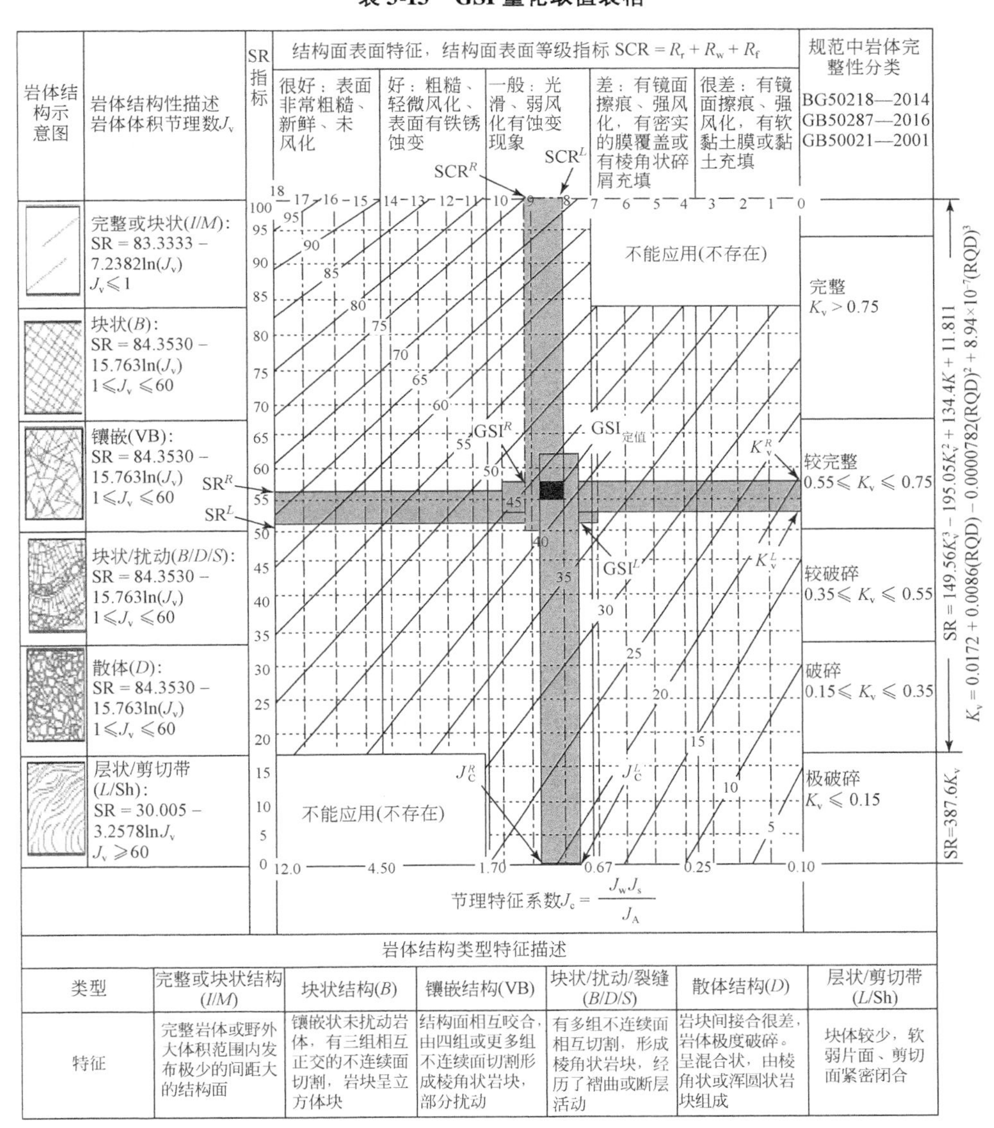

岩体结构类型特征描述						
类型	完整或块状结构(I/M)	块状结构(B)	镶嵌结构(VB)	块状/扰动/裂缝($B/D/S$)	散体结构(D)	层状/剪切带(L/Sh)
特征	完整岩体或野外大体积范围内发布极少的间距大的结构面	镶嵌状未扰动岩体，有三组相互正交的不连续面切割，岩块呈立方体块	结构面相互咬合，由四组或更多组不连续面切割形成棱角状岩块，部分扰动	有多组不连续面相互切割，形成棱角状岩块，经历了褶曲或断层活动	岩块间接合很差，岩体极度破碎。呈混合状，由棱角状或浑圆状岩块组成	块体较少，软弱片面、剪切面紧密闭合

上述对 GSI 取值的确定方法能够体现各个地质指标在确定过程中的随机性与不确定性，反映最终取值的合理性，考虑了现场试验资料选择性获取的可操作

性，并引入多指标联合确定 GSI 的最终交集区域，确保了 GSI 定量化取值的合理性。

3.5 本章小结

本章对龙滩水电站的坝址区库岸高边坡“消落带”岩石，经过不同的“饱水-失水”循环次数作用后的损伤劣化规律进行了研究分析，获得了如下结论。

（1）岩石单轴试验表明，砂岩、泥板岩平均单轴抗压强度与平均弹性模量的阶段损伤率 ΔD_s 随着饱水-失水循环次数先递增后递减；砂岩、泥板岩强度的累积损伤率 D_s 随着饱水-失水循环次数增多呈递增关系，本书根据损伤力学理论假设获取了平均单轴抗压强度 $\bar{\sigma}_c$ 的累积损伤率 D_s 与饱水-失水循环次数 n 的损伤劣化关系式；饱水-失水循环后，砂岩、泥板岩阶段损伤率、累积损伤率中平均弹性模量 $\bar{E}$ 比平均单轴抗压强度 $\bar{\sigma}_c$ 更为敏感，即砂岩、泥板岩的平均弹性模量最易受饱水-失水循环的损伤劣化影响。

（2）岩石抗拉试验表明，砂岩在饱水-失水循环 5 次时平均抗拉强度阶段损伤率 ΔD_s 最大；泥板岩在饱水-失水循环 10 次时平均抗拉强度阶段损伤率 ΔD_s 最大；砂岩、泥板岩强度的平均抗拉强度累积损伤率 D_s 随着饱水-失水循环次数增多呈递增关系，本书根据损伤力学理论假设，获取了平均抗拉强度 $\bar{\sigma}_\tau$ 的累积损伤率 D_s 与饱水-失水循环次数 n 的损伤劣化关系式；饱水-失水循环后泥板岩的抗拉强度阶段损伤率、累积损伤率比砂岩更为敏感，亦即泥板岩的平均抗拉强度最易受饱水-失水循环的损伤劣化影响。

（3）岩石三轴压缩试验结果表明，砂岩黏聚力、内摩擦角的阶段损伤率 ΔD_s 随着饱水-失水循环次数先递增后递减，砂岩黏聚力在饱水-失水循环 5 次时阶段损伤率 ΔD_s 最大，砂岩内摩擦角在饱水-失水循环 10 次时阶段损伤率 ΔD_s 最大；泥板岩黏聚力在饱水-失水循环 5 次时阶段损伤率 ΔD_s 最大，泥板岩内摩擦角在饱水-失水循环 5 次时阶段损伤率 ΔD_s 最大；砂岩、泥板岩的黏聚力、内摩擦角的累积损伤率 D_s 随着饱水-失水循环次数增多呈递增关系；饱水-失水循环后砂岩、泥板岩阶段损伤率、累积损伤率中的黏聚力比内摩擦角更为敏感，亦即砂岩、泥板岩的黏聚力最易受饱水-失水循环的损伤劣化影响；此外，还可以看出泥板岩的黏聚力和内摩擦角比砂岩更易受饱水-失水循环的损伤劣化影响。

针对室内岩石的物理力学性质过渡到现场自然状况下大范围岩体的物理力学性质进行研究，本章得到了如下结论。

（1）考虑了饱水-失水循环作用对室内岩石试验物理力学性质的损伤影响，在 GH-B 强度准则的基础上，引入饱水-失水循环作用后岩石累积损伤率，考虑了饱水-失水循环作用对岩石的损伤影响，改进了 GH-B 强度准则，为饱水-失水循环作用下现场岩体力学参数的获取提供了理论依据和过渡的“桥梁”。

（2）结合国内外研究成果，在 E. Hoek 提出的广义 GH-B 强度准则中 GSI 评分表格的基础上，对 GSI 评分系统进行量化取值，构建了“新的 GSI 量化取值表格”，“新的 GSI 量化取值表格”解决了岩体节理体积系数 J_v 不精确确定的问题，并采用我国相关规范以岩体完整性系数 K_v 替换岩块体积 V_b 来解决对岩体完整性合理的定量化取值问题，且采用定性化的结构面表面特征、结构面表面等级指标 SCR、节理特征系数 J_c、岩石质量指标 RQD 4 个指标，选择性对比验证岩体结构面特征的定量化取值。

“新的 GSI 量化取值表格”采用了区间数理论来表示地质强度指标 GSI 的不确定性，更为符合现场岩体力学参数取值的实际情况，且考虑了现场试验资料选择性获取的可操作性，并引入多指标联合确定 GSI 的最终交集，确保了 GSI 定量化取值的合理性。

（3）对本章提出的新的 GSI 量化取值表格中 GSI 确定方法进行了阐述，用以将不同饱水–失水循环作用后，不同地质情况下的岩石力学参数转换为岩体力学参数。

第 4 章　饱水–失水循环作用下岩石损伤流变本构模型

岩石的流变本构模型辨识一直是国内外学者研究的重点（王新刚等，2016），若采用线性流变体的元件组合模型来构建与岩石流变相关的本构模型将会与实际有所偏差，因此，建立合适的岩石非线性流变本构模型用来正确描述岩石的非线性流变力学特征很有必要。

此外，随着岩石断裂力学和损伤力学理论的发展，岩体的损伤断裂流变理论模型取得了不少进展（Shao et al.，2003；杨圣奇等，2006；Wang et al.，2016）。断裂力学与损伤力学理论在岩石流变力学研究中得到了广泛的应用，推动了岩石流变力学的发展。

本章将根据室内岩石三轴流变试验全过程曲线的分析，建立一种适合描述岩石流变特征的非线性黏弹塑性流变组合元件模型，在所建立的非线性黏弹塑性流变组合元件模型的基础上，根据损伤力学理论，引入损伤变量，建立考虑岩石饱水–失水循环次数 n 损伤的非线性黏弹塑性流变模型。

4.1　岩石的元件组合流变模型

岩石的元件组合流变模型是利用弹性元件（H）、黏性元件（N）和塑性元件（S）的串并联形成的组合介质模型来模拟岩石的流变力学特性的。元件组合模型中较为常见的有 Maxwell 模型、Kelvin 模型、三参量模型（H-K 模型）、鲍埃丁–汤姆逊模型（H/M 模型）、Bingham 模型、黏塑性模型、Burgers 模型、西原模型等（王新刚，2014）。

1）弹性元件（H）

如果岩石材料在应力作用下，其变形性质完全符合胡克定律，即岩石的应力和应变关系为正比，且应力卸载后应变可以恢复原态，则称此种岩石材料为 Hooke 体。Hooke 体是一种理想的弹性元件，其变形特征如图 4-1 所示，Hooke 体以符号 H 代表，表达式为

$$\sigma = E\varepsilon \tag{4-1}$$

式中，σ 为正应力；E 为弹性模量；ε 为正应变。

由式（4-1）可知，Hooke 体的应力和应变呈一一对应关系，即应力与应变呈线性关系，而且其在受力瞬间就产生瞬时弹性变形，当外力卸掉之后其变形又

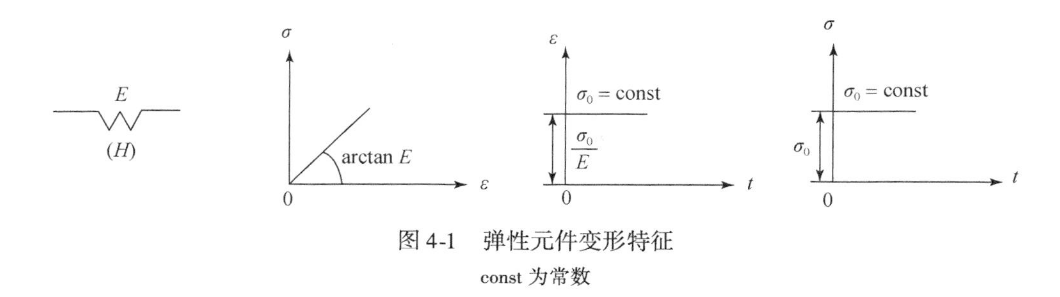

图 4-1　弹性元件变形特征

const 为常数

能恢复原状。

2）黏性元件（N）

黏性元件通常用来描述岩石材料变形特性与时间的关系，用一假想的黏壶来表示，见图 4-2，黏性元件被称为 Newton 体，简称 N 体，其本构关系可表示为

$$\sigma = \eta\dot{\varepsilon} \tag{4-2}$$

式中，η 为黏性系数；$\dot{\varepsilon}$ 为正应变速率。

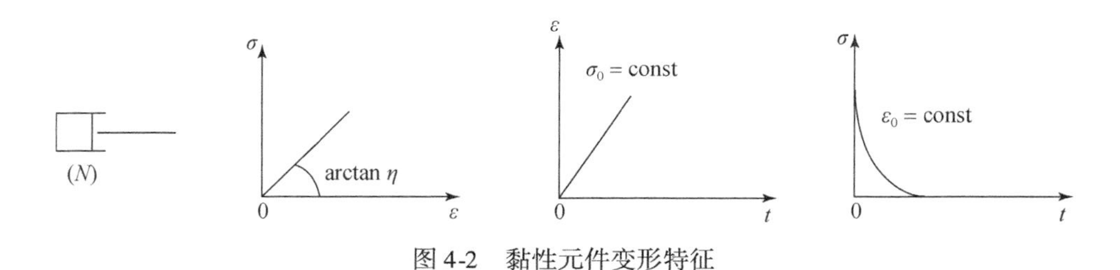

图 4-2　黏性元件变形特征

Newton 体的应力与应变速率是一一对应关系，而应力与应变之间没有直接关系，但应变 ε 与流变时间 t 有关。在外力作用下，黏性元件产生与时间相关的黏性流变。与弹性元件不同的是，黏性元件由应力作用而产生的变形在应力撤销之后是不可恢复的。

弹性元件和黏性元件是高度理想化的流变模型元件，因而无法单独去描述岩石流变的力学特性，但两个基本元件通过串联和并联的方式可以组合成多种线性黏弹性流变模型。实践证明，这些组合模型均能较好地描述许多岩石材料的流变特征。

3）塑性元件（S）

塑性元件：St. Venant 体，简称 S 体，其元件变形特征如图 4-3 所示，当岩石材料上的外力超出其屈服应力后，岩石材料将发生滑动，此时应力即使不再增加，应变仍然不断增长，而滑动所产生的位移量即为岩石的塑性变形量。塑性元件（S）的本构关系可写为

$$\sigma = \sigma_s \tag{4-3}$$

式中，σ_s 为岩石材料的屈服应力。

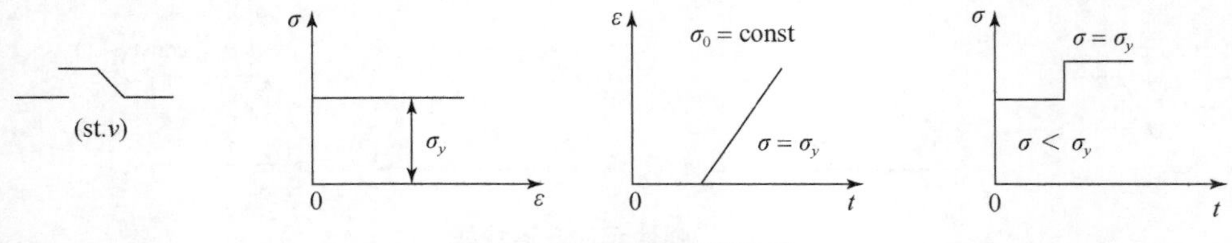

图 4-3　塑性元件变形特征

将以上三种流变模型元件进行组合，可以得到各种流变体的组合模型。组合后各元件上应力、应变遵循的规律为：元件串联用“-”表示，各元件上的应力相等，应变等于各元件上的应变和；元件并联用“｜”表示，各元件上应变相等，应力等于各元件上的应力和。下面介绍几种常见的流变组合模型。

1）Maxwell 模型（M 体）

其由弹性元件（H）、黏性元件（N）串联组合而成，见图 4-4，对于串联组成的模型而言，模型中各个元件在应力和应变方面遵循以下原则：①各个元件所受应力相等，且与模型所受的总应力相等；②模型的总应变等于各个元件应变之和。

Maxwell 模型本构方程为

$$\sigma + \frac{\eta}{E}\dot{\sigma} = \eta\dot{\varepsilon} \tag{4-4}$$

Maxwell 模型流变方程为

$$\varepsilon(t) = \frac{\sigma_0}{E} + \frac{\sigma_0}{\eta}t \tag{4-5}$$

式中，σ_0 为应力加载值。

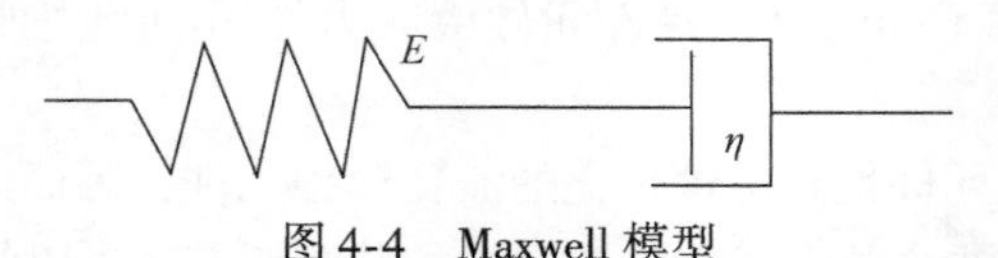

图 4-4　Maxwell 模型

式（4-5）表明，Maxwell 模型的流变曲线呈一条直线，在恒定应力 σ_0 作用下所产生的瞬时弹性应变为 σ_0/E，此后其变形以恒定速率 σ_0/η 进行。

2）Kelvin 模型（K 体）

其由弹性元件（H）、黏性元件（N）并联组合而成，如图 4-5 所示。

Kelvin 模型本构方程为

$$\sigma = E\varepsilon + \eta\dot{\varepsilon} \tag{4-6}$$

Kelvin 模型流变方程为

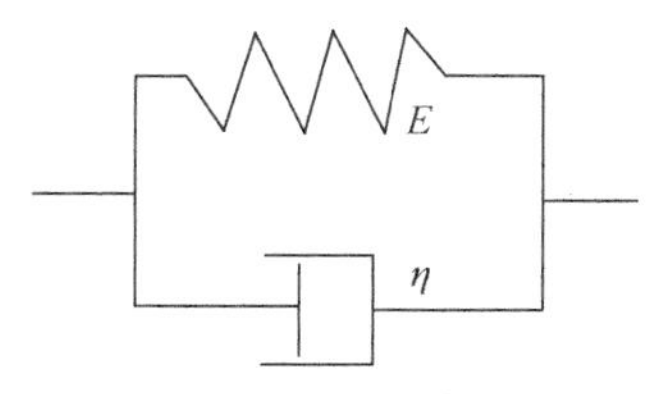

图 4-5　Kelvin 模型

$$\varepsilon(t)=\frac{\sigma_0}{E}\left[1-\mathrm{e}^{-\frac{E}{\eta}t}\right] \tag{4-7}$$

式（4-7）表明，在恒定应力 σ_0 作用下，K 体的应变随时间逐渐增大；当时间趋于无穷时，应变最终趋近于 σ_0/E，此时，$E_\infty=\sigma_0/\varepsilon_\infty$。$E_\infty$ 为渐进弹性模量或长期弹性模量，表征了具备流变性质的材料对恒载长期作用的响应。

3）三参量模型（H-K 模型）

其由弹性元件（H）与 Kelvin 模型串联而成，如图 4-6 所示。

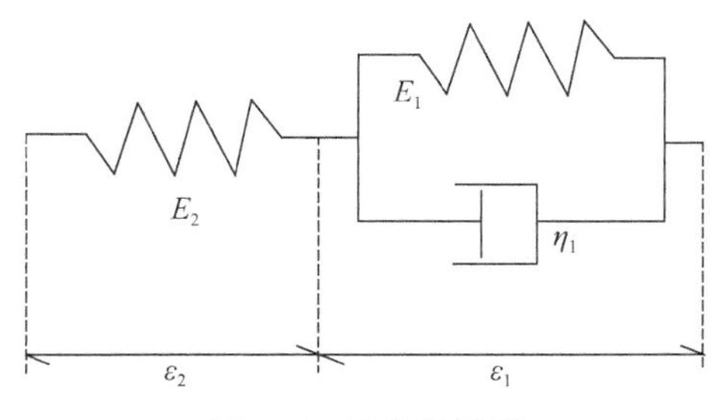

图 4-6　三参量模型

三参量模型本构方程为

$$\begin{cases}\varepsilon=\varepsilon_1+\varepsilon_2\\ \sigma=E_2\varepsilon_2\\ \sigma=E_1\varepsilon_1+\eta_1\dot{\varepsilon}_1\end{cases} \tag{4-8}$$

式中，ε_1 和 ε_2 分别为图 4-6 中两个串联部分各自的应变；E_1 为瞬时弹性模量；E_2 为黏弹性模量；η_1 为黏弹性系数。

三参量模型流变方程为

$$\begin{aligned}\varepsilon(t)&=\frac{\sigma_0}{q_0}\left(1-\mathrm{e}^{-\frac{q_0}{q_1}t}\right)+\frac{p_1\sigma_0}{q_1}\mathrm{e}^{-\frac{q_0}{q_1}t}\\&=\frac{\sigma_0}{E_2}+\frac{\sigma_0}{E_1}\left(1-\mathrm{e}^{-\frac{E_1}{\eta_1}t}\right)\end{aligned} \tag{4-9}$$

由式（4-9）可知，三参量模型具有瞬时弹性变形和稳定流变的特性。

4）Burgers 模型

其由弹性元件（H）、黏性元件（N）、Kelvin 模型串联而成，如图 4-7 所示。图 4-7 中 E_1 表示瞬时弹性模量，E_2 表示黏弹性模量，η_1 和 η_2 表示黏弹性系数，ε_1、ε_2、ε_3 为图 4-7 中各流变体部分对应的应变。

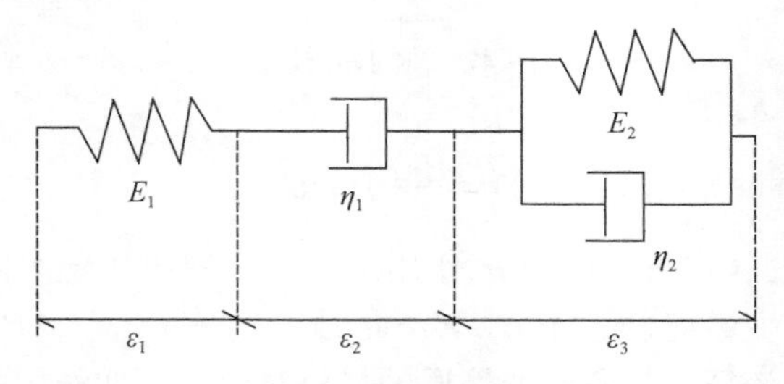

图 4-7　Burgers 模型

Burgers 模型本构方程为

$$\sigma + p_1\dot{\sigma} + p_2\ddot{\sigma} = q_1\dot{\varepsilon} + q_2\ddot{\varepsilon} \tag{4-10}$$

式中，$p_1 = \dfrac{\eta_1}{E_1} + \dfrac{\eta_2}{E_2} + \dfrac{\eta_1}{E_2}$，$p_2 = \dfrac{\eta_1\eta_2}{E_1E_2}$，$q_1 = \eta_1$，$q_2 = \dfrac{\eta_1\eta_2}{E_2}$

Burgers 模型流变方程为

$$\varepsilon(t) = \frac{\sigma_0}{E_1} + \frac{\sigma_0}{\eta_1}t + \frac{\sigma_0}{E_2}\left(1 - e^{-\frac{E_2}{\eta_2}t}\right) \tag{4-11}$$

5）Bingham 模型

其由弹性元件（H）和带有应力阈值的黏性元件（N）组合而成，如图 4-8 所示。

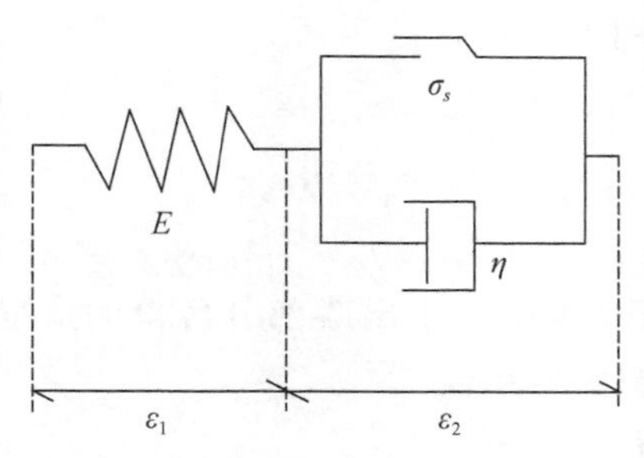

图 4-8　Bingham 模型

Bingham 模型本构方程为

$$\begin{cases} 当\ \sigma < \sigma_s\ 时 & \sigma = E\varepsilon \\ 当\ \sigma \geqslant \sigma_s\ 时 & \dot{\varepsilon} = \dfrac{\dot{\sigma}}{E} + \dfrac{\sigma - \sigma_s}{\eta} \end{cases} \tag{4-12}$$

Bingham 模型流变方程为

$$\begin{cases} 当\ \sigma < \sigma_s\ 时 & 没有流变 \\ 当\ \sigma \geqslant \sigma_s\ 时 & \varepsilon(t) = \dfrac{\sigma_0}{E} + \dfrac{\sigma_0 - \sigma_s}{\eta}t \end{cases} \tag{4-13}$$

6）西原模型

岩石力学中采用的西原模型由一个 Bingham 模型和一个开尔文体串联而成，如图 4-9 所示。图 4-9 中，E_1 表示瞬时弹性模量，E_2 表示黏弹性模量，η_1、η_2 表示黏弹性系数，σ_s 为岩石材料的屈服应力；ε_1、ε_2、ε_3 为图 4-9 中各流变体部分对应的应变。

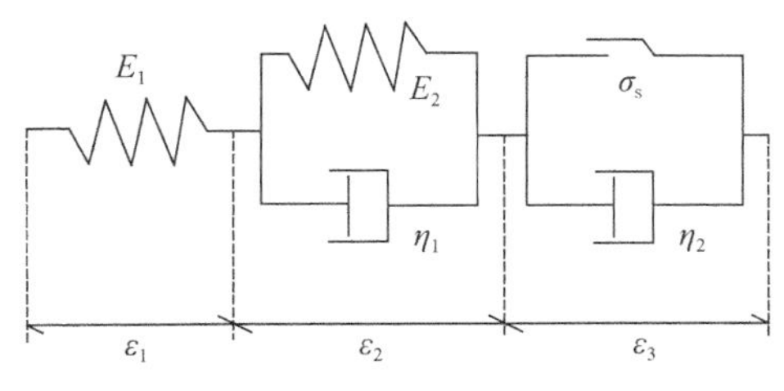

图 4-9　西原模型

西原模型本构方程：

当 $\sigma < \sigma_s$ 时，

$$\sigma + \frac{\eta_1}{E_1 + E_2}\dot{\sigma} = \frac{E_1E_2}{E_1 + E_2}\varepsilon + \frac{E_1\eta_1}{E_1 + E_2}\dot{\varepsilon} \tag{4-14}$$

当 $\sigma \geqslant \sigma_s$ 时，

$$(\sigma - \sigma_s) + p_1\dot{\sigma} + p_2\ddot{\sigma} = q_1\dot{\varepsilon} + q_2\ddot{\varepsilon} \tag{4-15}$$

式中，$p_1 = \dfrac{\eta_2}{E_1} + \dfrac{\eta_1}{E_2} + \dfrac{\eta_2}{E_2}$，$p_2 = \dfrac{\eta_1\eta_2}{E_1E_2}$，$q_1 = \eta_2$，$q_2 = \dfrac{\eta_1\eta_2}{E_1}$

西原模型流变方程：

当 $\sigma < \sigma_s$ 时，

$$\varepsilon(t) = \frac{\sigma_0}{E_1} + \frac{\sigma_0}{E_2}\left(1 - e^{-\frac{E_2}{\eta_1}t}\right) \tag{4-16}$$

当 $\sigma \geqslant \sigma_s$ 时，

$$\varepsilon(t) = \frac{\sigma_0}{E_1} + \frac{\sigma_0 - \sigma_s}{\eta_2}t + \frac{\sigma_0}{E_2}\left(1 - e^{-\frac{E_2}{\eta_1}t}\right) \tag{4-17}$$

4.2 饱水状态下岩石的流变本构模型

由室内三轴流变试验获得了围岩 4MPa，饱水状态下砂岩、泥板岩的轴向应变-时间关系全过程曲线，如图 4-10 和图 4-11 所示。

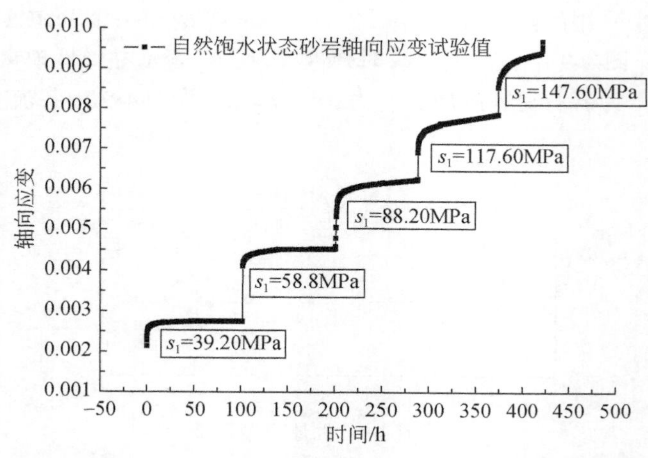

图 4-10　饱水状态下（饱水-失水循环 0 次）砂岩轴向应变-时间全过程图

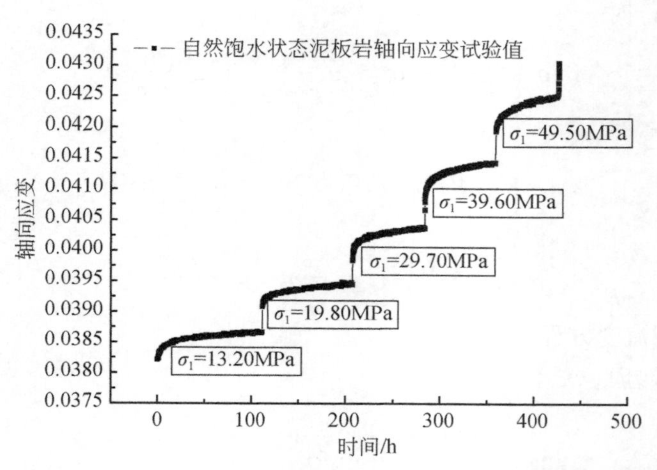

图 4-11　饱水状态下（饱水-失水循环 0 次）泥板岩轴向应变-时间全过程图

4.2.1 饱水状态下岩样流变规律分析

利用 Boltzmann 叠加原理对图 4-10 和图 4-11 中的试验数据进行处理可以得到各级轴向荷载水平下的轴向应变-时间流变曲线，如图 4-12 和图 4-13 所示。由图

4-12 和图 4-13 中的试验数据可以看出，在围岩 $\sigma_3 = 4\text{MPa}$，饱水-失水循环 0 次后，砂岩、泥板岩的流变曲线均经历了瞬时弹性变形阶段、减速流变阶段、稳定流变阶段和加速流变阶段。在低轴向应力作用下，砂岩、泥板岩只出现前三种阶段，在轴向应力接近或达到临界破坏值时才依次出现上述 4 种阶段。在施加各级轴向应力的瞬时，砂岩、泥板岩产生了轴向的瞬时弹性变形，从而说明砂岩、泥板岩具有弹性特征，且在各级轴向应力作用瞬时所产生的瞬时弹性变形量各不相同。砂岩、泥板岩在各级轴向荷载作用下所产生的轴向瞬时弹性变形量基本上随轴向应力的增大而逐渐增大。

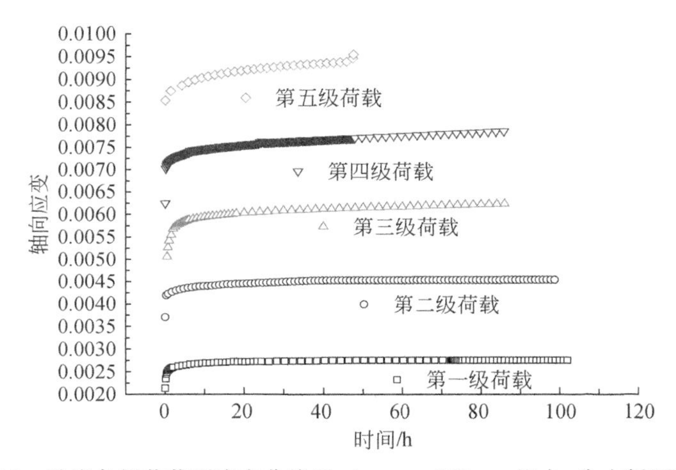

图 4-12　砂岩各级荷载下流变曲线图（$\sigma_3 = 4\text{MPa}$，饱水-失水循环 0 次）

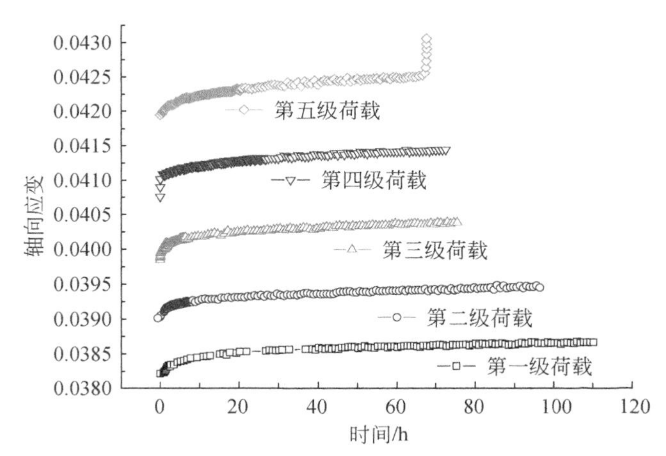

图 4-13　泥板岩各级荷载下流变曲线图（$\sigma_3 = 4\text{MPa}$，饱水-失水循环 0 次）

将某一时间段内发生的应变差值与该时间段差值的比值定义为流变速率，根据图 4-12 和图 4-13 绘制各级轴向荷载作用下砂岩、泥板岩的流变速率图，如图 4-14 ~ 图 4-23 所示。由图 4-14 ~ 图 4-17 可以看出，饱水状态下砂岩岩样在前四级轴向荷载作用下，流变速率先减小后趋于零或稳定值；而图 4-18 中在第五级轴向荷载作用下，流变速率先减小后趋于零或稳定值，最后又加速直至岩样破坏。

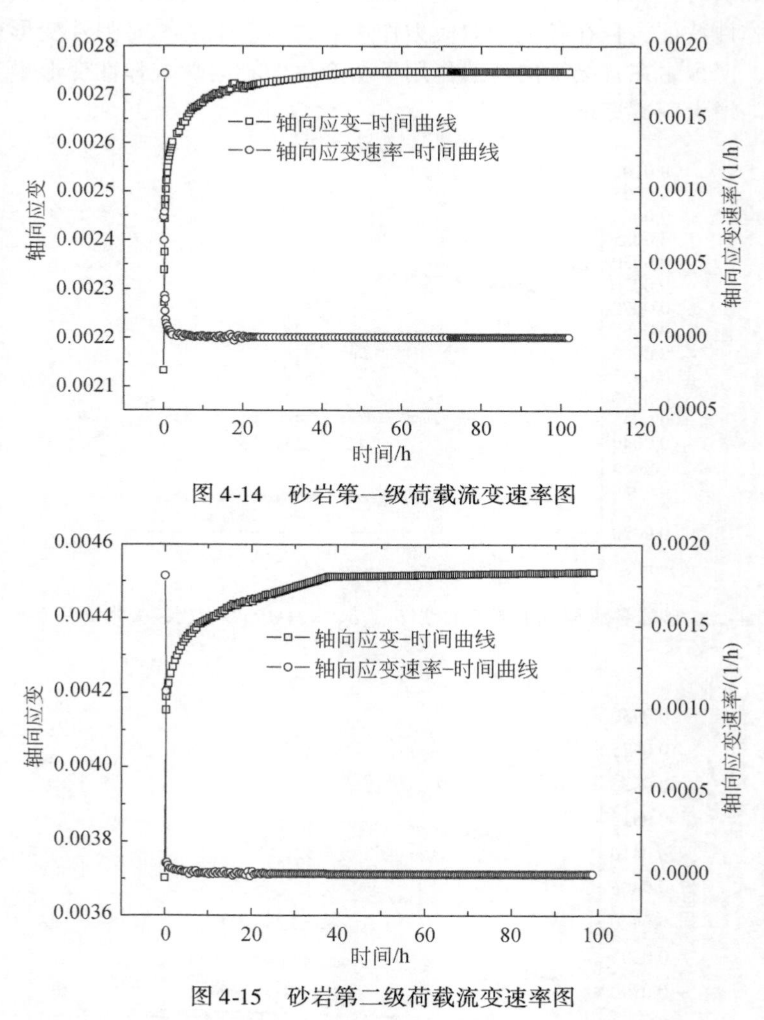

图 4-14　砂岩第一级荷载流变速率图

图 4-15　砂岩第二级荷载流变速率图

由图 4-19 ~ 图 4-22 可以看出饱水状态下泥板岩岩样在前四级轴向荷载作用下流变速率先无规律波动，后总体上趋于零或稳定值，但局部仍有波动，这是因为泥板岩相对于砂岩有着更多的微缺陷或不均匀性，在流变试验的长期作用下轴向应变不均匀波动；图 4-23 中在第五级高轴向荷载应力作用下，流变速率先减小后趋于零或稳定值，最后又加速直至岩样破坏。

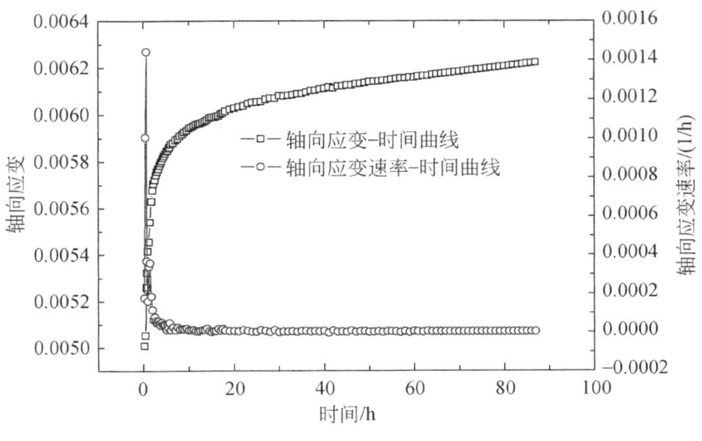

图 4-16　砂岩第三级荷载流变速率图

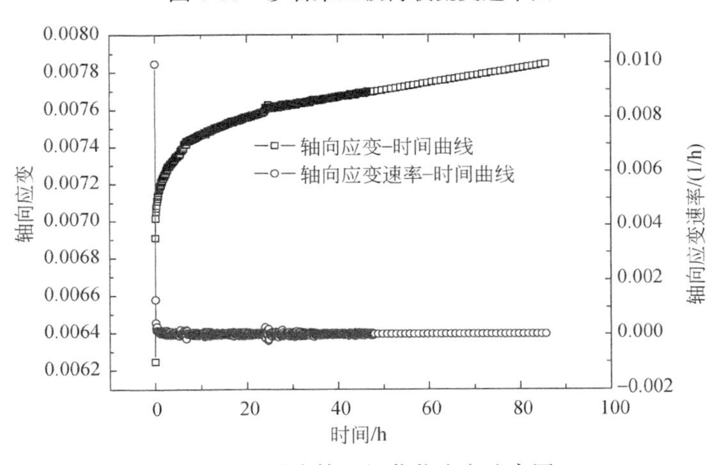

图 4-17　砂岩第四级荷载流变速率图

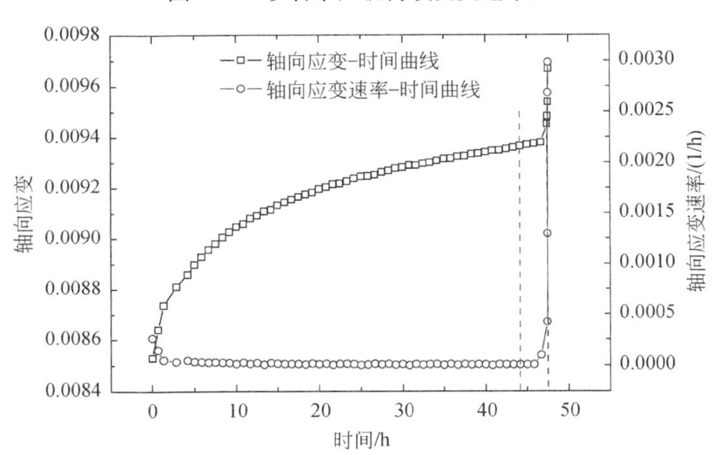

图 4-18　砂岩第五级荷载流变速率图

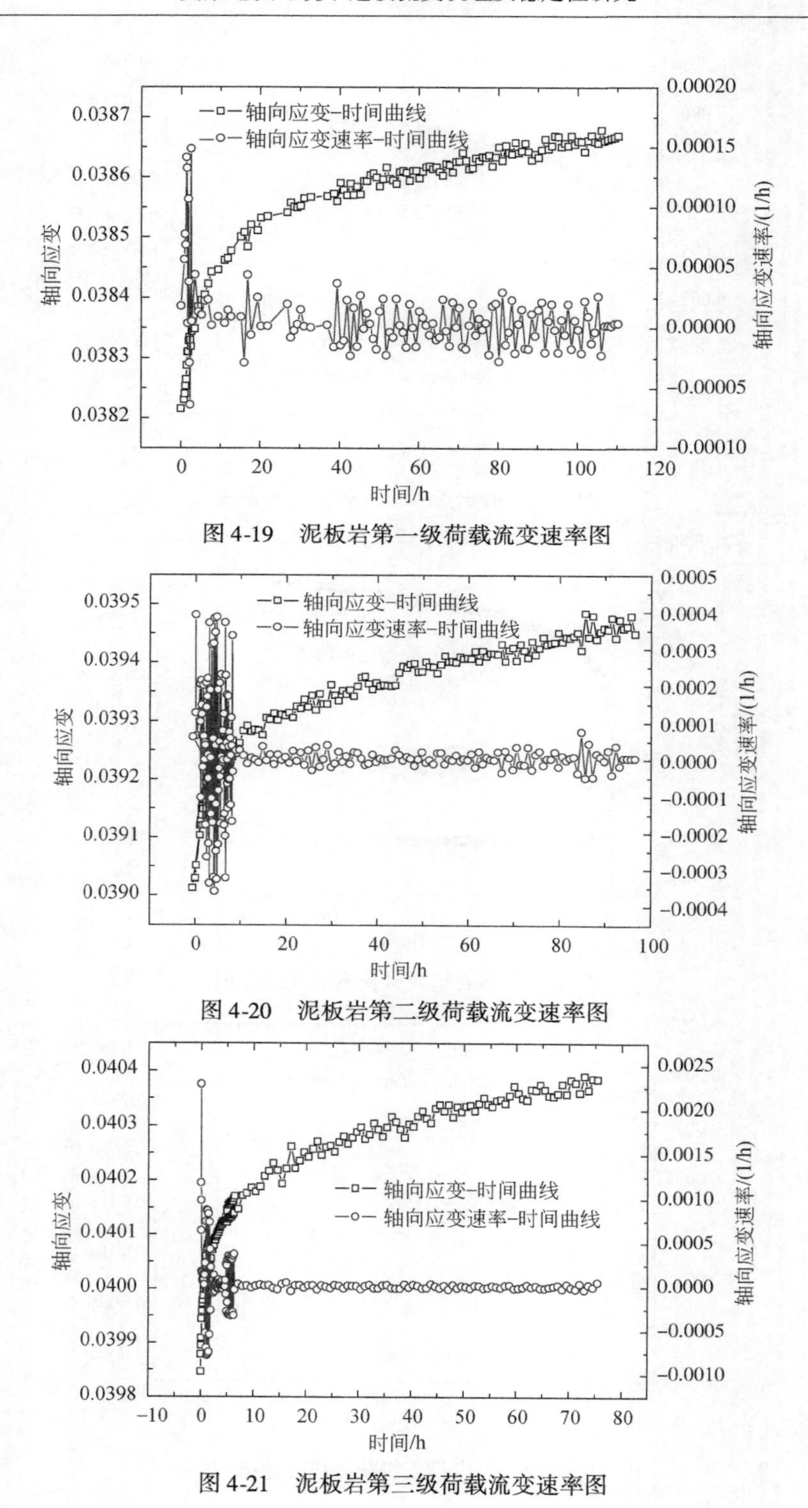

图 4-19　泥板岩第一级荷载流变速率图

图 4-20　泥板岩第二级荷载流变速率图

图 4-21　泥板岩第三级荷载流变速率图

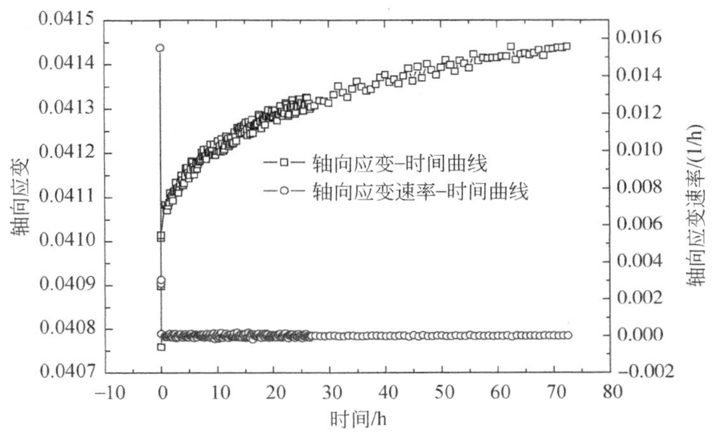

图 4-22　泥板岩第四级荷载流变速率图

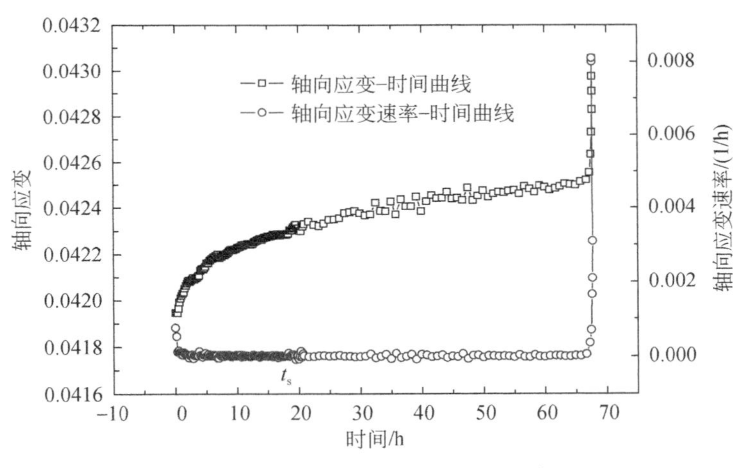

图 4-23　泥板岩第五级荷载流变速率图

各级荷载作用下砂岩、泥板岩的轴向应变见表 4-1。由表 4-1 可知，砂岩在各级荷载作用下各阶段轴向应变量 $\Delta\varepsilon_1$ 在岩样流变破坏前依次减小，由第一级轴向荷载作用下的 2747. 2με 减小到第四级轴向荷载作用下的 1622. 6με，减小了 40. 94%；累计轴向应变量 ε_1 由第一级轴向荷载作用下的 2747. 2με 增加到第四级轴向荷载作用下的 7845. 8με，增加了 185. 59%；第一级轴向荷载作用下稳定流变速率为 0，以后每级荷载作用下稳定流变速率依次增大，到第五级轴向荷载作用时稳定流变速率为 7. 43με/h，其增长规律如图 4-24 所示。泥板岩在各级荷载作用下，各阶段轴向应变量 $\Delta\varepsilon_1$ 在岩样流变破坏前呈无规律状态，在第一级轴向荷载作用下为 38668. 9με，在第四级轴向荷载作用下为 1055. 5με，泥板岩的这种无规律状态，是因为在饱水状态下，泥板岩中的微裂隙微缺陷更易受饱水状态的影响，从而导致泥板岩轴向应变产生无规律变化；累计轴向应变量 ε_1 由第一级轴向荷载作用下的 38668.9με 增加到第四级轴向荷载作用下的 41439.8με，增加了 7.17%；第一级轴向荷载作用下的稳定流变速率为 1.26με/h，以后每级荷载作用下的稳定流变速率依次增大，到第五级轴向荷载作用时稳定流变速率为 3.49με/h，其增长规律如图 4-24 所示。

表 4-1　各级荷载作用下砂岩、泥板岩应变值

岩性	σ_1 /MPa	σ_3 /MPa	$\Delta\varepsilon_1$ /10^{-6}	ε_1 /10^{-6}	v /(10^{-6}/h)	岩性	σ_1 /MPa	σ_3 /MPa	$\Delta\varepsilon_1$ /10^{-6}	ε_1 /10^{-6}	v /(10^{-6}/h)
砂岩	39.20	4	2747.2	2747.2	0	泥板岩	13.30	4	38668.9	38668.9	1.23E-6
	58.80	4	1777.7	4524.9	2.00E-7		19.80	4	781.3	39450.2	1.74E-6
	88.20	4	1698.3	6223.2	2.29E-6		29.70	4	934.1	40384.3	1.94E-6
	117.60	4	1622.6	7845.8	3.82E-6		39.60	4	1055.5	41439.8	2.26E-6
	147.00	4	破坏	破坏	7.43E-6		49.50	4	破坏	破坏	3.49E-6

注：$\Delta\varepsilon_1$ 为阶段轴向应变量，ε_1 为累计轴向应变量，v 为稳定流变速率。

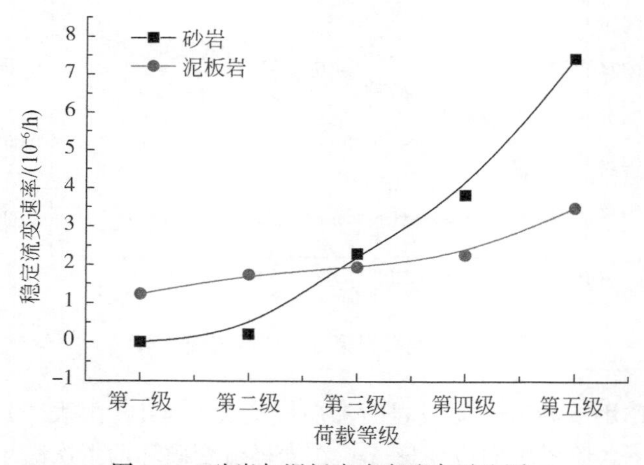

图 4-24　砂岩与泥板岩流变速率对比图

基于上述分析发现，砂岩、泥板岩在应力作用下都出现了岩石流变的 4 个阶段，不同之处在于两者在各级轴向荷载作用下的应变量上存在差异。由图 4-14 ~ 图 4-23 可以看出，砂岩、泥板岩的轴向应变和轴向应变速率曲线并不十分光滑，其局部应变曲线段和应变速率曲线段均发生了微小波动和突变现象，而泥板岩的这种微小波动和突变现象更为剧烈，造成这种现象的原因是，在流变试验过程中，砂岩、泥板岩内部结构存在非均质性，从而引起岩样的微观弱化和破裂，使得原有的应力平衡被打破，从而造成岩石变形曲线产生了不规则波动和突变。对比砂岩和泥板岩的轴向应变曲线和试验实测数据可知，在饱水状态下，泥板岩出现突变现象的次数明显高于砂岩，说明饱水状态下轴向应力对泥板岩的微观缺陷具有更明显的损伤效应，从而使泥板岩的轴向应变曲线多次出现突变现象。

4.2.2　岩石流变模型的辨识方法与基本原则

流变模型的选取与应用是岩石流变研究中重要的一环。在工程应用中，首先需要了解岩石的流变力学特性，然后根据其变形特征来选取合适的流变模型进行实际工程问题的研究与分析。通常，采用现场或室内岩石流变试验的方法来得到岩石流变力学特性与变形特征，然后在试验结果的基础上进行分析和归纳总结，最后选定或建立符合实际情况的流变模型。

1. 岩石流变模型的辨识方法

目前，流变模型的辨识主要有直接筛选法、后验排除法和综合分析方法。

1）直接筛选法

直接筛选法是由流变应变–时间曲线直接辨识其模型的方法。一般根据常用流变模型的特征和试验曲线来确定，常用流变模型的流变特性见表4-2（王芝银和李云鹏，2008）。若应变–时间曲线在稳定后趋于水平切线，则采用Kelvin模型、H-K模型、H/M模型来分析；若试验曲线具有弹性变形特征，则选用Kelvin模型描述；若流变试验曲线具备弹性而不具备黏性流动特征，则选用H-K模型、H/M模型描述；当应变–时间曲线的应变速率不为零时，若偏应力小于屈服应力，则选用Maxwell模型或Burgers模型描述，若偏应力大于屈服应力，则选用Bingham模型或西原模型描述。

表4-2　常用流变模型的流变特性

模型	弹性应变	应变速率	黏性流动	应力松弛	弹性后效
Maxwell模型	有	不变	有	有	无
Kelvin模型	无	递减	无	无	有
H-K模型	有	递减	无	有	有
H/M模型	有	递减	无	有	有
黏塑性模型	无	不变	有	无	无
宾汉姆模型	有	不变	有	有	无
Burgers模型	有	递减	有	有	有
西原模型	有	递减	有	有	有

2）后验排除法

后验排除法需先根据流变试验的曲线来判定岩石材料属于黏弹性还是黏塑性材料，然后根据表4-2中（也可选择表中未列出的其他流变模型）的流变特性描述来选择相关的模型进行分析，之后再将分析得出的结果与实际结果进行比较检验，通过对比的方法来排除不符合要求的模型，并获取合理的、满足实际要求的流变模型。

3）综合分析法

一般来讲，为了更好地选定符合实际流变情况的模型，可将“直接筛选法”和“后验排除法”结合起来使用，称为“综合分析法”。运用综合分析法可缩小流变模型的辨识范围，还可以提高模型参数辨识的精度和效率。综合分析法的运用思路一般为，先根据流变试验曲线来判断岩石具有何种流变特性，如弹性、黏弹性、黏塑性流变特征；然后选择符合岩石流变特征的相关模型，并将实际实验数据作为测试数据进行辨识；最后将辨识结果和实验结果进行比较验证，根据辨识效果来排除效果较差的模型，并选出辨识效果较好的模型作为岩石的流变模型。具体的流程可参考图4-25中的相关内容。

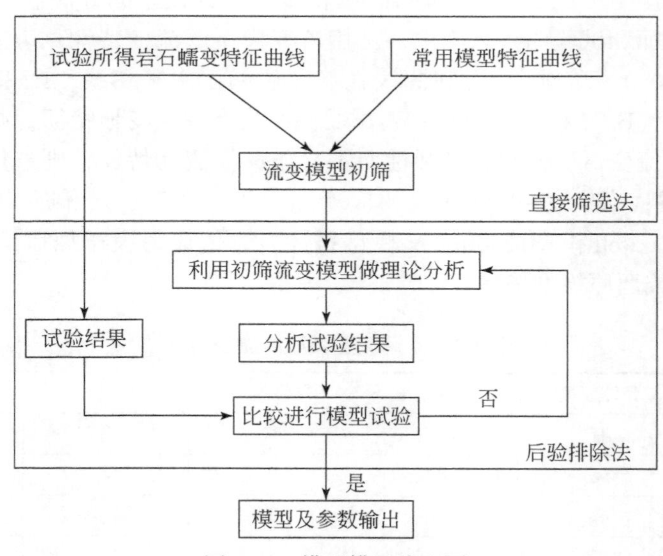

图4-25　模型辨识流程图

2. 岩石流变模型辨识的基本原则

在已选定岩石流变模型的基础上，利用试验得到的岩石流变曲线作为测试对象，可对流变模型的参数进行辨识。通常，当应变或位移曲线具有明显的瞬时变形、黏弹性变形和黏塑性变形或稳定流变变形和非稳定流变变形特征时，需遵循如下原则：①利用瞬时变形或位移确定弹性和弹塑性参数；②利用黏弹性变形或稳定流变变形确定黏弹性参数；③利用黏塑性变形或非稳定流变变形确定黏塑性参数。

同时，经验表明，利用瞬时加载产生的应变或位移来确定模型的弹性参数比较可靠；流变模型的黏弹性模量决定流变第Ⅰ阶段（减速流变阶段）的变形量大小，也影响到稳定流变阶段的流变变形量的大小。黏弹性系数的大小决定流变达到稳定流变阶段时间的长短，黏弹性系数越小，流变达到稳定流变阶段的时间越短，黏弹性系数越大，流变达到稳定流变阶段的时间越长。

4.2.3　流变模型辨识与参数求解软件——OriginLab介绍

为缩小流变模型的辨识范围，同时提高模型参数辨识的精度和效率，采用“综合分析法”，并参照图4-25所示的流程进行模型辨识。这里需要特别说明的是，本书进行流变模型辨识与模型参数求解，需要借助于数据分析与绘图软件OriginLab，因此，本章在研究模型应用与参数求解之前，先对OriginLab软件做简单的介绍。

Origin是由美国Microcal公司开发的数据分析和绘图软件，具有直观化、图形化、面向对象化的特点，窗口菜单和工具操作简单易懂，全面支持鼠标右键、拖拽方式等绘图方法。数据分析和绘图是OriginLab软件的两大主要功能。数据分析包括数据的排序、调整、计算、统计、频谱变换、曲线拟合等各种完善的数学分析功能。OriginLab软件的绘图基于定制模板，软件内部可提供几十种二维和三维的绘图模板，而且用户可自定义绘图模板。同时，用户还可自定义数学函数、图形样式，可以和各种数据库软件、办公软件、图像处理软件等连接，可用C语言等高级语言编写数据分析程序。

OriginLab软件的工作界面（图4-26）主要包括菜单栏、工具栏、绘图区、项目管理器、状态栏。在使用OriginLab软件处理数据时，需先新建一个项目Project，保存项目的缺省后缀为“.OPJ”。在处理过程中可选择自动备份功能：工具→选项→打开/关闭，选项卡→“保存前备份方案”。若添加项目则可：文件→添加。如果修改了工作表或者绘图子窗口的内容，OriginLab软件一般会自动刷新，若无自动刷新，可选择Window→Refresh。

OriginLab软件常用于数据的输入与二维图形的绘制。通常，数据按照X、Y坐标存为两列，如图4-27所示。考虑到数据类型的复杂性，OriginLab提供了增加坐标数量和修改坐标类型功能。具体方法为，在Data表的空白处单击右键，选择“增加新列”可增加坐标数量；在选中已有坐标的情况下，单击右键并选择“另存为”，可将选中的坐标修改为X、Y、Z三种坐标类型中的任何一种。在数据输入完成后，按住鼠标左键选定用于绘图的数据，然后选择绘图按钮

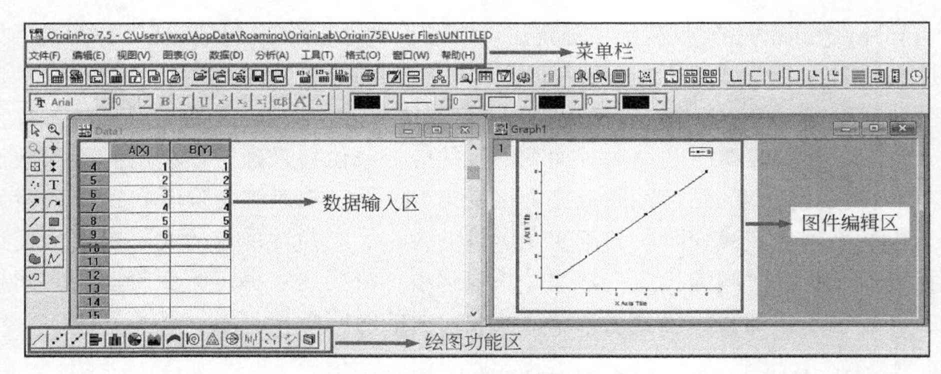

图 4-26　OriginLab 工作界面图

“　”可绘制得到二维图形，在绘图菜单栏中也可绘制双坐标图，用来分析流变曲线的应变-时间与应变速率-时间双坐标分析图，如图 4-28 所示。

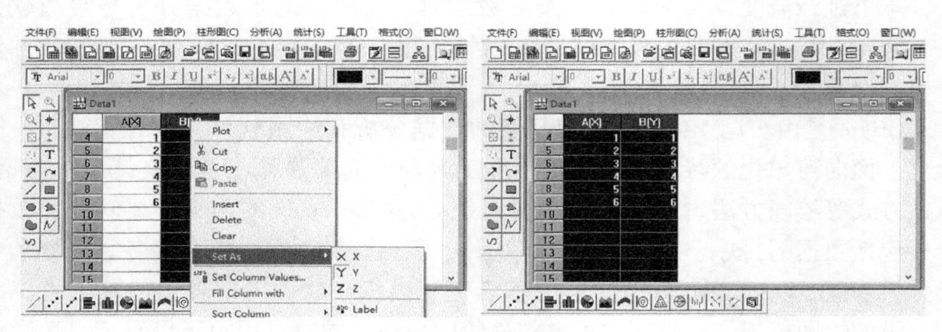

图 4-27　OriginLab 数据输入界面

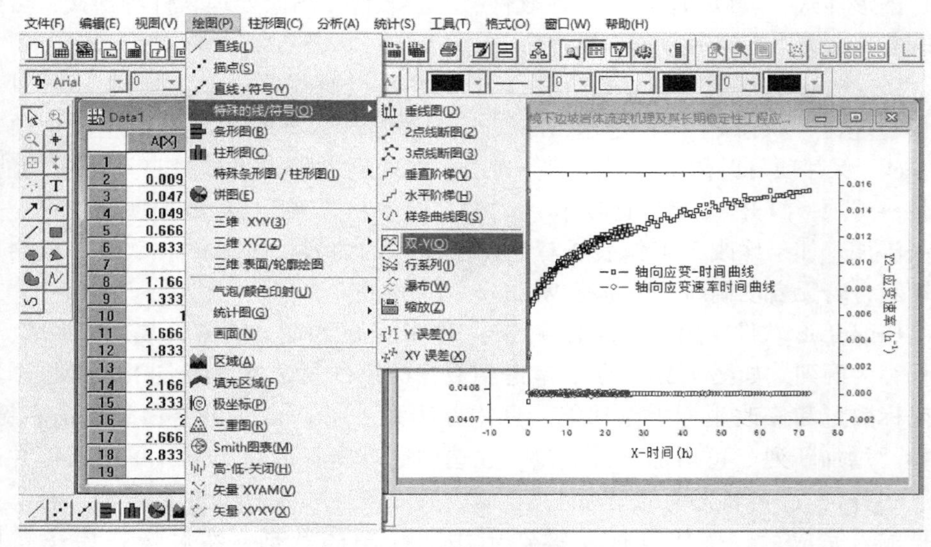

图 4-28　OriginLab 双坐标图形绘制

OriginLab 软件也提供了强大的线性拟合、S 曲线拟合功能，内嵌 200 多个数学函数，几乎包含了所有领域的常用公式。非线性最小平方拟合 NLSF 是 OriginLab 提供的功能最强大、使用最为复杂的拟合工具，具体使用方法为：分析→非线性曲线拟合→高级拟合工具或者拟合向导。

为满足用户使用，OriginLab 提供了简便易操作的用户自定义函数功能，见图 4-29，具体流程为：分析→非线性拟合→高级拟合工具→函数→新建，如图 4-30 所示。完成上述操作后会弹出一个对话框，如图 4-31 所示。由图 4-31 可见，用户自定义函数主要包括以下步骤：定义函数名（Name）→确定参数数量（Number of Parameters）→编写函数公式（参照模板 Example：$y=\exp(-P_1 \times x)$）→保存函数（Save）。完成上述操作后，OriginLab 函数库里将保存有用户自定义的函数公式。在后续使用中，用户通过函数名便可找到自定义的函数公式，然后点击选中该函数就可以用来进行拟合分析。

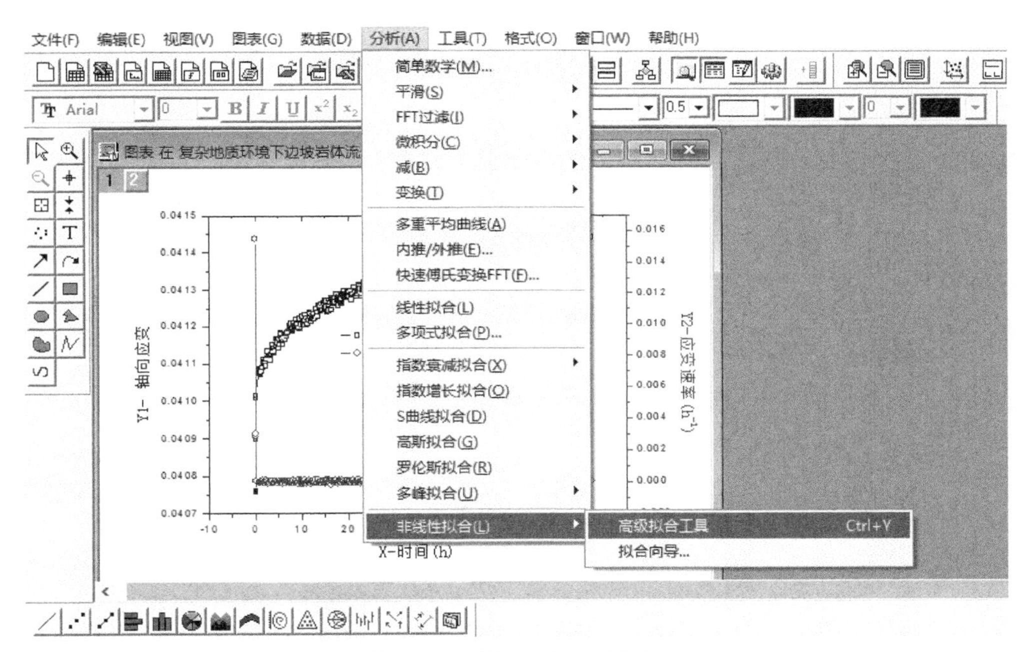

图 4-29　高级拟合工具窗口

以上对 OriginLab 软件的部分功能做了简要的介绍，OriginLab 软件因其强大的数据分析和绘图功能已被广泛应用于科研、工程应用的各个领域。在岩石流变试验数据处理中，OriginLab 软件也常被用来进行数据处理和图形绘制。

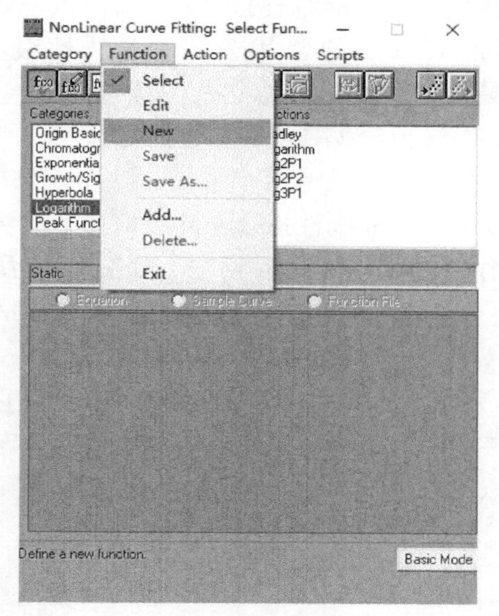

图 4-30　新建用户自定义函数窗口

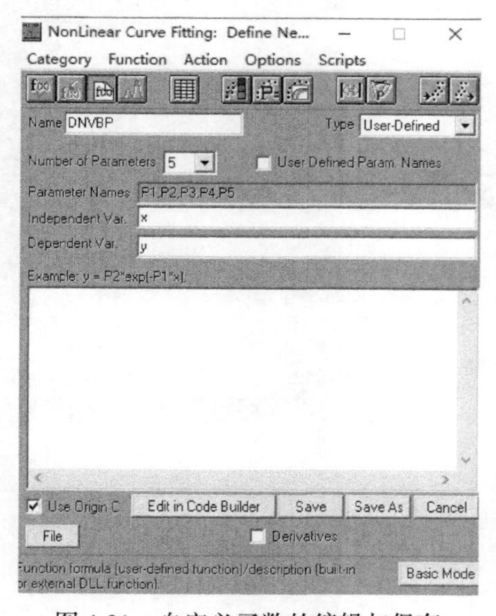

图 4-31　自定义函数的编辑与保存

4.2.4　饱水状态下岩样流变模型辨识

本章采用 4.2.2 小节中岩石流变模型辨识方法中的综合分析法，对饱水状态下的砂岩、泥板岩进行流变模型识别。由图 4-12 和图 4-13 可知，在施加各级轴向应力时，砂岩、泥板岩均产生了明显的瞬时弹性应变，说明流变模型中应含有弹性元件；在某一轴向应力下，砂岩、泥板岩的应变随着时间的增加而呈增大的趋势，说明流变模型中应含有黏性元件；当轴向应力大于某一值时，砂岩、泥板岩的应变速率不收敛于某一定值而出现加速流变现象，说明流变模型中应含有塑性元件。由于砂岩、泥板岩具有弹性变形、黏性流动特性，因而可以排除 Kelvin 模型、H-K 模型、H/M 模型、黏塑性模型。砂岩、泥板岩应变-时间曲线在某时刻后仍具有不趋于零的变形速率，因此，选用 Burgers 模型或西原模型。而 Burgers 模型是较好且简单的用来描述加速流变阶段以前流变曲线的模型，西原模型对岩石的流变特性描述更为全面，因此，选择 Burgers 模型、西原模型对比描述砂岩、泥板岩流变特性。

1）Burgers 模型三维流变方程

Burgers 流变模型由 Kelvin 模型与 Maxwell 模型串联而成，如图 4-7 所示，其一维流变方程为

$$\varepsilon(t)=\frac{\sigma_0}{E_1}+\frac{\sigma_0}{\eta_1}t+\frac{\sigma_0}{E_2}\left(1-e^{-\frac{E_2}{\eta_2}t}\right) \tag{4-18}$$

式中，σ_0 为各级偏应力值。

本书室内三轴流变试验为等围压轴向加载实验，为了方便，依据试验曲线对 Burgers 流变模型进行辨识，必须推导相应的三维流变方程。在三维应力状态下，岩石应力张量可以分解为球张量 σ_m 与偏张量 S_{ij} 。则

$$\sigma_m=\frac{1}{3}(\sigma_1+\sigma_2+\sigma_3)=\frac{1}{3}\sigma_{kk} \tag{4-19}$$

$$S_{ij}=\sigma_{ij}-\delta_{ij}\sigma_m=\sigma_{ij}-\frac{1}{3}\delta_{ij}\sigma_{kk} \tag{4-20}$$

δ_{ij} 为 Kronecker 符号，可得

$$\sigma_{ij}=S_{ij}+\frac{1}{3}\delta_{ij}\sigma_{kk} \tag{4-21}$$

一般，σ_m 只能改变物体体积，而不能改变其形状，而 S_{ij} 只能引起形状变化，而不引起体积变化，因此，也可将应变张量分成球应变张量 ε_m 和偏应变张量 e_{ij} ，则

$$\varepsilon_{ij}=e_{ij}+\delta_{ij}\varepsilon_m \tag{4-22}$$

令岩石剪切模量为 G，体积模量为 K，弹性模量为 E，泊松比为 μ，则

$$\begin{cases}K=\dfrac{E}{3(1-2\mu)}\\[2ex] G=\dfrac{E}{2(1+\mu)}\end{cases} \tag{4-23}$$

在三维应力状态下，由胡克定律得

$$\begin{cases}\sigma_{\mathrm{m}} = 3K\varepsilon_{\mathrm{m}} \\ S_{\mathrm{ij}} = 2Ge_{\mathrm{ij}}\end{cases} \tag{4-24}$$

将式（4-18）中的 σ_0 替换成岩石试验时的恒定偏应力 $(S_{\mathrm{ij}})_0$，即

$$e_{\mathrm{ij}} = \frac{(S_{\mathrm{ij}})_0}{2G_1} + \frac{(S_{\mathrm{ij}})_0}{\eta_1}t + \frac{(S_{\mathrm{ij}})_0}{2G_2}(1 - \mathrm{e}^{-\frac{G_2}{\eta_2}t}) \tag{4-25}$$

式中，G_1、G_2 为 Burgers 模型中 E_1、E_2 所对应的剪切弹性模量。

假定流变过程中体积模量保持常数且等于弹性变形时的体积模量 K，结合式（4-22）和式（4-25）得三维应力下 Burgers 模型的流变方程为

$$\varepsilon_{\mathrm{ij}}(t) = \frac{(S_{\mathrm{ij}})_0}{3G_1} + \frac{(S_{\mathrm{ij}})_0}{\eta_1}t + \frac{(S_{\mathrm{ij}})_0}{3G_2}(1 - \mathrm{e}^{-\frac{G_2}{\eta_2}t}) + \frac{\sigma_{\mathrm{m}}\delta_{\mathrm{ij}}}{3K} \tag{4-26}$$

三轴压缩流变应力状态为 $\sigma_2 = \sigma_3$ 且恒定，各级荷载 σ_1 在加载后也恒定，则由式（4-26）得三轴压缩试验条件下的 Burgers 模型流变方程为

$$\varepsilon_{11}(t) = \frac{\sigma_1 - \sigma_3}{3G_1} + \frac{\sigma_1 - \sigma_3}{\eta_1}t + \frac{\sigma_1 - \sigma_3}{3G_2}(1 - \mathrm{e}^{-\frac{G_2}{\eta_2}t}) + \frac{\sigma_1 + 2\sigma_3}{9K} \tag{4-27}$$

2）*西原模型三维流变方程*

西原模型由一个 Bingham 体与一个开尔文体串联而成，如图 4-9 所示。西原模型一维流变方程为

$$\varepsilon(t) = \frac{\sigma_0}{E_1} + \frac{\sigma_0}{E_2}(1 - \mathrm{e}^{-\frac{E_2}{\eta_1}t}) \quad (\sigma_0 < \sigma_{\mathrm{s}}) \tag{4-28}$$

$$\varepsilon(t) = \frac{\sigma_0}{E_1} + \frac{\sigma_0 - \sigma_{\mathrm{s}}}{\eta_2}t + \frac{\sigma_0}{E_2}(1 - \mathrm{e}^{-\frac{E_2}{\eta_1}t}) \quad (\sigma_0 \geqslant \sigma_{\mathrm{s}}) \tag{4-29}$$

在三维应力状态下，当 $(S_{\mathrm{ij}})_0 < \sigma_{\mathrm{s}}$ 时，将式（4-28）中的 σ_0 替换成岩石三轴试验时的恒定偏应力 $(S_{\mathrm{ij}})_0$，即

$$e_{\mathrm{ij}} = \frac{(S_{\mathrm{ij}})_0}{2G_1} + \frac{(S_{\mathrm{ij}})_0}{2G_2}(1 - \mathrm{e}^{-\frac{E_2}{\eta_1}t}) \quad ((S_{\mathrm{ij}})_0 < \sigma_{\mathrm{s}}) \tag{4-30}$$

式中，G_1、G_2 为西原模型中 E_1、E_2 所对应的剪切弹性模量。

在三维应力状态下，当 $(S_{\mathrm{ij}})_0 \geqslant \sigma_{\mathrm{s}}$ 时，岩石出现塑性变形，需引入岩石屈服面 F 和塑性势函数 Q，则西原模型中第三部分黏塑性变形率为

$$\dot{\varepsilon}_{\mathrm{ij}}^{3} = \left(\frac{< F >}{2\eta_2}\right)\frac{\partial Q}{\partial \sigma_{\mathrm{ij}}} \tag{4-31}$$

$$< F > = \begin{cases}0 & (f \leqslant 0) \\ f & (f > 0)\end{cases} \tag{4-32}$$

式中，f 为屈服函数，采用相关流动法则时 $f = Q$，则西原模型第三部分三维本构方程为

$$\varepsilon_{\mathrm{ij}}^{3} = \left(\frac{f}{2\eta_2}\right)\frac{\partial f}{\partial \sigma_{\mathrm{ij}}}t \quad (f > 0) \tag{4-33}$$

屈服函数 f 可取如下形式：

$$f = \sqrt{J_2} - \sigma_s / \sqrt{3} \tag{4-34}$$

式中，J_2 为第二应力偏量不变量。

假定流变过程中体积模量保持常数且等于弹性变形时的体积模量 K，结合式（4-29）、式（4-30）、式（4-33）得三维应力下的西原本构方程为

$$\varepsilon_{ij}(t) = \begin{cases} \dfrac{(S_{ij})_0}{2G_1} + \dfrac{\sigma_m \delta_{ij}}{3K} + \dfrac{(S_{ij})_0}{2G_2}\left(1 - e^{-\frac{G_2}{\eta_1}t}\right) & (f < 0) \\ \dfrac{(S_{ij})_0}{2G_1} + \left(\dfrac{f}{2\eta_2}\right)\dfrac{\partial f}{\partial \sigma_{ij}}t + \dfrac{\sigma_m \delta_{ij}}{3K} + \dfrac{(S_{ij})_0}{2G_2}\left(1 - e^{-\frac{G_2}{\eta_1}t}\right) & (f \geqslant 0) \end{cases} \tag{4-35}$$

三轴压缩流变应力状态为 $\sigma_2 = \sigma_3$ 且恒定，各级荷载 σ_1 在加载后也恒定，则由式（4-34）、式（4-35）得三轴压缩试验下考虑损伤的西原模型流变方程为

$$\varepsilon_{11}(t) = \begin{cases} \dfrac{\sigma_1 - \sigma_3}{3G_1} + \dfrac{\sigma_1 - \sigma_3}{3G_2}\left(1 - e^{-\frac{G_2}{\eta_1}t}\right) + \dfrac{\sigma_1 + 2\sigma_3}{9K} & (\sigma_1 - \sigma_3 < \sigma_s) \\ \dfrac{\sigma_1 - \sigma_3}{3G_1} + \dfrac{\sigma_1 - \sigma_3}{3G_2}\left(1 - e^{-\frac{G_2}{\eta_1}t}\right) + \left(\dfrac{\sigma_1 - \sigma_3 - \sigma_S}{2\eta_2}\right)t & \\ + \dfrac{\sigma_1 + 2\sigma_3}{9K} & (\sigma_1 - \sigma_3 < \sigma_s) \end{cases} \tag{4-36}$$

使用科技绘图拟合软件 OriginLab 对图 4-14 ~ 图 4-23 中的三轴流变试验结果运用 Burgers 流变模型、西原流变模型的三维流变方程进行拟合，其结果如图 4-32 ~ 图 4-41 所示。

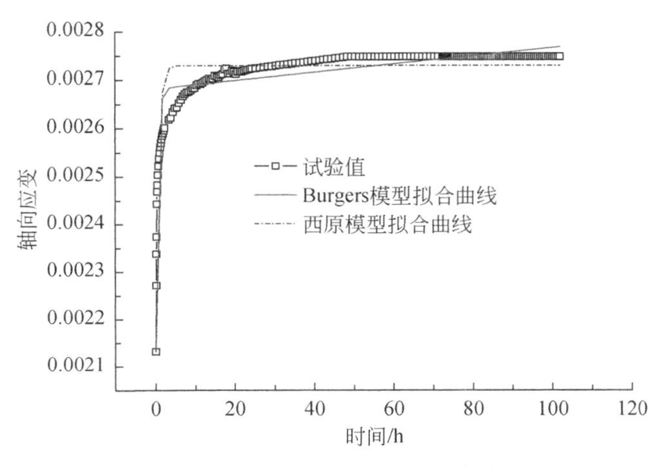

图 4-32　砂岩第一级荷载试验值与拟合曲线对比图

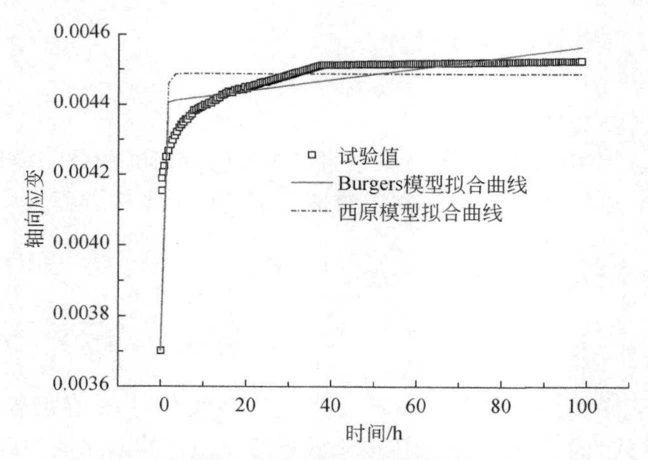

图 4-33　砂岩第二级荷载试验值与拟合曲线对比图

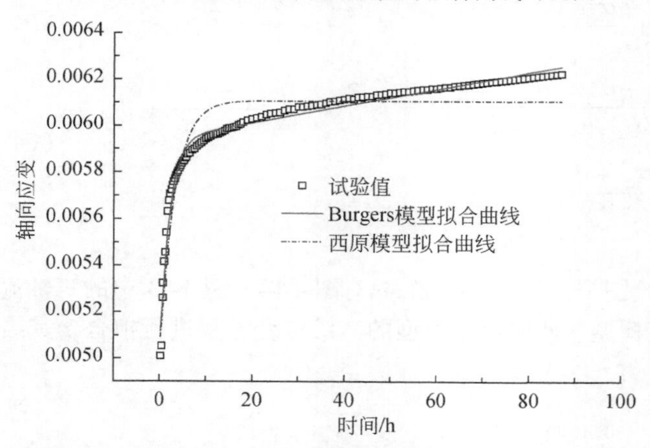

图 4-34　砂岩第三级荷载试验值与拟合曲线对比图

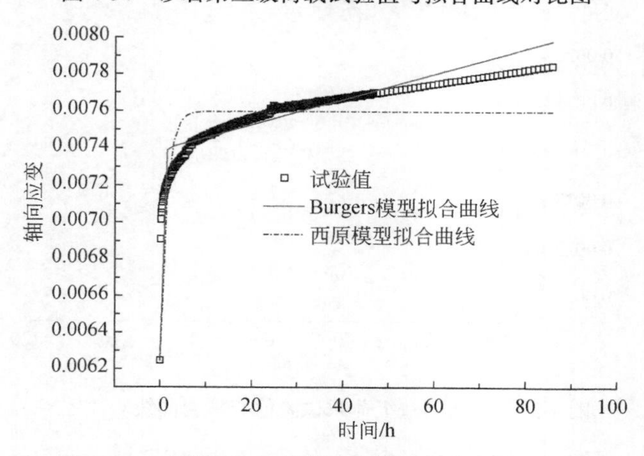

图 4-35　砂岩第四级荷载试验值与拟合曲线对比图

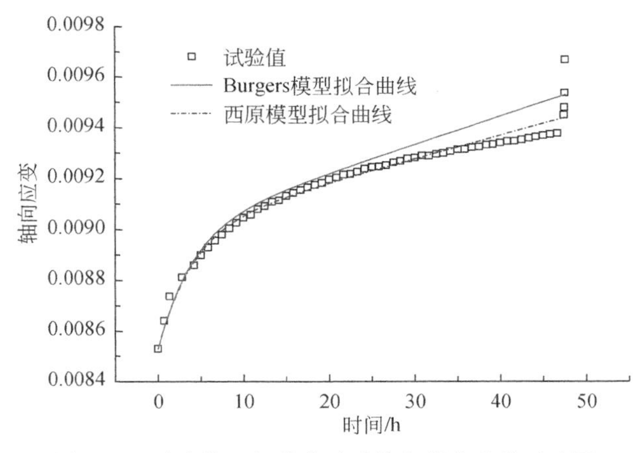

图 4-36　砂岩第五级荷载试验值与拟合曲线对比图

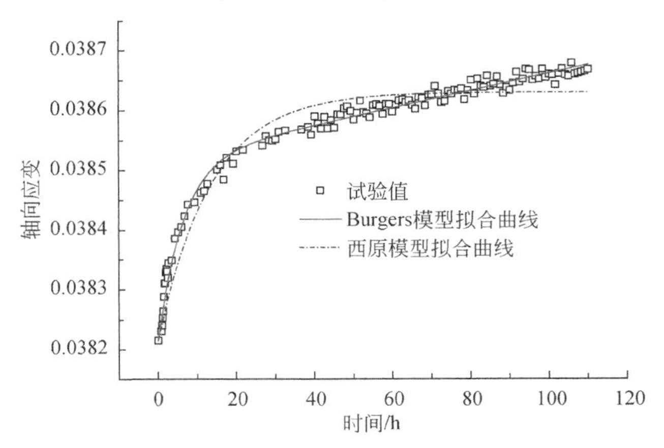

图 4-37　泥板岩第一级荷载试验值与拟合曲线对比图

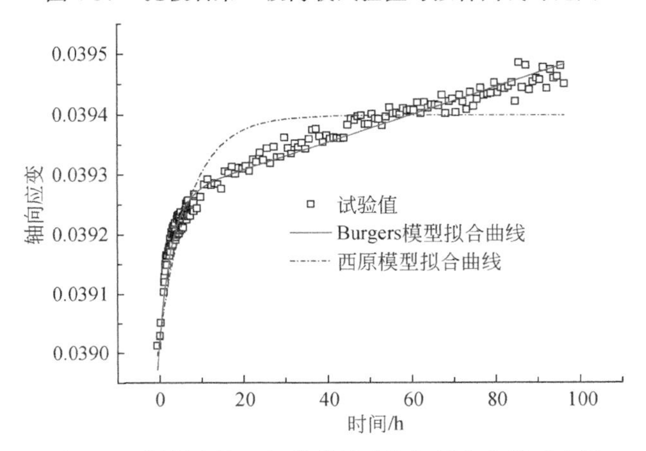

图 4-38　泥板岩第二级荷载试验值与拟合曲线对比图

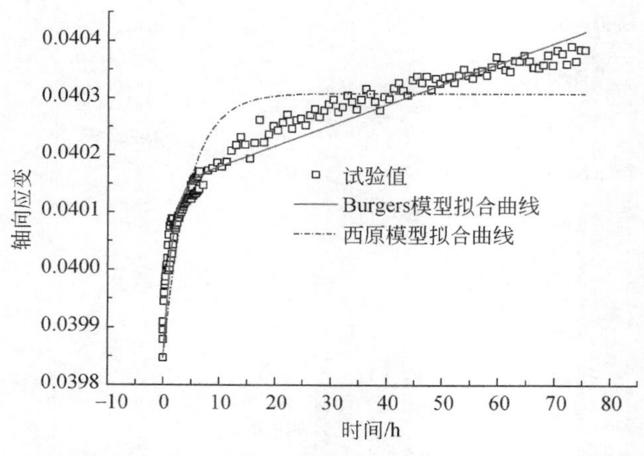

图 4-39　泥板岩第三级荷载试验值与拟合曲线对比图

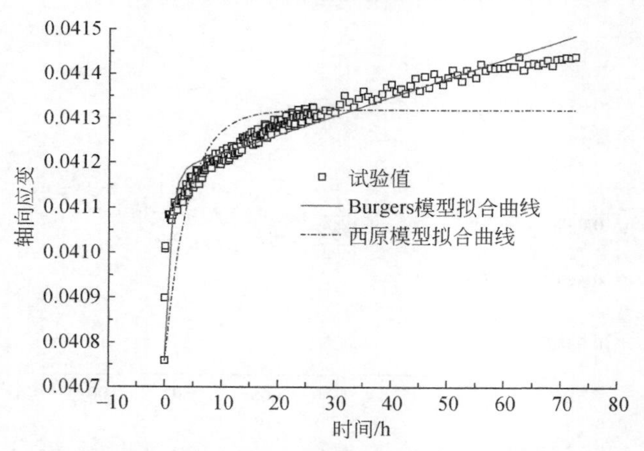

图 4-40　泥板岩第四级荷载试验值与拟合曲线对比图

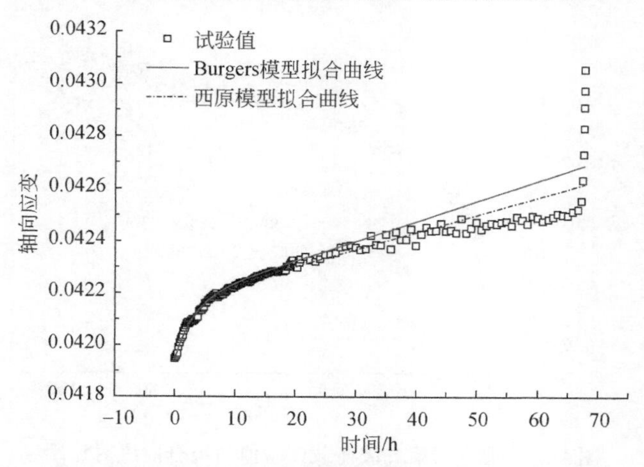

图 4-41　泥板岩第五级荷载试验值与拟合曲线对比图

由图4-32～图4-41及Burgers模型和西原模型的流变本构模型参数表（表4-3）可知，Burgers模型可以较好地描述岩石加速流变阶段以前的流变曲线，但是Burgers模型中的元件是线性的，对岩石的非线性黏弹塑性流变特征无法做出合理的描述（Nomikos et al.，2011；Bozzano et al.，2012），而且由于没有屈服极限，无法描述岩石长期强度以上的流变规律。而西原模型是具有屈服极限应力阈值的本构模型，其在轴向应力大于屈服极限时，相对于Burgers模型能较好地描述岩石长期强度以上的流变规律（Nishihara，1952；Hao et al.，2014）。由图4-36和图4-41及表4-3中的拟合曲线相关系数R^2还可以看出，线性元件的Burgers模型和西原模型对于岩石的加速流变阶段的非线性特征无法做出合理的描述。

表4-3　流变本构模型参数

岩性	轴向荷载/MPa	模型	G_1/GPa	G_2/GPa	η_1/(GPa·h)	η_2/(GPa·h)	相关系数（R_2）
砂岩	39.2	Burgers模型	28.12	21.36	41723.27	11.49	0.9208
		西原模型	28.12	19.65	14.15	—	0.8416
	58.8	Burgers模型	30.97	25.73	33988.30	8.07	0.8338
		西原模型	30.97	23.24	11.79	—	0.5877
	88.2	Burgers模型	33.04	33.79	24387.71	80.75	0.9743
		西原模型	33.04	25.58	80.46	—	0.8799
	117.6	Burgers模型	34.12	33.15	16541.84	10.33	0.8643
		西原模型	34.12	28.06	38.30	—	0.3947
	147	Burgers模型	34.83	101.63	405.96	12760.85	0.8367
		西原模型	34.83	101.74	405.84	1341.60	0.9117
泥板岩	13.3	Burgers模型	9.23	10.14	6353.52	65.73	0.9897
		西原模型	9.23	7.38	101.07	—	0.9449
	19.8	Burgers模型	11.73	22.51	6898.25	65.87	0.9774
		西原模型	11.73	14.21	104.47	—	0.8695
	29.7	Burgers模型	13.77	33.32	8231.89	46.83	0.9519
		西原模型	13.77	18.55	81.56	—	0.8372
	39.6	Burgers模型	14.92	28.33	6032.17	27.10	0.8781
		西原模型	14.92	21.16	85.83	—	0.5394
	49.5	Burgers模型	15.67	67.51	220.07	5960.75	0.8293
		西原模型	15.67	68.42	223.18	417.72	0.8427

4.2.5　一种非线性黏弹塑性流变模型建立

图4-42为饱水状态下（饱水-失水循环0次）砂岩在其最后一级轴向荷载加

载后的轴向应变-轴向应变速率-时间图，图 4-43 为饱水状态下（饱水-失水循环 0 次）的泥板岩在其最后一级轴向荷载加载后的轴向应变-轴向应变速率-时间图，由图 4-42 和图 4-43 均可以看出，砂岩、泥板岩流变曲线经历了典型流变 4 阶段，即瞬时弹性变形阶段、减速流变阶段、稳定流变阶段、加速流变阶段，而且加速阶段持续一定时间后，岩样发生破坏。图 4-42 和图 4-43 中的 t_S 为岩样由减速流变阶段转为稳定流变阶段对应的时刻，ε_S 为此时刻的应变值，t_P 为岩样由稳定流变阶段转为加速流变阶段对应的时刻，ε_P 为稳定流变阶段与加速流变阶段分界点的应变值，t_F 为岩样破坏时刻，ε_F 为岩样破坏时刻的应变值。在减速流变阶段，应变持续积累，积累量逐步增加，但应变增加的速率在不断降低，即 $\varepsilon > 0$，$\dot{\varepsilon} > 0$，$\ddot{\varepsilon} < 0$；在稳定流变阶段，应变随时间持续积累，但应变增加的速率为一恒定值，即 $\varepsilon > 0$，$\dot{\varepsilon} > 0$，$\ddot{\varepsilon} = 0$；在加速流变阶段，应变快速发展，应变加速的速率呈增大趋势，即 $\varepsilon > 0$，$\dot{\varepsilon} > 0$，$\ddot{\varepsilon} > 0$，从 t_P 时刻开始，岩样内部的微裂隙、孔隙将产生扩展、汇聚，并且贯通，发展至 t_F 时刻岩样完全破坏。

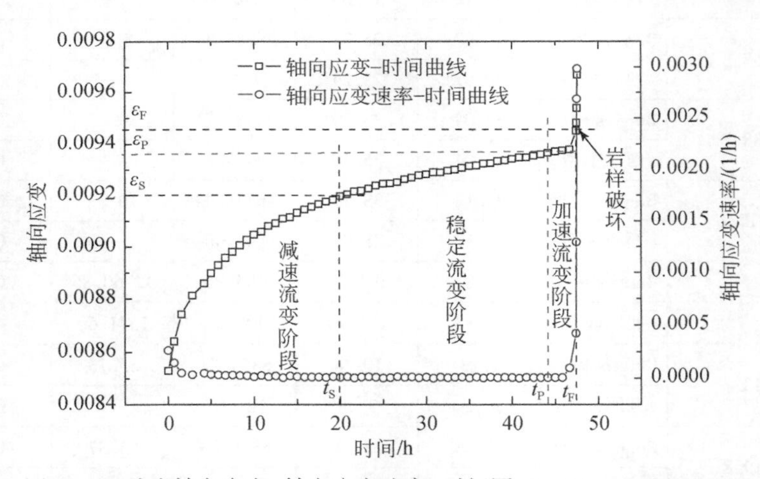

图 4-42 砂岩轴向应变-轴向应变速率-时间图（$n=0$，$\sigma_3=147$MPa）

砂岩、泥板岩在最后一级轴向应力之前的各流变曲线均表现出岩石流变的黏弹性特征，其本构应带有弹性与黏性元件；在最后一级轴向应力时，轴向应变量不收敛且呈迅速增大趋势，表现出塑性、非线性的特征。因此，用于描述砂岩、泥板岩流变全程曲线的模型应同时具备弹性、非线性黏塑性特征。

为此，本书在 Burgers 模型的基础上，提出了一种能同时描述岩石黏弹塑性特性的非线性流变模型，如图 4-44 所示。E_1 表示瞬时弹性模量，E_2 表示黏弹性模量，η_1 表示黏弹性系数，η_2、η_3 为黏滞系数，σ_s 为岩石材料的屈服应力；ε_1、ε_2、ε_3、ε_4 为图 4-44 中各流变体部分对应的应变。该模型在 Burgers 模型上串联一个由非线性黏性元件和塑性元件并联而成的非线性黏塑性体，称为非线性 Burgers

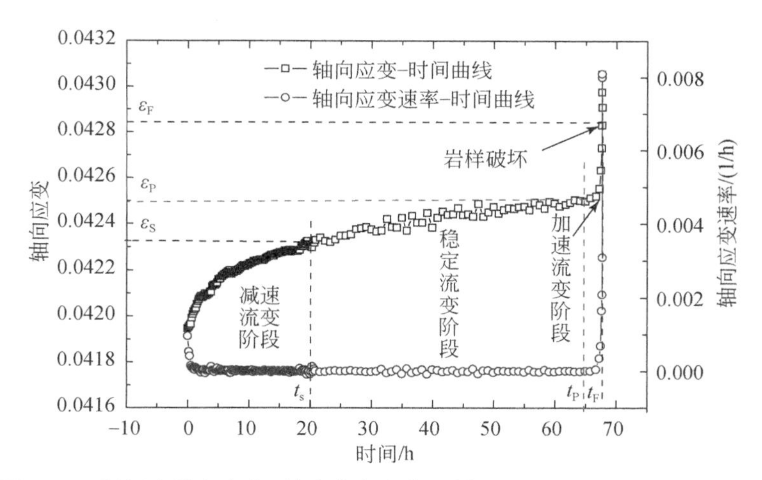

图 4-43　泥板岩轴向应变-轴向应变速率-时间图（$n=0$，$\sigma_3=49.50$MPa）

黏弹塑性流变模型，简称 NBVP 模型。当偏应力小于 σ_s 时，该非线性黏塑性体不发挥作用；当偏应力大于 σ_s 时，该非线性黏塑性体触发。

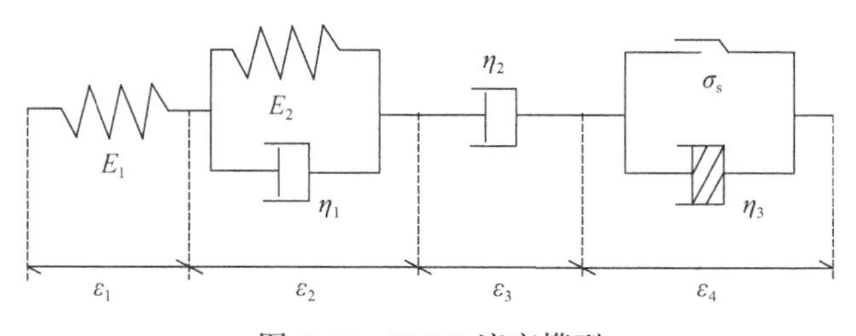

图 4-44　NBVP 流变模型

由图 4-42 和图 4-43 可以看出，岩样在加速流变阶段，流变曲线呈非线性增大，图 4-37 中的黏滞系数 η_3 应该随时间而降低。因此，将图 4-44 中第 4 部分的牛顿体元件分段表示，在非加速流变阶段，黏滞系数 η_3 保持恒定，在加速流变阶段，应对黏滞系数 η_3 进行非线性化处理，使得黏滞系数 η_3 随时间递增而降低。

直接将流变参数中的黏滞系数 η 替换为 $\eta(t)$，得到的结果将是错误的流变方程。因此，对黏滞系数 η_3 进行等效的非线性化处理，针对图 4-44 中第 4 部分非线性黏塑性流变元件构造相应的本构方程为

$$\varepsilon=\frac{(\sigma_0-\sigma_s)\left(\exp<\dfrac{t-t_P}{t_0}>^m-1\right)}{\eta_3} \tag{4-37}$$

即

$$\dot{\varepsilon}=\frac{(\sigma_0-\sigma_s)\left(\exp<\dfrac{t-t_P}{t_0}>^m-1\right)\cdot m\cdot<\dfrac{t-t_P}{t_0}>^{(m-1)}}{\eta_3} \tag{4-38}$$

式（4-37）和式（4-38）中的 t_P 为岩样由稳定流变阶段转为加速流变阶段对应的时刻（图 4-42 和图 4-43）；t_0 为单位参考时间，取值为 1，t_0 的作用为保持时间单位的量纲统一；m 值为待确定参数值，可根据流变实验确定；< > 为条件判断开关函数。式中，

$$<\frac{t-t_P}{t_0}>=\begin{cases}0 & t\leqslant t_P\\ \dfrac{t-t_P}{t_0} & t>t_P\end{cases} \tag{4-39}$$

1. NBVP 流变模型一维流变方程

当 $\sigma_0<\sigma_s$ 时，NBVP 流变模型退化为 Burgers 模型，此时，NBVP 流变模型各元件满足以下条件：

$$\begin{cases}\varepsilon=\varepsilon_1+\varepsilon_2+\varepsilon_3\\ \sigma=E_1\varepsilon_1\\ \sigma=E_2\varepsilon_2+\eta_1\dot{\varepsilon}_2\\ \sigma=\eta_2\dot{\varepsilon}_3\end{cases} \tag{4-40}$$

式中，σ 为总应力；ε 为总应变。

当 $\sigma_0\geqslant\sigma_s$ 时，此时 NBVP 流变模型各元件满足以下条件：

$$\begin{cases}\varepsilon=\varepsilon_1+\varepsilon_2+\varepsilon_3+\varepsilon_4\\ \sigma=E_1\varepsilon_1\\ \sigma=E_2\varepsilon_2+\eta_1\dot{\varepsilon}_2\\ \sigma=\eta_2\dot{\varepsilon}_3\\ \sigma=\sigma_S+\eta_3\dot{\varepsilon}_4/\left[\left(\exp<\dfrac{t-t_P}{t_0}>^m-1\right)\cdot m\cdot<\dfrac{t-t_P}{t_0}>^{(m-1)}\right]\end{cases} \tag{4-41}$$

（1）当 $\sigma_0<\sigma_s$ 时，

$$\sigma+\left(\frac{\eta_1}{E_1}+\frac{\eta_2}{E_2}+\frac{\eta_1}{E_2}\right)\dot{\sigma}+\left(\frac{\eta_1\eta_2}{E_1E_2}\right)\ddot{\sigma}=\eta_1\dot{\varepsilon}+\left(\frac{\eta_1\eta_2}{E_2}\right)\ddot{\varepsilon} \tag{4-42}$$

（2）当 $\sigma_0\geqslant\sigma_s$，$t\leqslant t_P$ 时，由式（4-40）、式（4-42）得

$$\left(\frac{\eta_1^2}{E_1}+\eta_1\right)\ddot{\sigma}+\left(\eta_1+\frac{\eta_1}{\eta_3}\right)\dot{\sigma}-\left(\frac{1}{E_1}+\frac{1}{\eta_2}\right)\sigma-\frac{(\sigma-\sigma_s)}{\eta_3}=\eta_1^2\ddot{\varepsilon}+E_2\dot{\varepsilon} \tag{4-43}$$

(3) 当 $\sigma_0 \geqslant \sigma_s$，$t > t_P$ 时，由式（4-40）和式（4-42）得

$$\left(\frac{\eta_1^2}{E_1}+\eta_1\right)\ddot{\sigma}+\left(\eta_1+\frac{\eta_1}{\left[\left(\exp<\frac{t-t_P}{t_0}>^m-1\right)\cdot m\cdot<\frac{t-t_P}{t_0}>^{(m-1)}\right]P}\right)\dot{\sigma}$$

$$-\left(\frac{1}{E_1}+\frac{1}{\eta_2}\right)\sigma-\frac{(\sigma-\sigma_s)}{\left[\left(\exp<\frac{t-t_P}{t_0}>^m-1\right)\cdot m\cdot<\frac{t-t_P}{t_0}>^{(m-1)}\right]}=\eta_1^2\ddot{\varepsilon}+E_2\dot{\varepsilon}$$

(4-44)

实验时 $\sigma=\sigma_0=$恒量，对式（4-43）~式（4-45）进行 Laplace 及 Laplace 逆变换可得到：

(1) 当 $\sigma_0 < \sigma_s$ 时，NBVP 流变模型的流变方程为

$$\varepsilon(t)=\frac{\sigma_0}{E_1}+\frac{\sigma_0}{E_2}(1-e^{-\frac{E_2}{\eta_1}t})+\frac{\sigma_0}{\eta_2}t \tag{4-45}$$

(2) 当 $\sigma_0 \geqslant \sigma_s$，$t \leqslant t_P$ 时，NBVP 流变模型的流变方程为

$$\varepsilon(t)=\frac{\sigma_0}{E_1}+\frac{\sigma_0}{E_2}(1-e^{-\frac{E_2}{\eta_1}t})+\frac{\sigma_0}{\eta_2}t+\frac{\sigma_0-\sigma_s}{\eta_3}t \tag{4-46}$$

(3) 当 $\sigma_0 \geqslant \sigma_s$，$t > t_P$ 时，NBVP 流变模型的流变方程为

$$\varepsilon(t)=\frac{\sigma_0}{E_1}+\frac{\sigma_0}{E_2}(1-e^{-\frac{E_2}{\eta_1}t})+\frac{\sigma_0}{\eta_2}t+\frac{(\sigma_0-\sigma_s)\left(\exp<\frac{t-t_P}{t_0}>^m-1\right)}{\eta_3}$$

(4-47)

2. NBVP 流变模型三维流变方程

在三维应力状态下，岩石应力张量 σ_{ij} 可以分解为球张量 σ_m 与偏张量 S_{ij}，应变张量也可以分成球应变张量 ε_m 和偏应变张量 e_{ij}，则

$$\begin{cases}\sigma_m=\frac{1}{3}(\sigma_1+\sigma_2+\sigma_3)=\frac{1}{3}\sigma_{kk}\\ S_{ij}=\sigma_{ij}-\delta_{ij}\sigma_m=\sigma_{ij}-\frac{1}{3}\delta_{ij}\sigma_{kk}\\ \sigma_{ij}=S_{ij}+\frac{1}{3}\delta_{ij}\sigma_{kk}\end{cases} \tag{4-48}$$

δ_{ij} 为 Kronecker 符号，σ_m 只能改变物体体积，而不改变形状；S_{ij} 只能引起形状变化，而不引起体积变化（Xu et al.，2012）。因此，也可将应变张量分成球应变张量 ε_m 和偏应变张量 e_{ij}，则

$$\begin{cases}\varepsilon_{ij} = e_{ij} + \delta_{ij}\varepsilon_m \\ \varepsilon_m = \dfrac{1}{3}\varepsilon_{kk} \\ e_{ij} = \varepsilon_{ij} - \dfrac{1}{3}\delta_{ij}\varepsilon_{kk}\end{cases} \tag{4-49}$$

令岩石剪切模量为 G，体积模量为 K，弹性模量为 E，泊松比为 μ，则

$$\begin{cases}K = \dfrac{E}{3(1-2\mu)} \\ G = \dfrac{E}{2(1+\mu)}\end{cases} \tag{4-50}$$

在三维应力状态下，由虎克定律得

$$\begin{cases}\sigma_m = 3K\varepsilon_m \\ S_{ij} = 2Ge_{ij}\end{cases} \tag{4-51}$$

结合式（4-46）、式（4-50）、式（4-52）可得当恒定偏应力 $(S_{ij})_0$ 小于岩石屈服强度时的三维流变方程为

$$\varepsilon_{ij} = \frac{(S_{ij})_0}{2G_1} + \frac{(S_{ij})_0}{2G_2}\left(1 - e^{-\frac{G_2}{\eta_1}t}\right) + \frac{(S_{ij})_0}{\eta_2}t + \frac{\sigma_m\delta_{ij}}{3K} \quad (S_{ij})_0 < \sigma_s \tag{4-52}$$

式中，G_1、G_2 为 NBVP 流变模型中 E_1、E_2 所对应的剪切弹性模量。

在三维应力状态下，当 $(S_{ij})_0 \geqslant \sigma_s$ 且 $t \leqslant t_P$ 时，岩石出现塑性变形，需引入岩石屈服面 F 和塑性势函数 Q，则 NBVP 模型中第 4 部分的黏塑性变形率为

$$\dot{\varepsilon}_{ij}^4 = \left(\frac{\langle F \rangle}{2\eta_3}\right)\frac{\partial Q}{\partial \sigma_{ij}} \tag{4-53}$$

$$\langle F \rangle = \begin{cases}0 & (f \leqslant 0) \\ f & (f > 0)\end{cases} \tag{4-54}$$

式中，f 为屈服函数，采用相关流动法则时 $f = Q$，则 NBVP 流变模型第 4 部分三维本构方程为

$$\varepsilon_{ij}^4 = \left(\frac{f}{2\eta_3}\right)\frac{\partial f}{\partial \sigma_{ij}}t \quad (f > 0) \tag{4-55}$$

屈服函数 f 可取如下形式：

$$f = \sqrt{J_2} - \sigma_s/\sqrt{3} \tag{4-56}$$

式中，J_2 为第二应力偏量不变量。

假定流变过程中体积模量保持常数且等于弹性变形时的体积模量 K，结合式（4-47）和式（4-56）可得，当 $(S_{ij})_0 \geqslant \sigma_s$ 且 $t \leqslant t_P$ 时，三维应力下 NBVP 流变模型本构方程为

$$\varepsilon_{ij}(t) = \frac{(S_{ij})_0}{2G_1} + \frac{\sigma_m\delta_{ij}}{3K} + \frac{(S_{ij})_0}{2G_2}\left(1 - e^{-\frac{G_2}{\eta_1}t}\right) + \frac{(S_{ij})_0}{\eta_2}t + \left(\frac{f}{2\eta_3}\right)\frac{\partial f}{\partial \sigma_{ij}}t \quad (f \geqslant 0) \tag{4-57}$$

同理，在三维应力状态下，当 $(S_{ij})_0 \geqslant \sigma_s$ 且 $t > t_P$ 时，三维应力下 NBVP 流变模型本构方程为

$$\varepsilon_{ij}(t) = \frac{(S_{ij})_0}{2G_1} + \frac{\sigma_m \delta_{ij}}{3K} + \frac{(S_{ij})_0}{2G_2}\left(1 - e^{-\frac{G_2}{\eta_1}t}\right) + \frac{(S_{ij})_0}{\eta_2}t + \left(\frac{f}{2\eta_3}\right)\frac{\partial f}{\partial \sigma_{ij}} \cdot \left(\exp < \frac{t - t_P}{t_0} >^m - 1\right) \quad (f \geqslant 0) \tag{4-58}$$

三轴压缩流变应力状态为 $\sigma_2 = \sigma_3$ 且恒定，各级荷载 σ_1 在加载后也恒定，则由式（4-53）、式（4-58）、式（4-59）可得，三轴压缩试验下 NBVP 流变方程为

$$\varepsilon_{11}(t)\begin{cases} = \dfrac{\sigma_1 - \sigma_3}{3G_1} + \dfrac{\sigma_1 - \sigma_3}{3G_2}\left(1 - e^{-\frac{G_2}{\eta_1}t}\right) + \dfrac{\sigma_1 - \sigma_3}{\eta_2}t + \dfrac{\sigma_1 + 2\sigma_3}{9K} \quad (\sigma_1 - \sigma_3 < \sigma_s) \\ = \dfrac{\sigma_1 - \sigma_3}{3G_1} + \dfrac{\sigma_1 - \sigma_3}{3G_2}\left(1 - e^{-\frac{G_2}{\eta_1}t}\right) + \dfrac{\sigma_1 - \sigma_3}{\eta_2}t + \left(\dfrac{\sigma_1 - \sigma_3 - \sigma_s}{2\eta_3}\right)t \\ \quad + \dfrac{\sigma_1 + 2\sigma_3}{9K} \quad (\sigma_1 - \sigma_3 \geqslant \sigma_s,\ t \leqslant t_P) \\ = \dfrac{\sigma_1 - \sigma_3}{3G_1} + \dfrac{\sigma_1 - \sigma_3}{3G_2}\left(1 - e^{-\frac{G_2}{\eta_1}t}\right) + \dfrac{\sigma_1 - \sigma_3}{\eta_2}t + \left(\dfrac{\sigma_1 - \sigma_3 - \sigma_s}{2\eta_3}\right) \cdot \\ \left(\exp < \dfrac{t - t_P}{t_0} >^m - 1\right) + \dfrac{\sigma_1 + 2\sigma_3}{9K} \quad (\sigma_1 - \sigma_3 \geqslant \sigma_s,\ t > t_P) \end{cases} \tag{4-59}$$

为了验证本书提出的岩石非线性黏弹塑性流变模型——NBVP 流变模型的正确性与合理性，对图 4-12 和图 4-13 中饱水状态下的砂岩、泥板岩（$n=0$）在第五级荷载下的流变曲线，使用 Origin 软件对所提出的 NBVP 流变模型三维流变方程——式（4-60）进行以下步骤拟合验证。

（1）岩样的屈服应力 σ_s 由流变等时曲线获得，当偏应力小于岩石屈服强度时，模型含有两个黏性元件和两个弹性元件，对应 4 个流变参数 G_1、G_2、η_1、η_2，首先，根据流变试验数据，令 $t=0$，由式（4-60）可以确定瞬时剪切模量 G_1；然后，再根据流变试验数据拟合求解其余 3 个流变参数 G_2、η_1、η_2。

（2）当偏应力大于岩石屈服强度，且 $t \leqslant t_P$ 时，模型含有 3 个黏性元件、两个弹性元件和一个塑性元件，对应 5 个流变参数 η_1、η_2、η_3、G_1、G_2，根据试验曲线拟合可求得。

（3）当偏应力大于岩石屈服强度，且 $t > t_P$ 时，模型含有两个线性的黏性元件、两个弹性元件、1 个非线性黏性元件和一个塑性元件，对应 6 个流变参数 η_1、η_2、η_3、G_1、G_2、m，由式（4-60）可知，求解方程需要确定其中的 6 个流变参数。图 4-45 和图 4-46 中 $0 \sim T_P$时间段流变曲线按照步骤（2）拟合，并可求对应的参数 η_1、η_2、G_1、G_2，将其代入式（4-60）可拟合求得参数 η_3、m。至此

NBVP 流变模型的 6 个参数均已全部获得。

根据的三轴流变试验值，按照上述 3 个步骤可识别模型相应的参数。图 4-12 和图 4-13 中第五级荷载后的流变试验数据按照 NBVP 流变模型进行拟合的曲线与试验值对比图如图 4-45 和图 4-46 所示。

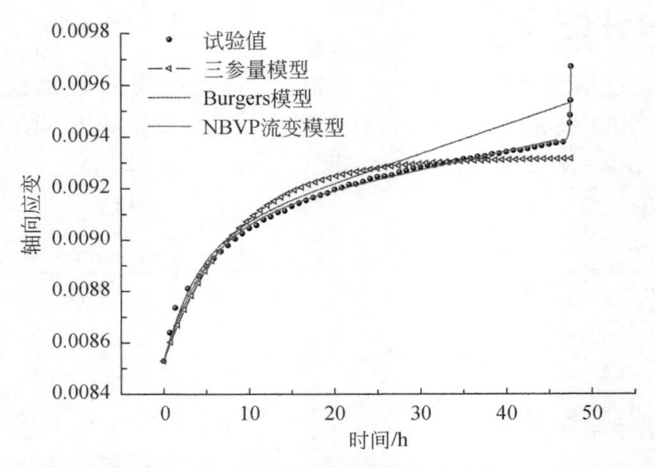

图 4-45　砂岩试验值与 NBVP 流变模型拟合曲线对比图（$n=0$，$\sigma_3=147$MPa）

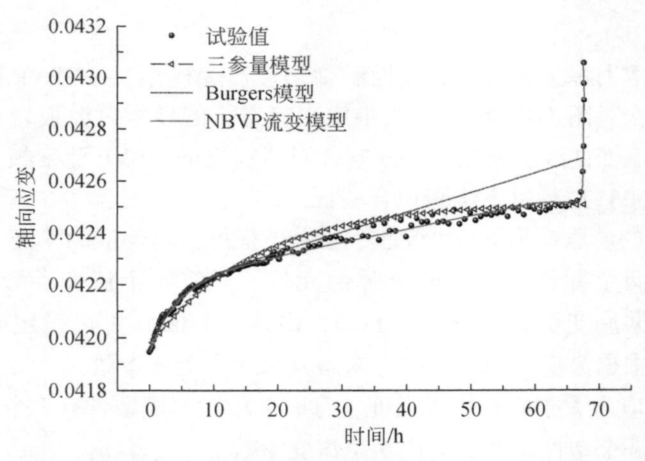

图 4-46　泥板岩试验值与 NBVP 流变模型拟合曲线对比图（$n=0$，$\sigma_3=49.50$MPa）

分别采用 H-K 模型（Rutter and Green，2011；Nedjar and Le Roy，2013）、Burgers 模型对图 4-45 和图 4-46 中的实测点进行拟合，并和 NBVP 流变模型作对比。拟合曲线相关系数 R^2 和卡方值大小见表 4-4，根据相关系数 R^2 越接近 1.0 和卡方值越小来判断所提出模型的优劣性。由图 4-45、图 4-46 和表 4-4 可以看出，所建立的非线性黏弹塑性流变模型——NBVP 流变模型曲线与砂岩、泥板岩的三轴流变试验结果较吻合，证明本书建立的流变模型是正确合理的，且 NBVP 模型可以较理想地描述岩石的加速流变阶段。

表 4-4　三种模型拟合效果对比表

岩性	模型	R^2	卡方值	拟合效果	岩性	模型	R^2	卡方值	拟合效果
砂岩	H-K 模型	0.7961	5.82E-6	差	泥板岩	H-K 模型	0.7861	5.78E-6	差
	Burgers 模型	0.8367	6.37E-7	良		Burgers 模型	0.8293	7.42E-8	良
	NBVP 流变模型	0.9873	2.18E-10	优		NBVP 流变模型	0.9877	1.99E-10	优

4.3　饱水–失水循环损伤下岩石损伤流变本构模型

岩石中含有孔穴、微裂纹、微裂隙等缺陷，外界因素（如饱水–失水循环等）必然会引起这些缺陷的扩展，岩石的损伤即为岩石内部的微缺陷的发展。水对岩样的矿物颗粒起到润滑和软化作用，饱水–失水循环次数不同，则岩样的力学性能不同。

由图 2-22 和图 2-23 可以分析得出，随着饱水–失水循环次数增多，岩样的初始瞬时应变也增加，即流变的瞬时弹性模量随含水率增大而减小；流变经历减速流变阶段进入稳定流变阶段的时间随着饱水–失水循环次数的增多而增大，即流变模型其他参数也随饱水–失水循环次数增加而变化。因此，NBVP 流变模型中应该考虑饱水–失水循环次数对瞬时弹性模量和其他流变模型参数的损伤影响。

引入损伤变量 D，假定岩石饱水–失水循环 0 次的损伤为 0；随着饱水–失水循环次数的增多，岩样的损伤逐渐积累增加，但其损伤率小于 1；且损伤随饱水–失水循环次数变化具有连续性。饱水–失水循环次数的不同导致轴向应力加载后瞬时剪切弹性模量不同，根据损伤力学定义有（Kachanov，1999；Zhou et al.，2011）

$$D_1(n) = \frac{G_M(0) - G_n(0)}{G_n(0)} \tag{4-60}$$

式中，$D_1(n)$ 为饱水–失水循环次数不同引起的瞬时剪切弹性模量劣化的损伤变量；$G_M(0)$ 为饱水–失水循环 0 次的瞬时剪切弹性模量；$G_n(0)$ 为受饱水–失水循环影响劣化后的瞬时剪切弹性模量；n 为饱水–失水循环次数，当 n 为 0 时，岩样无损伤 $D_1(n)=0$，$D_1(n)$ 随饱水–失水循环次数的增大而变大，但小于 1。

依据图 2-22 和图 2-23 中岩石屈服强度 σ_s 之前的曲线，获取砂岩、泥板岩不同饱水–失水循环次数下 NBVP 流变模型的模型参数平均值，见表 4-5。根据砂岩、泥板岩各饱水–失水循环次数状态下的平均瞬时剪切弹性模量 $\overline{G}_1$，获取的平均瞬时剪切弹性模量、损伤变量 $D_1(n)$ 与饱水-失水循环次数 n 的关系见图 4-47 和图 4-48。

表 4-5　砂岩不同饱水-失水循环次数下的流变特征值

岩性	n	$\overline{G_1}$ /GPa	$\overline{G_2}$ /GPa	$\overline{\eta_1}$ /(GPa·h)	$\overline{\eta_2}$ /(GPa·h)	岩性	n	$\overline{G_1}$ /GPa	$\overline{G_2}$ /GPa	$\overline{\eta_1}$ /(GPa·h)	$\overline{\eta_2}$ /(GPa·h)
砂岩	0	48.09	3.65	71347.26	1.96	泥板岩	0	15.78	1.73	10864.51	11.24
	1	42.65	3.28	67271.54	1.70		1	13.37	1.37	8896.80	8.97
	5	28.64	2.24	42423.85	1.35		5	6.41	0.75	4717.41	5.74
	10	18.31	1.61	32872.06	0.95		10	2.96	0.49	3333.74	4.05
	15	10.55	0.97	18446.48	0.76		15	0.79	0.33	2400.78	3.39
	20	7.11	0.86	15661.44	0.68		20	0.72	0.24	1899.63	3.02

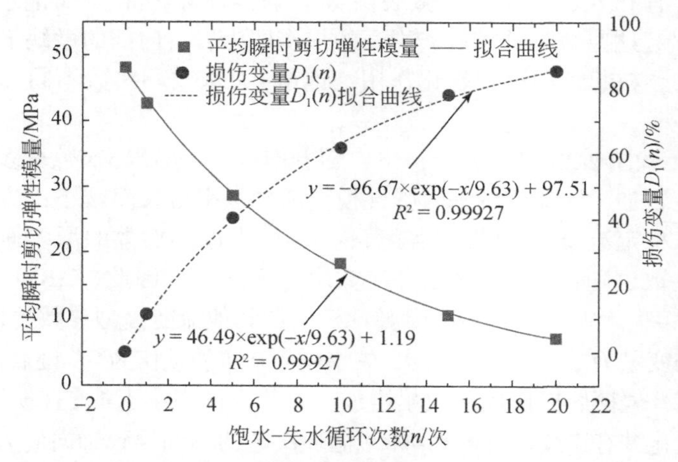

图 4-47　砂岩损伤变量 $D_1(n)$ 与 n 的关系图

由图 4-47 可见砂岩平均瞬时剪切弹性模量随饱水-失水循环次数 n 的增多而降低，损伤变量 $D_1(n)$ 随饱水-失水循环次数 n 的增多而降低，采用最小二乘法可拟合得

$$D_1(n) = -96.67 \times \exp(-n/9.63) + 97.51 \tag{4-61}$$

由图 4-48 可见泥板岩平均瞬时剪切弹性模量随饱水-失水循环次数 n 的增多而降低，损伤变量 $D_1(n)$ 随饱水-失水循环次数 n 的增多而降低，采用最小二乘法可拟合得

$$D_1(n) = -99.87 \times \exp(-n/5.59) + 99.47 \tag{4-62}$$

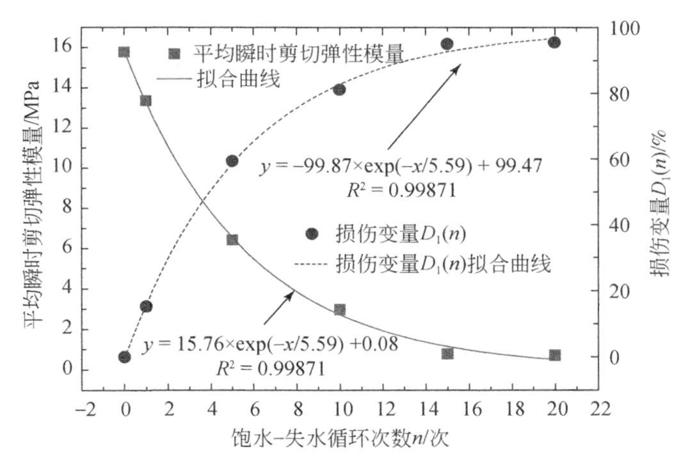

图4-48 泥板岩损伤变量 $D_1(n)$ 与 n 的关系图

同理，根据表4-5可获得砂岩流变模型参数 $\overline{G}_2$、$\overline{\eta}_1$、$\overline{\eta}_2$ 随饱水-失水循环次数 n 影响劣化的损伤变量 $D_2(n)$、$D_3(n)$、$D_4(n)$ 关系式：

$$D_2(n) = -88.29 \times \exp(-n/9.34) + 88.98 \tag{4-63}$$

$$D_3(n) = -89.78 \times \exp(-n/9.13) + 88.67 \tag{4-64}$$

$$D_4(n) = -76.86 \times \exp(-n/10.07) + 79.27 \tag{4-65}$$

由表4-5可获得泥板岩流变模型参数 $\overline{G}_2$、$\overline{\eta}_1$、$\overline{\eta}_2$ 随饱水-失水循环次数 n 影响劣化的损伤变量 $D_2(n)$、$D_3(n)$、$D_4(n)$ 关系式：

$$D_2(n) = -82.82 \times \exp(-n/4.78) - 85.11 \tag{4-66}$$

$$D_3(n) = -80.19 \times \exp(-n/4.45) + 81.15 \tag{4-67}$$

$$D_4(n) = -70.06 \times \exp(-n/4.39) + 72.44 \tag{4-68}$$

将损伤变量 $D_1(n)$、$D_2(n)$、$D_3(n)$、$D_4(n)$ 引入到NBVP流变模型中，建立“考虑饱水-失水循环次数 n 损伤的非线性黏弹塑性流变模型”（简称DNBVP模型）（图4-49）。

结合NBVP流变模型三维流变方程——式（4-53）、式（4-58）、式（4-59）可得三维应力下的DNBVP流变模型本构方程如下。

（1）当 $(S_{ij})_0 < \sigma_s$ 时，

$$\varepsilon_{ij} = \frac{(S_{ij})_0}{2G_1(1-D_1(n))} + \frac{(S_{ij})_0}{2G_2(1-D_2(n))}\left(1 - e^{-\frac{G_2(1-D_2(n))}{\eta_1(1-D_3(n))}t}\right) + \frac{(S_{ij})_0}{\eta_2(1-D_4(n))}t + \frac{\sigma_m\delta_{ij}}{3K} \tag{4-69}$$

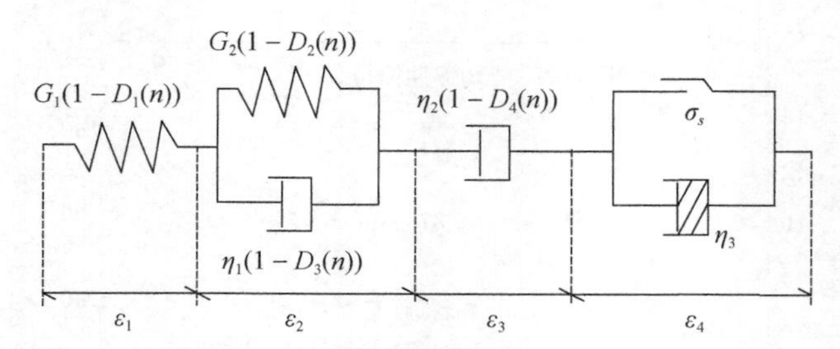

图 4-49　DNBVP 流变模型示意图

（2）当 $(S_{ij})_0 \geqslant \sigma_s$ 且 $t \leqslant t_P$ 时，

$$\varepsilon_{ij} = \frac{(S_{ij})_0}{2G_1(1-D_1(n))} + \frac{\sigma_m\delta_{ij}}{3K} + \frac{(S_{ij})_0}{2G_2(1-D_2(n))}\left(1-e^{-\frac{G_2(1-D_2(n))}{\eta_1(1-D_3(n))}t}\right) + \frac{(S_{ij})_0}{\eta_2(1-D_4(n))}t + \left(\frac{f}{2\eta_3}\right)\frac{\partial f}{\partial\sigma_{ij}}t \quad (f\geqslant 0) \tag{4-70}$$

（3）当 $(S_{ij})_0 \geqslant \sigma_s$ 且 $t \leqslant t_P$ 时，

$$\varepsilon_{ij} = \frac{(S_{ij})_0}{2G_1(1-D_1(n))} + \frac{\sigma_m\delta_{ij}}{3K} + \frac{(S_{ij})_0}{2G_2(1-D_2(n))}\left(1-e^{-\frac{G_2(1-D_2(n))}{\eta_1(1-D_3(n))}t}\right) + \frac{(S_{ij})_0}{\eta_2(1-D_4(n))}t + \left(\frac{f}{2\eta_3}\right)\frac{\partial f}{\partial\sigma_{ij}}(\exp(t^n-1)) \quad (f\geqslant 0) \tag{4-71}$$

三轴压缩流变应力状态为 $\sigma_2=\sigma_3$ 且恒定，各级荷载 σ_1 在加载后也恒定，则有三轴压缩试验下的 DNBVP 流变方程如下。

（1）当 $\sigma_1-\sigma_3<\sigma_s$ 时，

$$\varepsilon_{11}(t) = \frac{\sigma_1-\sigma_3}{3G_1(1-D_1(n))} + \frac{\sigma_1-\sigma_3}{3G_2(1-D_2(n))}\left(1-e^{-\frac{G_2(1-D_2(n))}{\eta_1(1-D_3(n))}t}\right) + \frac{\sigma_1-\sigma_3}{\eta_2(1-D_4(n))}t + \frac{\sigma_1+2\sigma_3}{9K} \tag{4-72}$$

（2）当 $\sigma_1-\sigma_3\geqslant\sigma_s$ 且 $t\leqslant t_P$ 时，

$$\varepsilon_{11} = \frac{\sigma_1-\sigma_3}{3G_1(1-D_1(n))} + \frac{\sigma_1+3\sigma_3}{9K} + \frac{\sigma_1-\sigma_3}{3G_2(1-D_2(n))}\left(1-e^{-\frac{G_2(1-D_2(n))}{\eta_1(1-D_3(n))}t}\right) + \frac{\sigma_1-\sigma_3}{\eta_2(1-D_4(n))}t + \left(\frac{\sigma_1-\sigma_3-\sigma_s}{2\eta_3}\right)t \tag{4-73}$$

（3）当 $\sigma_1-\sigma_3\geqslant\sigma_s$ 且 $t\leqslant t_P$ 时，

$$\varepsilon_{ij} = \frac{\sigma_1-\sigma_3}{3G_1(1-D_1(n))} + \frac{\sigma_1+2\sigma_3}{9K} + \frac{\sigma_1-\sigma_3}{3G_2(1-D_2(n))}\left(1-e^{-\frac{G_2(1-D_2(n))}{\eta_1(1-D_3(n))}t}\right) + \frac{\sigma_1-\sigma_3}{\eta_2(1-D_4(n))}t + \left(\frac{\sigma_1-\sigma_3-\sigma_s}{2\eta_3}\right)\cdot\left(\exp<\frac{t-t_P}{t_0}>^m-1\right) \tag{4-74}$$

根据流变试验的受力状态，结合式（4-73）、式（4-74）、式（4-75），利用Origin软件拟合工具可获得DNBVP模型相应的模型参数。

以砂岩饱水-失水循环15次的流变实验全程曲线为例，利用Boltzmann叠加原理对图2-22中砂岩饱水-失水循环15次的流变实验全程曲线进行处理，得到各级轴向荷载水平下的轴向应变-时间流变曲线，结合式（4-63）~式（4-66）、式（4-73）~式（4-75）对各级轴向荷载水平下的试验数据进行拟合与参数辨识，可获得此情况下DNBVP模型的流变参数，见表4-6所示，流变试验值与拟合曲线对比图见图4-50。

表 4-6　砂岩饱水-失水循环 15 次流变 DNBVP 模型参数

饱水-失水循环次数 n	轴向荷载等级	轴向荷载值/MPa	G_1 /GPa	G_2 /GPa	η_1/(GPa·h)	η_2/(GPa·h)	η_3/(GPa·h)	m	R^2
15	第一级	10.00	28.12	1.92	1.91E+4	0.77	—	—	0.8923
	第二级	15.00	32.12	2.23	2.16E+4	0.92	—	—	0.9674
	第三级	22.50	37.65	2.78	3.27E+4	1.21	—	—	0.9881
	第四级	30.00	39.16	3.12	4.65E+4	1.48	—	—	0.9627
	第五级	37.50	45.06	3.46	5.87E+4	1.67	6.0898E+4	—	0.9943
	第五级（加速阶段）	46.23	47.89	3.78	7.23E+4	1.81	6.0898E+4	0.4621	0.9889

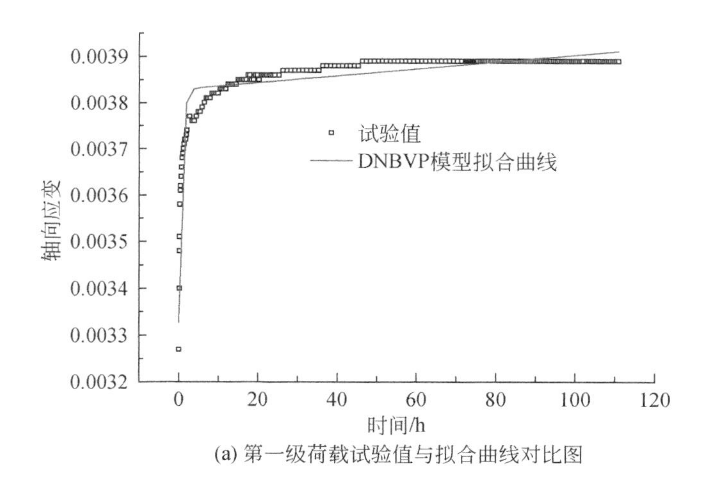

(a) 第一级荷载试验值与拟合曲线对比图

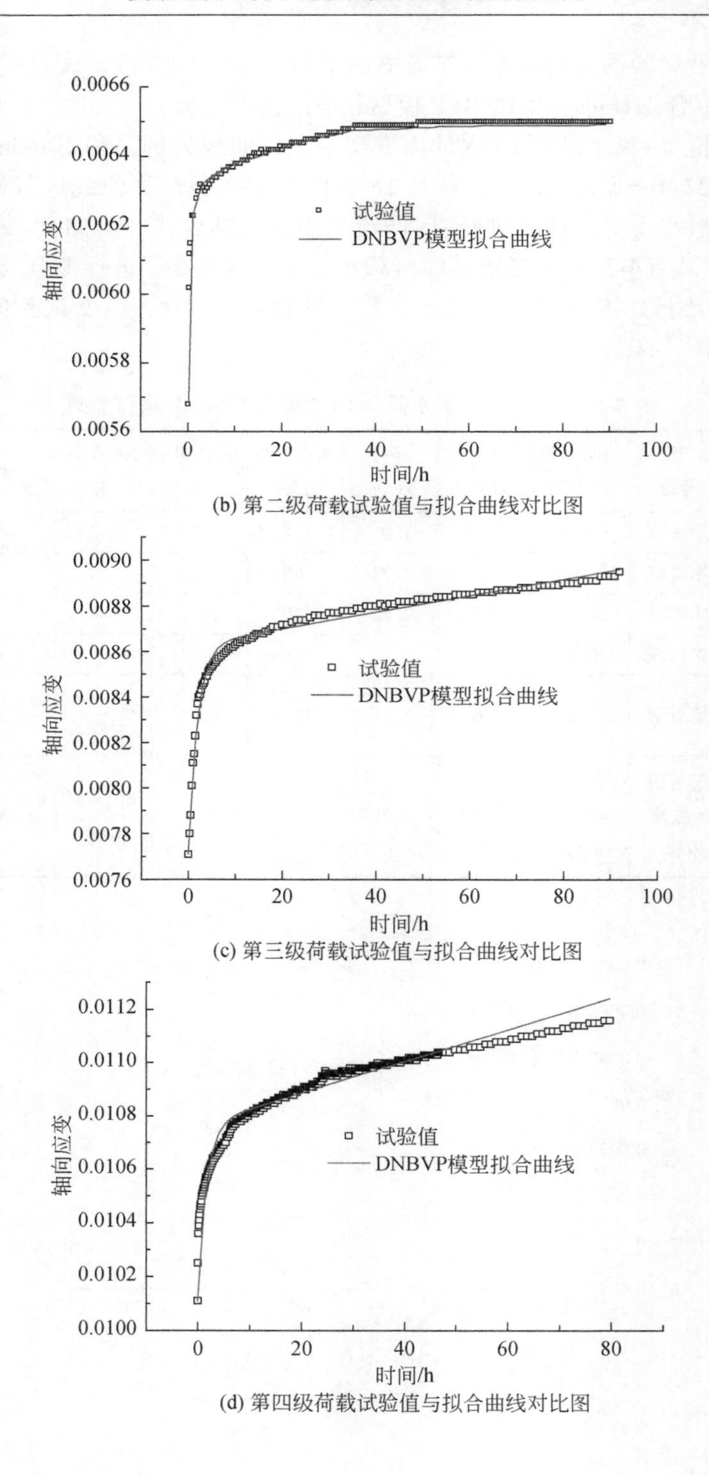

(b) 第二级荷载试验值与拟合曲线对比图

(c) 第三级荷载试验值与拟合曲线对比图

(d) 第四级荷载试验值与拟合曲线对比图

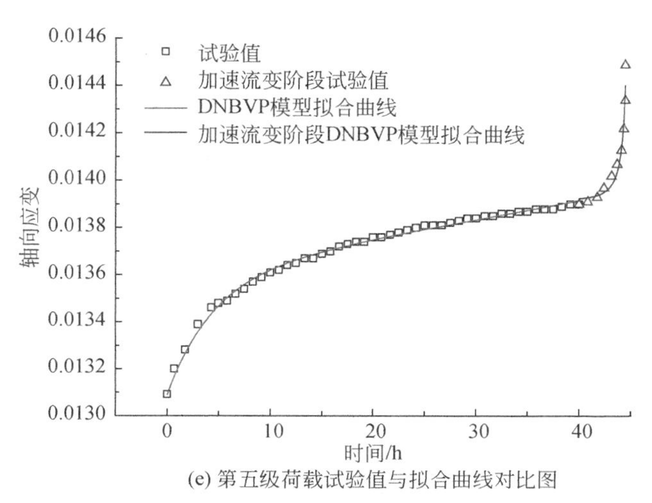

(e) 第五级荷载试验值与拟合曲线对比图

图4-50　砂岩饱水–失水循环15次DNBVP模型拟合曲线与试验结果对比图

由图4-50和表4-7中的相关系数R^2可以看出，所建立的考虑岩石饱水–失水循环次数n损伤的DNBVP模型能够很好地描述饱水–失水循环后岩石流变全过程曲线，特别是对岩石加速流变阶段的特性拟合较好。

4.4　本章小结

本章以饱水状态（饱水–失水循环0次）的砂岩、泥板岩流变试验曲线为例，进行坝址区库岸高边坡“消落带”岩石流变特征研究分析，得出了以下结论。

（1）砂岩、泥板岩的流变曲线均经历了瞬时弹性变形阶段、减速流变阶段、稳定流变阶段和加速流变阶段。在低轴向应力作用下，砂岩、泥板岩只出现前3种阶段，在轴向应力接近或达到临界破坏值时才依次出现上述4种流变阶段。在施加各级轴向应力的瞬时，砂岩、泥板岩产生了轴向的瞬时弹性变形，从而说明砂岩、泥板岩具有弹性特征，且各级轴向应力作用瞬时所产生的瞬时弹性变形量各不相同。砂岩、泥板岩在各级轴向荷载作用下所产生的轴向瞬时弹性变形量基本上随轴向应力的增大而逐渐增大。

（2）砂岩岩样在前四级轴向荷载作用下，流变速率先减小，后趋于零或稳定值；砂岩岩样在第五级轴向荷载作用下流变速率先减小，后趋于零或稳定值，最后又加速，直至岩样破坏。泥板岩岩样在前四级轴向荷载作用下，流变速率先无规律波动，后总体上趋于零或稳定值，但局部仍有波动，这是因为泥板岩相对于砂岩有着更多的微裂隙、微缺陷或不均匀性，更易受饱水状态的影响，在流变试验的长期作用下，轴向应变不均匀波动；泥板岩岩样在第五级高轴向荷载应力作用下流变速率先减小，后趋于零或稳定值，最后又加速，直至岩样破坏。

（3）砂岩、泥板岩的轴向应变和轴向应变速率曲线并不十分光滑，其局部应变曲线段和应变速率曲线段均发生了微小波动和突变现象，而泥板岩的这种微小波动和突变现象更为剧烈，造成这种现象的原因是，在流变试验过程中，砂岩、泥板岩内部结构存在非均质性，从而引起岩样的微观弱化和破裂，使得原有的应力平衡被打破，从而使岩石变形曲线产生了不规则波动和突变。对比砂岩和泥板岩的轴向应变曲线和试验实测数据可知，在饱水状态下，泥板岩出现突变现象的次数明显多于砂岩，说明饱水状态下轴向应力对泥板岩的微观缺陷具有更明显的损伤效应，从而使泥板岩的轴向应变曲线多次出现突变现象。

本章针对线性流变体的元件组合模型构建的与岩石流变相关的本构模型将会与实际有所偏差的情况，建立了合适的岩石非线性流变本构模型来正确描述岩石的非线性流变力学特征，得出了以下结论。

（1）在 Burgers 模型的基础上串联一个由非线性黏性元件和塑性元件并联而成的非线性黏塑性体，进而提出了一种能同时描述岩石黏弹塑性特性的非线性流变模型——NBVP 流变模型，对 NBVP 流变模型的三维流变本构方程进行了推导。以饱水状态的砂岩、泥板岩流变试验曲线为例，分别采用 H-K 模型、Burgers 模型、NBVP 流变模型对试验实测数据进行拟合，对比分析后发现所建立的非线性黏弹塑性流变模型——NBVP 流变模型曲线与砂岩、泥板岩的三轴流变试验结果较吻合，且 NBVP 流变模型可以较理想地描述岩石的加速流变阶段。

（2）随着饱水-失水循环次数的增多，岩样的初始瞬时应变也增加，即流变的瞬时弹性模量随含水率增加而减小；流变经历减速流变阶段进入稳定流变阶段的时间随着饱水-失水循环次数的增多而增大，即流变模型其他参数也随饱水-失水循环次数增多而变化。因此，借助于损伤力学理论将饱水-失水循环引起的流变模型参数变化的损伤变量引入到 NBVP 流变模型中，建立了考虑岩石饱水-失水循环次数 n 损伤的 DNBVP 模型，同时基于流变试验结果得到了相应的损伤变量表达式，并推导了 DNBVP 模型的三维流变本构方程，以试验数据为例进行分析可以看出 DNBVP 模型能够很好地描述饱水-失水循环后岩石流变的全过程曲线。

第5章　流变本构模型的二次开发与验证

针对前文提出的考虑岩石饱水-失水循环次数 n 损伤的 DNBVP 模型的工程应用，本章将介绍有限差分软件 FLAC3D 的本构模型二次开发，进而为前文所提出的流变本构模型的应用提供程序化模块。

FLAC3D 软件是一种基于三维显式有限差分的数值分析方法，已成功地解决了岩土工程中广泛的问题，FLAC3D 已成为分析岩土工程问题的重要工具之一，目前国际岩土工程界十分推崇它，该软件适合建立大变形非线性模型，对大变形情况应用效果更好，主要应用于工程地质和岩土力学分析，如矿山边坡等。FLAC3D 软件提供了十多种本构模型的 C++源代码，为用户提供了二次开发的平台。

本章以 FLAC3D 软件中的摩尔-库仑本构模型为框架，基于 FLAC3D 软件的二次开发平台，借鉴国内外学者关于类似程序的开发经验，进行 DNBVP 模型的二次开发，对其三维流变本构模型进行程序化，用 VC++编写了动态链接库文件(. dll 文件) 来实现自定义本构模型的开发，并采用数值模拟试验对其正确性进行了验证。

FLAC3D 软件是基于显式的有限差分格式来模拟岩土体或其他材料的应力力学行为的。FLAC3D 软件运行计算时，模型的单元应力产生屈服或者发生塑性流动，则单元的网格也产生变形，此时，FLAC3D 软件根据运动方程及初始应力场和计算模型的边界条件算出新的位移与速度，根据速度获取相应的应变速率，再由本构模型方程提取获得新的应力或力，显式有限差分法 FLAC3D 软件计算流程如图 5-1 所示。因此，FLAC3D 软件本构模型二次开发的核心是，由所建立的本构模型方程，根据上一时间步内的应力、应变增量获取新的应力的过程，因此，推导所建立的本构模型方程二次开发所需的三维中心差分格式是关键。

本书采用 FLAC3D 进行二次开发，为了便于模型程序化，下面推导考虑岩石饱水-失水循环次数 n 损伤的 DNBVP 模型的三维中心差分格式。

(1) 当 $(S_{ij})_0 < \sigma_s$ 时，DNBVP 模型退化为如图 5-2 所示的模型。

由于图 5-2 中各部分流变元件体串联，因此各偏应力相等，总偏应变等于各部分偏应变之和，可得

$$S_{ij} = S_{ij}^1 = S_{ij}^2 = S_{ij}^3 \tag{5-1}$$

$$e_{ij} = e_{ij}^1 + e_{ij}^2 + e_{ij}^3 \tag{5-2}$$

S_{ij} 为偏应力，e_{ij} 为总偏应变。图 5-1 中退化的 DNBVP 模型总应变偏量速率为

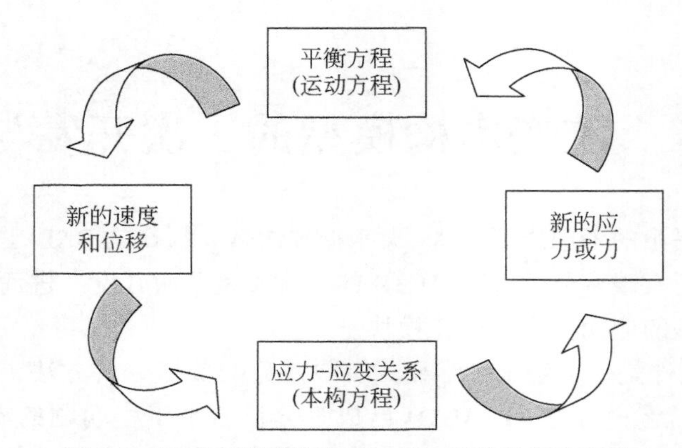

图 5-1　显式有限差分法 FLAC3D 软件计算流程图

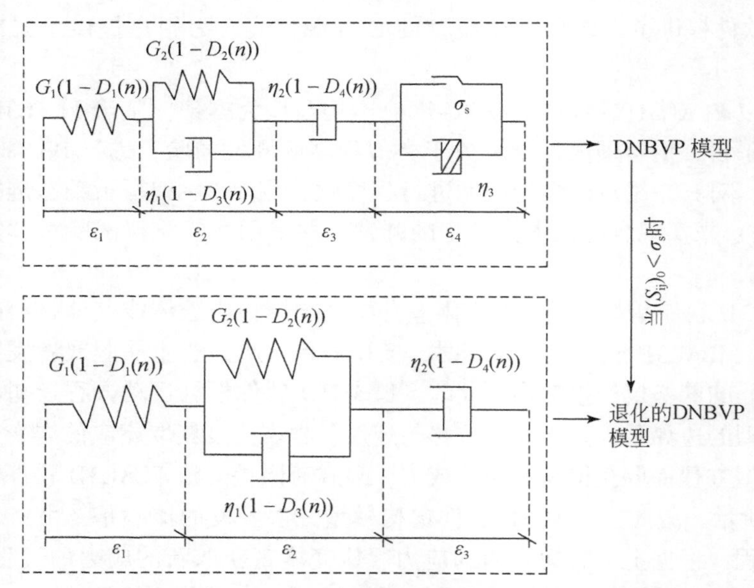

图 5-2　当 $(S_{ij})_0 < \sigma_s$ 时退化的 DNBVP 模型示意图

$$\dot{e}_{ij} = \dot{e}_{ij}^1 + \dot{e}_{ij}^2 + \dot{e}_{ij}^3 \tag{5-3}$$

则图 5-2 中的第一部分应力–应变关系为

$$S_{ij}^1 = 2G_0(1 - D_1(n))e_{ij}^1 \tag{5-4}$$

图 5-2 中的第二部分应力–应变关系为

$$S_{ij}^2 = 2G_2(1 - D_2(n))e_{ij}^2 + 2\eta_1(1 - D_3(n))\dot{e}_{ij}^2 \tag{5-5}$$

图 5-2 中的第三部分应力–应变关系为

$$S_{ij}^3 = \eta_2(1 - D_4(n))\dot{e}_{ij}^3 \tag{5-6}$$

为方便进行对 FLAC3D 软件的二次开发，使考虑岩石饱水–失水循环次数 n 损伤的 DNBVP 模型程序化，将式（5-2）写成增量形式，则

$$\Delta e_{ij} = \Delta e_{ij}^{1} + \Delta e_{ij}^{2} + \Delta e_{ij}^{3} \tag{5-7}$$

式中，Δe_{ij} 为总偏应变增量；Δe_{ij}^{1}、Δe_{ij}^{2}、Δe_{ij}^{3} 分别为图 5-1 中各部分流变元件体的偏应变增量。

采用中心差分，则式（5-4）可写成

$$\bar{S}_{ij}^{1}\Delta t = 2G_0(1 - D_1(n))\bar{e}_{ij}^{1}\Delta t \tag{5-8}$$

式中，$\bar{S}_{ij}^{1}$ 和 $\bar{e}_{ij}^{1}$ 分别为某一个时间增量内，图 5-1 中的第一部分流变元件体的平均偏应力和平均偏应变。

同理，式（5-5）、式（5-6）可表示为

$$\bar{S}_{ij}^{2}\Delta t = 2G_2(1 - D_2(n))\bar{e}_{ij}^{2}\Delta t + 2\eta_1(1 - D_3(n))\Delta e_{ij}^{2} \tag{5-9}$$

$$\bar{S}_{ij}^{3} = \eta_2(1 - D_4(n))\Delta e_{ij}^{3} \tag{5-10}$$

其中，

$$\begin{cases} \bar{S}_{ij} = \dfrac{S_{ij}^{N} + S_{ij}^{O}}{2} \\ \bar{e}_{ij} = \dfrac{e_{ij}^{N} + e_{ij}^{O}}{2} \\ \Delta e_{ij} = e_{ij}^{N} - e_{ij}^{O} \end{cases} \tag{5-11}$$

这里规定，S_{ij}^{N}、S_{ij}^{O} 分别表示某一个时间增量内新、旧应力偏量；e_{ij}^{N}、e_{ij}^{O} 分别表示某一个时间增量内新、旧应变偏量。

将式（5-1）、式（5-11）代入式（5-8）可求得

$$e_{ij}^{1,N} = \frac{S_{ij}^{N} + S_{ij}^{O}}{2G_0(1 - D_1(n))} - e_{ij}^{1,O} \tag{5-12}$$

将式（5-1）、式（5-11）代入式（5-9）可求得

$$e_{ij}^{2,N} = \frac{1}{A}\left[Be_{ij}^{2,O} + \frac{\Delta t}{4\eta_1(1 - D_3(n))}(S_{ij}^{N} + S_{ij}^{O})\right] \tag{5-13}$$

式中，

$$A = 1 + \frac{G_2(1 - D_2(n))\Delta t}{2\eta_1(1 - D_3(n))},\quad B = 1 - \frac{G_2(1 - D_2(n))\Delta t}{2\eta_1(1 - D_3(n))} \tag{5-14}$$

将式（5-1）、式（5-11）代入式（5-10）可求得

$$e_{ij}^{3,N} = \frac{(S_{ij}^{N} + S_{ij}^{O})}{4\eta_2(1 - D_4(n))} + e_{ij}^{3,O} \tag{5-15}$$

由式（5-2）、式（5-12）、式（5-13）、式（5-15）可求得

$$e_{ij}^{N}=\frac{S_{ij}^{N}+S_{ij}^{O}}{2G_0(1-D_1(n))}-e_{ij}^{1,O}+\frac{1}{A}\left[Be_{ij}^{2,O}+\frac{\Delta t}{4\eta_1(1-D_3(n))}(S_{ij}^{N}+S_{ij}^{O})\right]+\frac{(S_{ij}^{N}+S_{ij}^{O})}{4\eta_2(1-D_4(n))}+e_{ij}^{3,O} \tag{5-16}$$

联合式（5-1）、式（5-4）、式（5-6）、式（5-7）、式（5-11）、式（5-13）可得

$$S_{ij}^{N}=\frac{1}{a}[b\Delta e_{ij}+b(A-B)e_{ij}^{2,O}+bS_{ij}^{O}]\quad (S_{ij})_0<\sigma_s \tag{5-17}$$

其中，

$$a=1+b\left[\frac{1}{2G_0(1-D_1(n))}+\frac{1}{\eta_2(1-D_4(n))}\right],\quad b=\frac{4A\eta_1(1-D_3(n))}{\Delta t} \tag{5-18}$$

（2）当 $(S_{ij})_0\geqslant\sigma_s$ 且 $t\leqslant t_P$ 时，DNBVP 模型退化为如图 5-3 所示的模型。

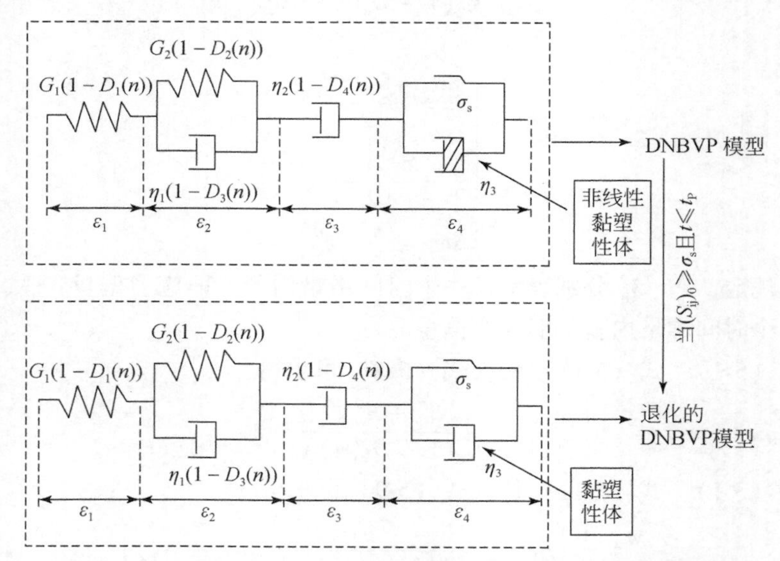

图 5-3　当 $(S_{ij})_0\geqslant\sigma_s$ 且 $t\leqslant t_P$ 时退化的 DNBVP 模型示意图

由于图 5-3 中各部分流变元件体串联，因此，各偏应力相等，总偏应变等于各部分偏应变之和，可得

$$S_{ij}=S_{ij}^{1}=S_{ij}^{2}=S_{ij}^{3}=S_{ij}^{4} \tag{5-19}$$

$$e_{ij}=e_{ij}^{1}+e_{ij}^{2}+e_{ij}^{3}+e_{ij}^{4} \tag{5-20}$$

式中，S_{ij} 为偏应力；e_{ij} 为总偏应变。图 5-3 中退化的 DNBVP 模型总应变偏量速率为

$$\dot{e}_{ij}=\dot{e}_{ij}^{1}+\dot{e}_{ij}^{2}+\dot{e}_{ij}^{3}+\dot{e}_{ij}^{4} \tag{5-21}$$

为方便进行对 FLAC3D 软件进行二次开发，使考虑岩石饱水–失水循环次数 n 损伤的 DNBVP 模型程序化，将式（5-21）写成增量形式，则：

$$\Delta e_{ij} = \Delta e_{ij}^1 + \Delta e_{ij}^2 + \Delta e_{ij}^3 + \Delta e_{ij}^4 \tag{5-22}$$

则类似于式（5-17）的推导过程，结合式（5-4）、式（5-5）、式（5-6）、式（5-11）、式（5-13）、式（5-19）、式（5-22）可得

$$S_{ij}^N = \frac{1}{a}[b\Delta e_{ij} - b\Delta e_{ij}^4 + b(A-B)e_{ij}^{2,O} + bS_{ij}^O] \quad (S_{ij})_0 \geqslant \sigma_s \text{ 且 } t \leqslant t_P \tag{5-23}$$

图5-2中第4部分流变元件体的应变偏量速率为

$$\dot{e}_{ij}^4 = \frac{<F>}{2\eta_3}\frac{\partial Q}{\partial \sigma_{ij}} - \frac{1}{3}\dot{\varepsilon}_{vol}^4 \sigma_{ij} \tag{5-24}$$

式中，F 为岩石屈服面；Q 为塑性势函数；$\dot{\varepsilon}_{vol}^4$ 为图5-3中第4部分流变元件体的体积应变率，且

$$\dot{\varepsilon}_{vol}^4 = \frac{<F>}{2\eta_3}\left(\frac{\partial Q}{\partial \sigma_{11}} + \frac{\partial Q}{\partial \sigma_{22}} + \frac{\partial Q}{\partial \sigma_{33}}\right) \tag{5-25}$$

假设球应力不会产生塑性变形，则模型球应力可表示为

$$\dot{\sigma}_0 = K(\dot{\varepsilon}_{vol} - \dot{\varepsilon}_{vol}^4) \tag{5-26}$$

式中，$\dot{\varepsilon}_{vol} = \dot{\varepsilon}_{kk}$。将式（5-26）也写成差分的形式：

$$\sigma_0^N = \sigma_0^O + K(\Delta\varepsilon_{vol} - \Delta\varepsilon_{vol}^4) \quad (S_{ij})_0 \geqslant \sigma_s \text{ 且 } t \leqslant t_P \tag{5-27}$$

式中，σ_0^N、σ_0^O 分别表示某一个时间增量内新、旧球应力；$\Delta\varepsilon_{vol}$ 为 Δt 时间步内球应变增量。

（3）当 $(S_{ij})_0 \geqslant \sigma_s$ 且 $t > t_P$ 时，其元件模型如图4-49所示。

图4-49中第4部分流变元件体的应变增量为

$$\Delta\varepsilon_{ij}^4 = \frac{<F>}{2\eta_3}\Delta t \cdot \left(\exp < \frac{t-t_P}{t_0} >^m - 1\right)\frac{\partial Q}{\partial \sigma_{ij}} \tag{5-28}$$

则第4部分流变元件体的体积应变增量为

$$\Delta\varepsilon_{vol}^4 = \frac{<F>}{2\eta_3}\Delta t \cdot \left(\exp < \frac{t-t_P}{t_0} >^m - 1\right)\left(\frac{\partial Q}{\partial \sigma_{11}} + \frac{\partial Q}{\partial \sigma_{22}} + \frac{\partial Q}{\partial \sigma_{33}}\right) \tag{5-29}$$

$$\begin{aligned}\Delta e_{ij}^4 &= \Delta\varepsilon_{ij}^4 - \frac{1}{3}\Delta\varepsilon_{vol}^4 = \frac{<F>}{2\eta_3}\Delta t \cdot \left(\exp < \frac{t-t_P}{t_0} >^m - 1\right)\frac{\partial Q}{\partial \sigma_{ij}} \\ &\quad - \frac{1}{3}\frac{<F>}{2\eta_3}\Delta t \cdot \left(\exp < \frac{t-t_P}{t_0} >^m - 1\right)\left(\frac{\partial Q}{\partial \sigma_{11}} + \frac{\partial Q}{\partial \sigma_{22}} + \frac{\partial Q}{\partial \sigma_{33}}\right) \\ &= \frac{<F>}{2\eta_3}\Delta t \cdot \left(\exp < \frac{t-t_P}{t_0} >^m - 1\right)\left[\frac{\partial Q}{\partial \sigma_{ij}} - \frac{1}{3}\left(\frac{\partial Q}{\partial \sigma_{11}} + \frac{\partial Q}{\partial \sigma_{22}} + \frac{\partial Q}{\partial \sigma_{33}}\right)\right]\end{aligned} \tag{5-30}$$

$$S_{ij}^N = \frac{1}{a}[b\Delta e_{ij} - b\Delta e_{ij}^4 + b(A-B)e_{ij}^{2,O} + bS_{ij}^O] \quad (S_{ij})_0 \geqslant \sigma_s \text{ 且 } t > t_P \tag{5-31}$$

假设球应力不会产生塑性的变形，则模型球应力可表示为

$$\begin{aligned}\dot{\sigma}_0 &= K(\dot{\varepsilon}_{\mathrm{vol}} - \dot{\varepsilon}_{\mathrm{vol}}^{4}) \\ &= K\left[\dot{\varepsilon}_{\mathrm{vol}} - \frac{< F >}{2\eta_3}\Delta t \cdot \left(\exp < \frac{t - t_{\mathrm{P}}}{t_0} >^{m} - 1\right)\left(\frac{\partial Q}{\partial \sigma_{11}} + \frac{\partial Q}{\partial \sigma_{22}} + \frac{\partial Q}{\partial \sigma_{33}}\right)\right]\end{aligned} \tag{5-32}$$

式中，$\dot{\varepsilon}_{\mathrm{vol}} = \dot{\varepsilon}_{\mathrm{kk}}$ 。将式（5-26）也写成差分的形式：

$$\sigma_0^N = \sigma_0^O + K\left[\Delta\varepsilon_{\mathrm{vol}} - \frac{< F >}{2\eta_3}\Delta t \cdot \left(\exp < \frac{t - t_{\mathrm{P}}}{t_0} >^{m} - 1\right)\left(\frac{\partial Q}{\partial \sigma_{11}} + \frac{\partial Q}{\partial \sigma_{22}} + \frac{\partial Q}{\partial \sigma_{33}}\right)\right] \tag{5-33}$$

图4-49 中第 4 部分流变元件体的塑性流动法则采用的是不相关联的 Mohr-Coulomb 流动法则，当屈服函数 $f < 0$ 时，需要根据塑性应变增量来更新应力，详见 FLAC3D 软件的帮助文件。

综上所述，考虑岩石饱水–失水循环次数 n 损伤的 DNBVP 模型的应力–应变关系可以采用式（5-17）、式（5-23）、式（5-27）、式（5-33）来表述，以便于在程序中编写方程。

根据以上考虑岩石饱水–失水循环次数 n 损伤的 DNBVP 模型的应力增量差分表达式，采用 VC++编程，生成可调用的动态链接库（. dll），可以实现 DNBVP 模型在 FLAC3D 软件中的开发。

5.1　DNBVP 模型在 FLAC3D 软件中的实现

5.1.1　FLAC3D 软件自定义本构模型

FLAC3D 中不支持软件自带的 FISH 语言来定义新的本构模型，新的本构模型二次开发必须借用 Microsoft Visual C++编写的动态链接库（. dll 文件）文件来实现。以动态链接库（. dll 文件）形式寄存的本构模型也适用于 Itasca 软件中的 UDEC、3DEC、FLAC2D、PFC、PFC3D 等在需要的时候来调用加载。自定义的新本构模型，其主函数功能是反馈新的应力，并获取相应的应变增量。借用 Microsoft Visual C++语言编写自定义本构模型的步骤一般包括新本构模型基类函数、成员函数的定义，新本构模型注册与编号，新本构模型与 FLAC3D 之间的信息传递，新本构模型状态指示。

（1）本构模型的基类：基类为实际本构模型提供了框架，基类的命名为 Constitutive Model，由于它定义了一系列完全虚有的成员函数，这种基类不能被实例化，基类的头文件（. h 文件）定义了这一系列“虚”的成员函数。

（2）模型成员函数主要有：

const char *Keyword（）表示返回字符数组（本构模型名称）的指针，以便于在 FLAC3D 软件中调用二次开发的本构模型，能够识别。

const char *Name（）表示返回输出时使用的本构模型名称的字符数组的指针，以识别用户使用的命令流。

const char **Properties（）表示返回字符串数组的指针，该数组指针包含模型材料力学参数名称。

const char *States（）表示返回一个字符串数组的指针，这个字符串数组包含单元状态名称（如塑性流动、屈服、受拉）。

const char *Run（unsigned uDim，State *ps）该函数根据应变增量对每一时间步的每个单元进行应力张量的更新。二次开发的本构模型通过 Run（）函数得到自定义本构模型相应的应力张量。

ConstitutiveModel *Clone（void）建立作为当前对象的同一个类的新对象，返回一个指向 ConstitutiveModel 类的指针，该函数在单元使用时被调用。

const char *SaveRestore（ModelSaveObject* mso）该函数调用基类 ConstitutiveModel 的 SaveRestore（）函数以便于文件的保存或恢复。

（3）模型注册：包括自定义模型的名称、力学参数名称和状态指示器。二次开发的自定义本构模型有其自己的模型、力学参数名称和状态指示器。

（4）数据传递：指成员函数 Run（unsigned nDim，State *ps）之间的链接，或传递信息与状态。State 结构功能是传输信息与生成模型。Run（）函数的功能是在非线性模型中传递模型的内部状态。

（5）状态指示：该成员变量有 16 位，能够代表 15 种不同的状态，其功能是记录成员变量的当前状态，并为其分配特定的成员变量位。

（6）头文件和源文件：头文件（.h）和源文件（.cpp）是 C++语言中两种文件类型，头文件（.h）作为程序与函数库之间的桥梁和纽带，包含了数据接口声明、功能函数，源文件是 C++中程序具体的实现代码。

5.1.2　编译环境的设置

用户自定义的本构模型在 FLAC3D 软件中的开发需要在 Microsoft Visual C++中进行相关程序的编译，编译环境的设置步骤如下。

（1）用 Microsoft Visual C++6.0 打开 FLAC3D 软件所提供的 udm.sln 文件。

（2）在 Microsoft Visual C++6.0 界面的资源管理器中添加所需的文件。

（3）设置编译环境为 win32，release。

（4）修改.dll 的输出文件名。

（5）采用 vcmodels.lib 替换 vcmodels32.lib。

（6）生成解决方案之后，将生成的 . dll 复制到 FLAC3D 软件模型所在的文件夹中。

5. 1. 3 DNBVP 模型程序开发流程

FLAC3D 软件自带有创建用户自定义二次开发模型的示例，该示例文件位于电脑系统盘 \ Program Files \ shared \ itasca \ shared \ models \ UDM 文件夹中，文件夹中各文件功能如图 5-4 所示，UDM 文件夹中各文件功能见表 5-1。

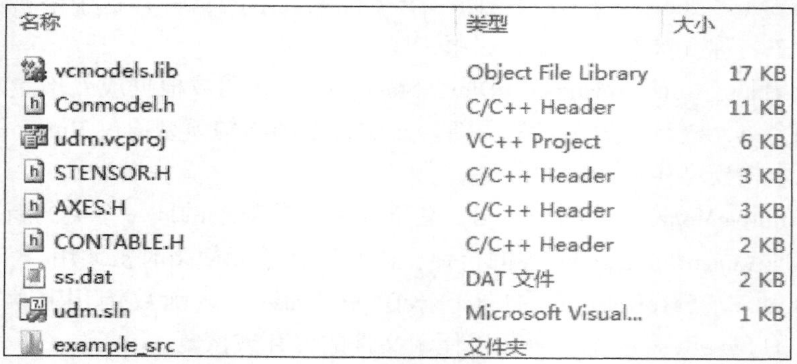

名称	类型	大小
vcmodels.lib	Object File Library	17 KB
Conmodel.h	C/C++ Header	11 KB
udm.vcproj	VC++ Project	6 KB
STENSOR.H	C/C++ Header	3 KB
AXES.H	C/C++ Header	3 KB
CONTABLE.H	C/C++ Header	2 KB
ss.dat	DAT 文件	2 KB
udm.sln	Microsoft Visual...	1 KB
example_src	文件夹	

图 5-4　UDM 文件内容

表 5-1　UDM 文件功能

文件名	功能
vcmodels. lib	自定义本构模型的库文件
Conmodel. h	包含于本构模型通信的结构体
udm. vcproj	自定义本构模型的工程文件
STENSOR. H	张量的头文件
AXES. H	坐标系的头文件
CONTABLE. H	类定义模型的接口文件
ss. dat	UseSoft 模型的应用示例
udm. sln	自定义本构模型解决方案文件
example_ src	包含基于 Mohr-Coulomb 模型的 UseSoft 模型，文件和基于软化模型的 UseSoft 模型文件

打开 UDM 文件中的 udm. sln 文件完成格式转换后，可在解决方案浏览器窗口看到解决方案文件和项目文件，如图 5-5 所示。

使用 UDM 文件中的项目文件（udm. vcproj）可以创建用户自定义的本构模型，将其 udm. vcproj 改名为 useDNBVP. vcproj。在解决方案浏览器中，useDNBVP

图 5-5　解决方案资源管理器窗口

项目属性选项上修改输出文件名目录为 Release/useDNBVP. dll，就可在工作目录文件 Release 中产生一个名为 useDNBVP. dll 的动态链接库文件，如图 5-6 所示。

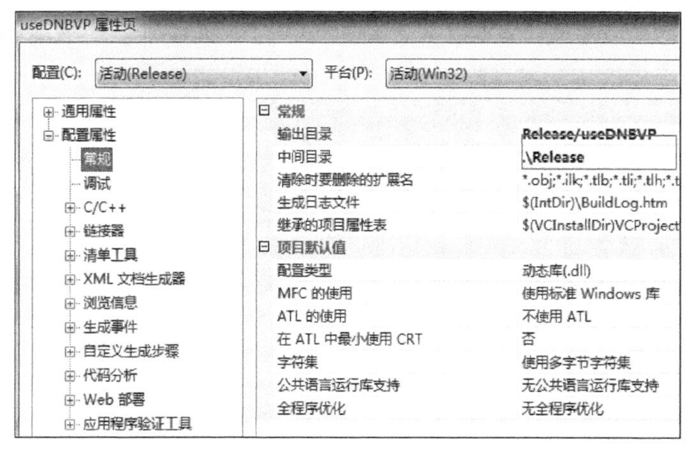

图 5-6　修改输出文件名

自定义本构模型在 Microsoft Visual C++平台中的主要工作是修改头文件（. h 文件）、源文件（. cpp 文件）和生成动态链接库文件 . dll。在项目中添加用户自定义的源文件和头文件之后就可以进行修改头文件（. h 文件）、源文件（. cpp 文件）的操作，FLAC3D 软件中本构模型开发所需要的头文件（. h 文件）、源文件（. cpp 文件）主要功能见表 5-2。

表 5-2　FLAC3D 中头文件（. h 文件）和源文件（. cpp 文件）的功能

名称	功能
AXES. h	声明一个与坐标轴变换有关的数据类型 Axes 和相关函数
CONMODEL. h	声明与本构模型交换数据的变量数据类型 State 保存结果的数据类型 ModelSaveObject 和本构模型基类 ConstitutiveModel
CONTABLE. h	声明一个 ConTableList 类，用来存储模型单元或节点 ID 号
STENSOR. h	声明存储对张量 Stensor 的类
USERMODEL. h	声明用户自定义本构模型派生类
USERMODEL. cpp	实现用户自定义本构模型中的应变增量获取应力增量

1. 修改头文件（. h 文件）

在头文件中主要对自定义本构模型的派生类进行声明，以及修改模型、名称、版本、派生类的私有成员等。

将头文件（. h 文件）命名为 useDNBVP. h，其定义了名为“useDNBVPModel”的一个类，该类的基类为“ConstitutiveModel”。该类是从基类衍生出来的，其为实际的本构模型提供框架。基类声明了诸多虚有的成员函数。

useDNBVP. h 头文件的公共部分包含类的注册、虚函数和编号等信息。在头文件 useDNBVP. h 中进行新模型类的声明时，要注意修改模型的编号（避免自定义的本构模型与 FLAC3D 软件已有的本构模型编号重复，编号应大于 100）。

自定义本构模型的头文件 useDNBVP. h 中定义的私有变量分为：①自定义本构模型中所具有的特征参数，如剪切模量、黏滞系数、体积模量等；②为了方便编程临时所定义的符号。

头文件 useDNBVP. h 中还包含 const char* Keyword（）函数、const char* Name（）函数、const char** Properties（）函数、const char *States（）函数，其功能在 5. 3. 1 小节已做介绍。

2. 编写源文件（. cpp 文件）

在源文件（. cpp 文件）中主要按照自定义本构模型的应力差分更新公式进行程序的编译。

源文件主要进行以下几个方面的修改：①将模型结构修改为 userDNBVPModel（bool bRegister）：ConstitutiveModel（mn userDNBVPModel，bRegister），该空函数的主要功能是为头文件 useDNBVP. h 中定义的私有成员赋予初值 0；②修改 ProPerties（）函数的名称字符串，以便于在 FLAC3D 软件计算命令流中对自定义模型的参数进行赋值；③修改 GetProPerty（）和 SetProperty（）函数，以便对模型的参数进行赋值；④修改 Initialize（）函数，对执行参数和状态指示器进行初始化；⑤Run（）是整个自定义本构模型编译过程中最主要的函数，在 FLAC3D 软件计算时每个网格单元均要调动此函数，以便于根据应变增量计算新的应力增量，从而得到新的应力状态，即根据应变增量更新应力增量。

将 VC++中写好的 useDNBVP. h 头文件和源文件（. cpp 文件）编译生成动态连接库文件（useDNBVP. dll 文件）。将 useDNBVP. dll 文件拷贝到 FLAC3D 安装

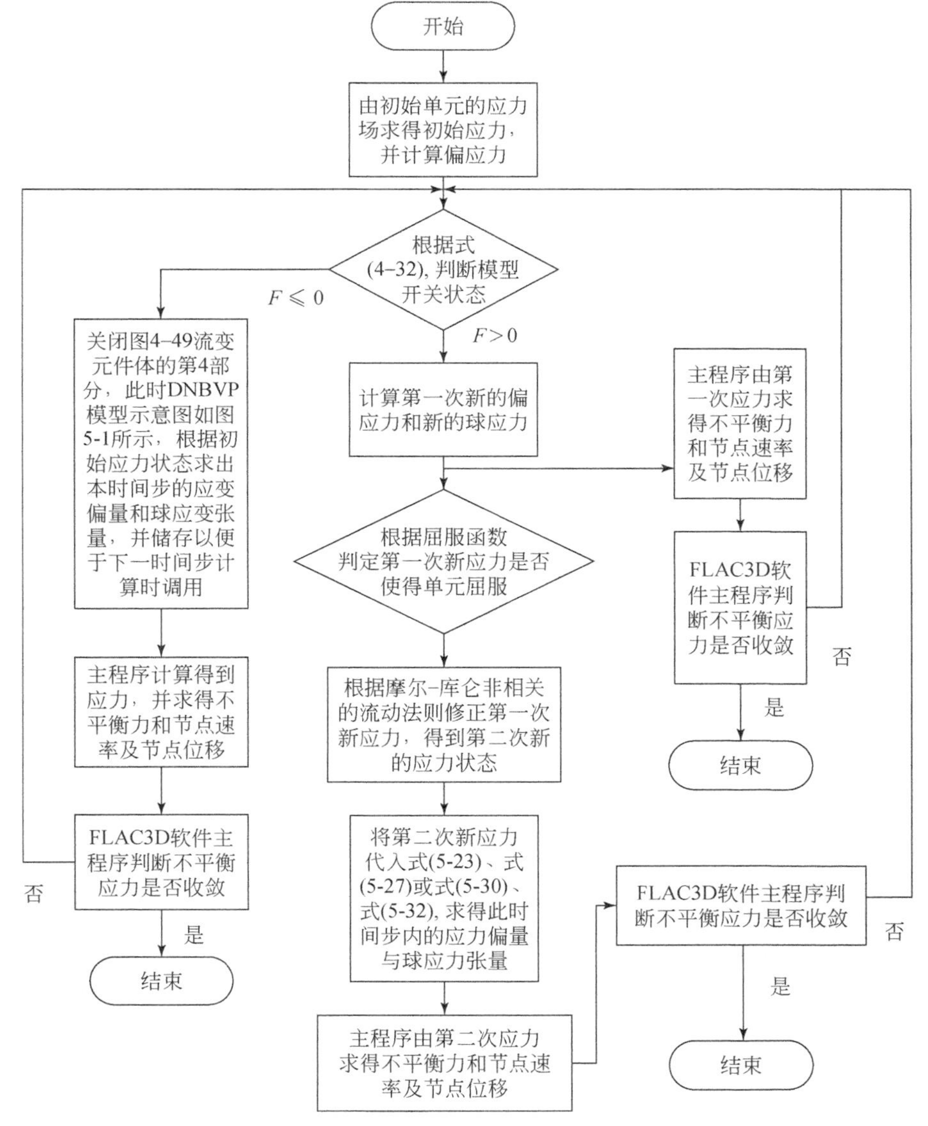

图 5-7　DNBVP 模型的二次开发流程图

目录下，就完成了自定义本构模型的二次开发。在调用自定义本构模型——DNBVP 模型时需要在 FLAC3D 软件计算命令流中加入：

```
Config cppudm
Model load useDNBVP. dll
Model DNBVP
```

即可完成 DNBVP 模型的调用。

DNBVP 模型的二次开发流程图见图 5-7。

5.2 DNBVP 模型算例验证

本书采用三轴流变数值试验来验证开发的 DNBVP 模型的正确性。计算模型的尺寸为 50mm×100mm（直径×长度），共划分 12800 个单元，13461 个节点。模型边界采用底部 Y 方向全约束，顶部施加轴向荷载，围压保持 4MPa，模型如图 5-8 所示。

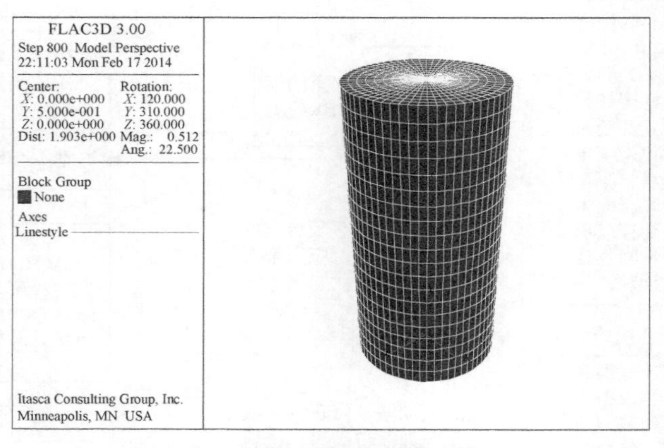

图 5-8 三轴流变试验数值计算模型

5.2.1 流变二次开发模型黏弹性部分程序验证

为了验证 DNBVP 模型数值程序的正确性，基于一个三轴压缩流变数值试验的算例，对本书所提出的岩石流变模型进行计算验证，采用 FLAC3D 软件中自带的 Burgers 模型与本书的 userDNBVP 数值开发程序进行流变数值比较分析，以验证考虑饱水-失水循环劣化作用下的岩石损伤流变本构模型黏弹性部分程序的正确性。

将 userDNBVP 数值开发程序参数中塑性部分参数 η_3 取无穷大，相当于关闭图 4-49 中的第 4 部分，则 userDNBVP 模型计算过程中数值试验岩样将不会达到塑性状态，就可有针对性地分析 userDNBVP 模型黏弹性部分的特性。

保持围压 4MPa，并对模型顶部施加 25MPa 的轴向荷载；模型计算模型参数采用饱水-失水循环 15 次后砂岩的流变试验参数：$G_1 = 47.89\text{GPa}$，$G_2 = 3.78\text{GPa}$，$\eta_1 = 7.23\text{e}+4\text{GPa}\cdot\text{h}$，$\eta_2 = 1.81\text{GPa}\cdot\text{h}$，$\eta_3 \to \infty$，饱水失水循环次数设置 n 为 15。

$D_1(n) = -96.67 \times \exp(-n/9.63) + 97.51$，$D_2(n) = -88.29 \times \exp(-n/9.34) + 88.98$，$D_3(n) = -89.78 \times \exp(-n/9.13) + 88.67$，$D_4(n) = -76.86 \times \exp(-n/10.07) + 79.27$。对岩样顶端单元节点（0，0.1，0）的流变时间和流变位移进行监测并记录数据。

采用两种本构模型进行岩样模型数值计算，计算时间设置为 80h，计算结束后轴向位移云图如图 5-9 和图 5-10 所示，由图 5-9 和图 5-10 可知，岩样的轴向（Y 方向）位移均为顶端较大，越向底端轴向位移的值越趋近于 0，岩样流变模型采用 Burgers 模型的轴向最大位移为 0.8857mm，岩样流变模型采用 userDNBVP 模型的轴向最大位移为 0.8889mm，两者的位移差值很小。

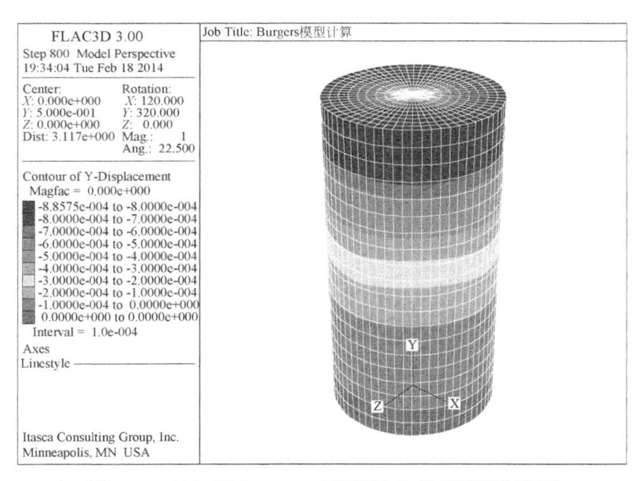

图 5-9　80h 后 Burgers 模型轴向位移等值线图

如图 5-11 所示的流变曲线，两种模型计算的结果总体上一致，且流变曲线持续一段时间后出现稳定流变阶段，这与室内试验结果比较一致，采用两种流变模型数值试验计算得到的最大值轴向位移值都在 0.88mm 左右，表明本书所编译的 userDNBVP 模型程序在进行黏弹性数值分析时是可靠的。

5.2.2　流变二次开发模型黏塑性部分程序验证

采用 FLAC3D 软件中自带的 Cvisc 模型与本书二次开发的 userDNBVP 模型进行对比分析，两种本构模型的对照示意图如图 5-12 所示，Cvisc 模型无法正确描述岩石的黏塑性变形，而 DNBVP 模型中的黏塑性特征主要由图 5-12 中的非线性

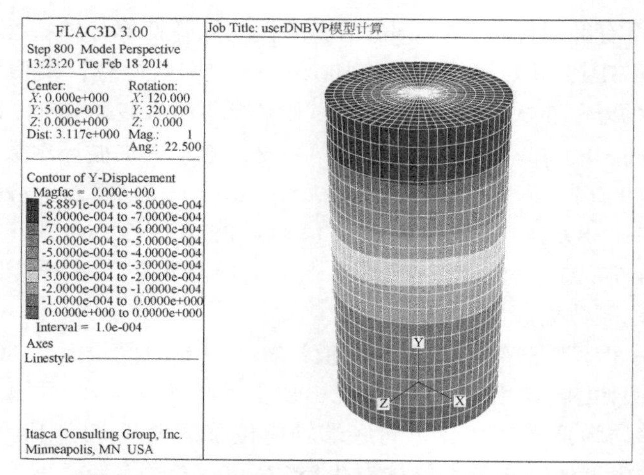

图 5-10　80h 后 DNBVP 模型轴向位移等值线图

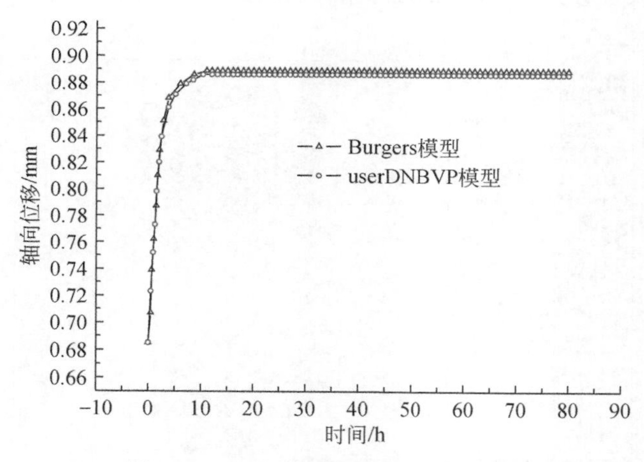

图 5-11　两种模型的流变曲线对比图

黏滞系数来反映。

采用图 5-8 中的岩样三轴流变试验数值计算模型，对岩样分别施加 15MPa、25MPa、30MPa 和 35MPa 四级的轴向荷载，模型计算模型参数采用饱水–失水循环 15 次后砂岩的流变试验参数，Cvisc 模型数值计算参数取 $G_1=47.89\text{GPa}$，$G_2=3.78\text{GPa}$，$\eta_1=7.23\text{e}+4\text{GPa}\cdot\text{h}$，$\eta_2=1.81\text{GPa}\cdot\text{h}$，$c=8\text{MPa}$，$\varphi=40°$。DNBVP 模型计算模型参数采用 $G_1=47.89\text{GPa}$，$G_2=3.78\text{GPa}$，$\eta_1=7.23\text{e}+4\text{GPa}\cdot\text{h}$，$\eta_2=1.81\text{GPa}\cdot\text{h}$，$\eta_3=6.898\text{e}+4\text{GPa}\cdot\text{h}$，$m=0.4621$，饱水失水循环次数设置 n 为 15。

对岩样顶端单元节点（0，0.1，0）的流变时间和流变位移进行监测，并记录数据。采用两种本构模型进行岩样模型数值计算，每级荷载的计算时间设置为 80h，计算结束后轴向位移与时间的流变曲线如图 5-13 所示。

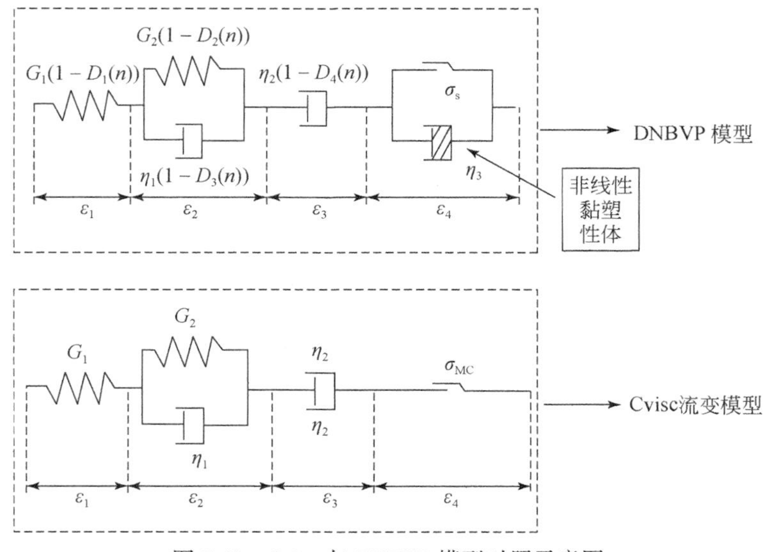

图 5-12　Cvisc 与 DNBVP 模型对照示意图

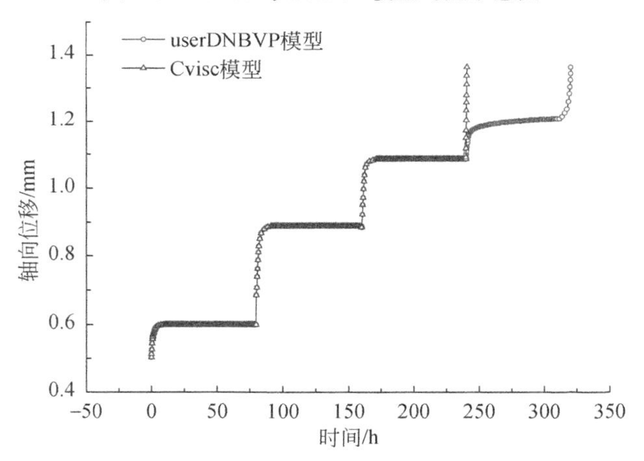

图 5-13　流变曲线验证对照图

从图 5-13 中可以看出，在不同的轴向荷载作用下，流变曲线具有不同的特征：15MPa 时，流变现象不是很明显，此过程 userDNBVP 模型和 FLAC3D 软件中自带的 Cvisc 模型的计算曲线相同；25MPa、30MPa 时流变曲线具有瞬时流变、减速流变、稳定流变 3 个阶段，此过程 userDNBVP 模型和 FLAC3D 软件中自带的 Cvisc 模型的计算曲线也相同；30MPa 时，本书编译的 userDNBVP 模型计算曲线具有瞬时流变、减速流变、稳定流变、加速流变 4 个阶段，而 FLAC3D 软件中自带的 Cvisc 模型计算的流变曲线，因岩石进入塑性变形阶段，变形急速增大，Cvisc 模型不能合理反映或描述此过程中岩石的黏塑性所造成的稳定流变、加速流变阶段。

因此，本书所编译的 userDNBVP 模型可以合理地描述岩样的黏塑性变形特征，证明 userDNBVP 模型黏塑性部分是合理、正确的。

5.2.3 流变二次开发模型饱水-失水循环劣化损伤部分程序验证

考虑岩石饱水-失水循环次数 n 损伤的 DNBVP 模型损伤部分程序验证依然采用图 5-8 中的三轴流变试验数值计算模型，模型边界条件不变，保持围压 4MPa，轴向荷载为 25MPa，模型计算参数为 $G_1=47.89\text{GPa}$，$G_2=3.78\text{GPa}$，$\eta_1=7.23\text{e}+4\text{GPa}\cdot\text{h}$，$\eta_2=1.81\text{GPa}\cdot\text{h}$，$\eta_3=6.898\text{e}+4\text{GPa}\cdot\text{h}$，$m=0.4621$。

饱水-失水循环次数 n 依次设置为 0、1、5、10、15、20。分别计算 6 种情况下岩样发生 80h 后的轴向位移，其计算结果如图 5-14 所示。

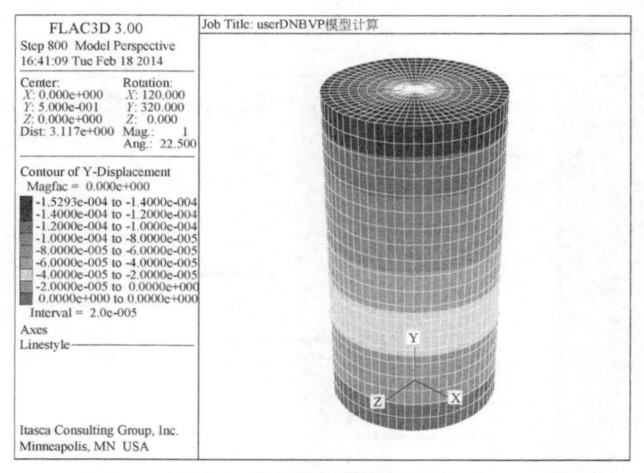

(a) 饱水-失水循环0次(饱水状态下)

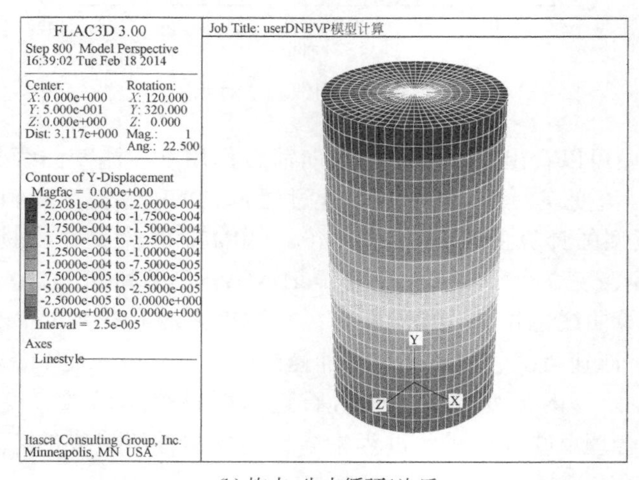

(b) 饱水-失水循环1次后

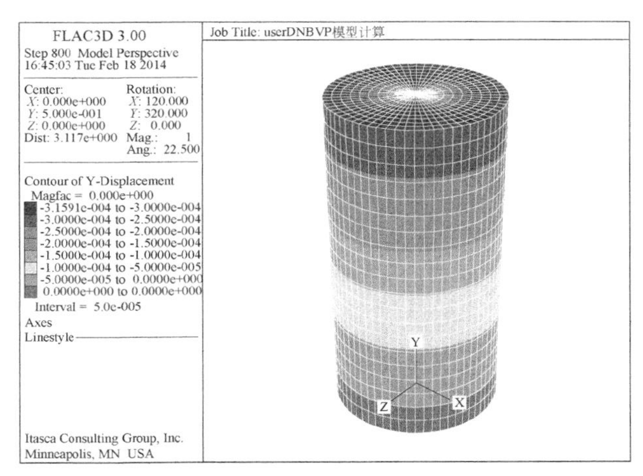

(c) 饱水–失水循环5次后

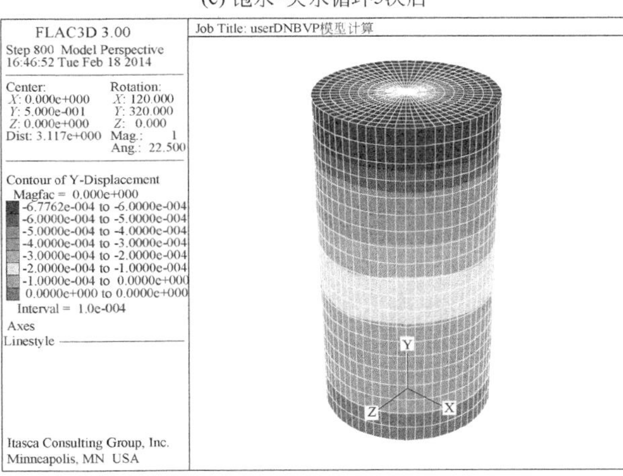

(d) 饱水–失水循环10次后

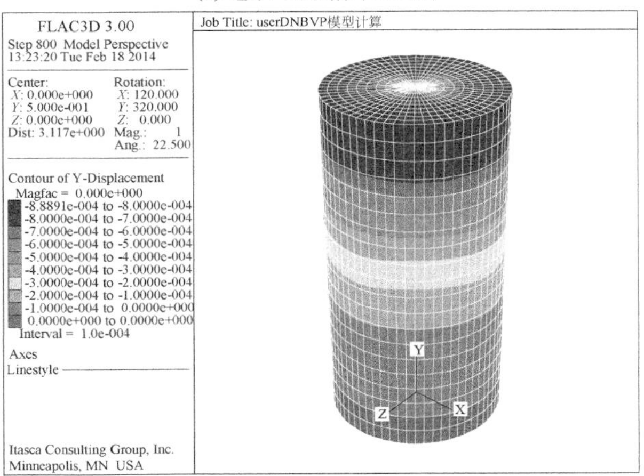

(e) 饱水–失水循环15次后

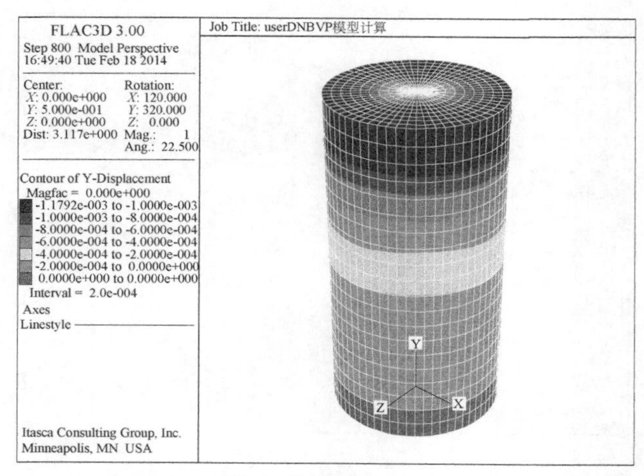

(f) 饱水–失水循环20次后

图 5-14　不同饱水–失水循环后轴向位移等值线图

饱水–失水循环次数 n 等于 0 时，轴向荷载施加 80h 后岩样顶端的轴向位移为 0. 1529mm；n 等于 1 时，轴向荷载施加 80h 后岩样顶端的轴向位移为 0. 2208mm；n 等于 5 时，轴向荷载施加 80h 后岩样顶端的轴向位移为 0. 3159mm；n 等于 10 时，轴向荷载施加 80h 后岩样顶端的轴向位移为 0. 6776mm；n 等于 15 时，轴向荷载施加 80h 后岩样顶端的轴向位移为 0. 8889mm；n 等于 20 时，轴向荷载施加 80h 后岩样顶端的轴向位移为 1. 1792mm。

对不同饱水–失水循环次数 n 取值后，对计算所得的岩样顶端轴向位移进行分析，如图 5-15 所示。由图 5-15 可以看出，随着饱水–失水循环次数 n 增大，轴

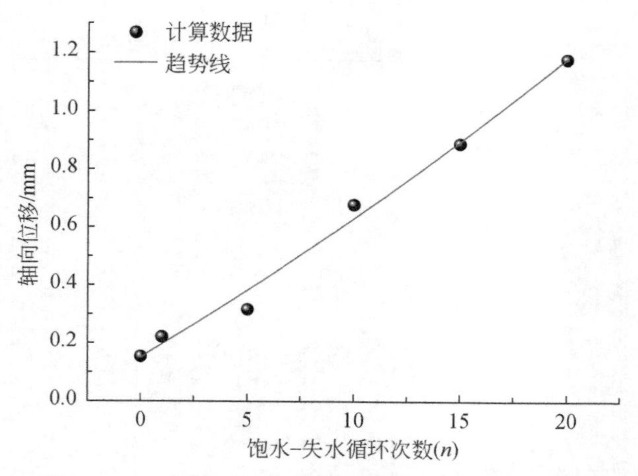

图 5-15　不同饱水–失水循环后轴向位移等值线图

向位移也增大，即损伤也增大，且其与图 2-22 中相应的试验数据较吻合，证明 DNBVP 模型是合理正确的。

5.3　本章小结

本书使用 VC++编程对“考虑岩石饱水–失水循环次数 n 损伤的 DNBVP 模型”进行了基于 FLAC3D 软件的二次开发，得到了以下结论。

（1）FLAC3D 软件本构模型二次开发的核心是由所开发的本构模型方程，根据上一时间步内的应力、应变增量获取新的应力的过程。为了便于模型程序化，根据所建立的考虑岩石饱水–失水循环次数 n 损伤的 DNBVP 模型方程，详细推导获得了其二次开发所需的应力增量三维中心差分格式，根据 DNBVP 模型的应力增量差分表达式，采用 VC++编程，生成可调用的动态链接库（. dll），可以实现 DNBVP 流变模型在 FLAC3D 软件中的开发。

（2）采用 VC++编程进行新的本构模型二次开发的要点步序为：新本构模型基类函数、成员函数的定义，新本构模型注册与编号，新本构模型与 FLAC3D 之间的信息传递，新本构模型状态指示。自定义本构模型在 VC++平台中的主要工作是修改头文件（. h 文件）、源文件（. cpp 文件）和生成动态链接库文件 . dll。

（3）以三轴岩样的数值模型试验计算结果为基础：①采用 FLAC3D 软件中自带的 Burgers 模型与本书的二次开发的 userDNBVP 数值开发程序进行流变数值比较分析，结果表明本书所编译的 userDNBVP 模型程序在进行黏弹性数值分析时是可靠性的。②采用 FLAC3D 软件中自带的 Cvisc 模型与本书二次开发的 userDNBVP 模型进行对比分析，发现岩石进入塑性变形阶段后，变形急速增大，Cvisc 模型不能合理反映或描述此过程中岩石的黏塑性所造成的稳定流变、加速流变阶段，而本书所编译的 userDNBVP 模型可以合理地描述此过程中岩样的黏塑性变形特征，证明 userDNBVP 模型黏塑性部分是合理、正确的。③对不同饱水–失水循环次数 n 取值后，对计算所得的岩样顶端轴向位移进行分析，可以看出随着饱水–失水循环次数 n 增多，轴向位移也增大，即损伤也增大，且其与试验数据较吻合。以上三点证明了本书所建立的 DNBVP 模型是合理正确的。

第6章　渗透压与应力耦合作用下岩石流变机理研究

在岩石流变研究中，岩石所受的应力和应力持续的时间被视为影响岩石流变特性的两个因素。然而对于大型水利水电工程的库岸边坡而言，如长江三峡大坝水利工程、龙滩水电站水利工程等，它们不仅受到深部高地应力的作用，同时也受到高水位渗透压的长期作用。岩石包含许多由固体骨架、充填物、节理裂隙或微裂纹等组成的微小孔隙，当水流过岩石体中的这些微小孔隙时便形成了渗流，岩石体内部存在渗流及孔隙水压，使得岩体的力学性质变得复杂，与常规条件下的岩体力学性质存在显著的差异性，特别是在工程施工、渗透压和孔隙水压等耦合应力条件下，工程岩体的流变效应则更加明显。随着岩石流变理论的不断发展与创新，目前已有学者开始研究渗流作用对岩石流变特性的具体影响效应。但这方面的研究成果与文献资料较少，同时在试验方法与理论方面都有待于进一步完善。

因此，本章在渗透压和应力耦合作用下进行岩石流变试验，并在试验成果的基础上进一步开展流变时效规律和理论的研究，以期完善和丰富岩石流变理论，同时也对水利水电等领域的工程实践活动提供理论支持与参考。

6.1　取样位置与试验成果

6.1.1　岩石取样位置及其物质成分分析

本书以长江三峡大坝水利工程典型库岸边坡-马家沟滑坡岩体为例在渗透压与应力耦合作用下进行岩石流变试验，岩石试样来源于三峡库区马家沟滑坡内巴东组二段粉砂质泥岩（T^2b_2），属于三叠系地层，岩石呈紫红色，薄层至块状构造。为开展室内岩石流变试验，现场采集库区消落带内有代表性的岩石若干块（图6-1），对岩石表面进行粗略加工后再进行包裹处理，将其放置在特制的木箱里，并采用具有缓冲作用的材料充填满木箱以保护岩块，最后将岩块运送至岩石加工厂。在采集和运输过程中尽量保证岩石不受人为破坏和扰动。

岩样加工的尺寸要求如下。

（1）岩样的尺寸标准为50mm×100mm（直径×长度），严格按照ISRM推荐的标准进行制备，如图6-2所示。

（2）沿试件高度，直径的误差不超过0.03cm。试件两端面不平行度误差，最大应不超过0.005cm。

图6-1　野外取样

图6-2　部分标准岩样

（3）端面应垂直于轴线，最大偏差不超过0.25°。

（4）岩样直径应沿着试件整个高度分别量测两端面和中点3个断面的直径，取其平均值作为试件直径；高度应在两端等距取三点量测试件的高，取其平均值作为试件的高，同时检验两端面的不平整度。尺寸测量均应精确到0.1mm。

（5）试件加工完成后，对表观上存在明显裂纹、条纹和层理等缺陷的试件进行剔除处理，然后对剔除后剩余的试件进行编号，并进行声波测试，挑选出均匀性一致的试件为后续试验做准备。

三叠系粉砂质泥岩为干旱条件下形成的内陆湖相沉积的碎屑岩，岩层形成时代较晚，成岩程度不高，失水易收缩开裂，遇水则膨胀湿化崩解。在Quanta200型环境扫描电子显微镜下进行粉砂质泥岩的成分检测试验。将制备好的样品放入真空观测室后可通过调节电镜放大倍数来对粉砂质泥岩进行微观观察（图6-3），然后在具有代表性的关键点位置通过“能谱分析”来获取岩石物质成分含量。

由图6-3可知，粉砂质泥岩的主要物质成分为SiO_2、MgO，以及活动性较弱的Al_2O_3、Fe_2O_3。经半定性和半定量分析可知，粉砂质泥岩主要包含以下矿物成分：石英（SiO_2）、高岭石（$Al_4[Si_4O_{10}](OH)_8$）、云母（$KAl_2(AlSi_3O_{10})(OH)_2$）、褐铁矿及铁质（$Fe_2O_3$）。岩石的力学性质不仅受到组成矿物成分的影响，同时也受到颗粒大小和胶结情况的影响。通常，泥质胶结的强度最低，遇水湿化崩解。由图6-3可见，饱水状态的粉砂质泥岩的观察面出现较多的微裂纹、微裂隙和孔洞。

6.1.2　岩石三轴压缩试验

岩石三轴压缩试验所使用的仪器为英国INSTRON公司制造的全数字电液伺服控制刚性试验机INSTRON 1346（图2-15），按照第2章中2.6节的试验步骤进

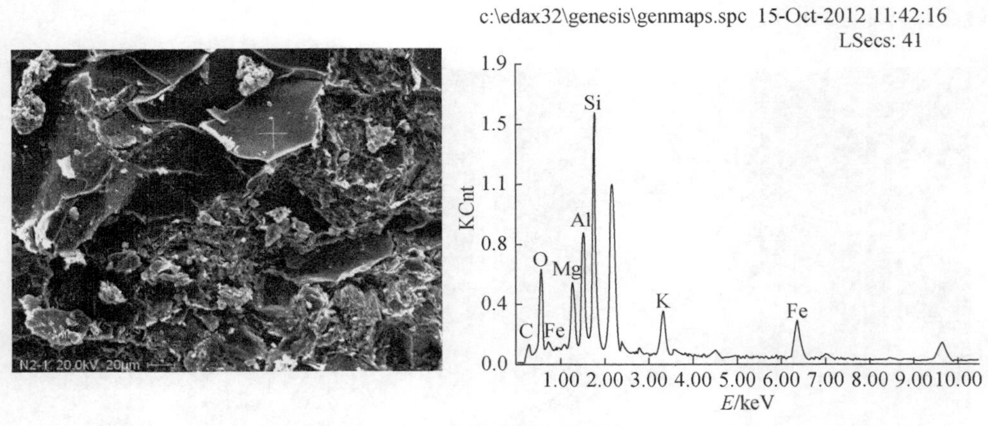

图 6-3　粉砂质泥岩能谱分析

行粉砂质泥岩三轴压缩试验，试件破坏前后如图 6-4 和图 6-5 所示。

图 6-4　岩石三轴压缩试验试样破坏前

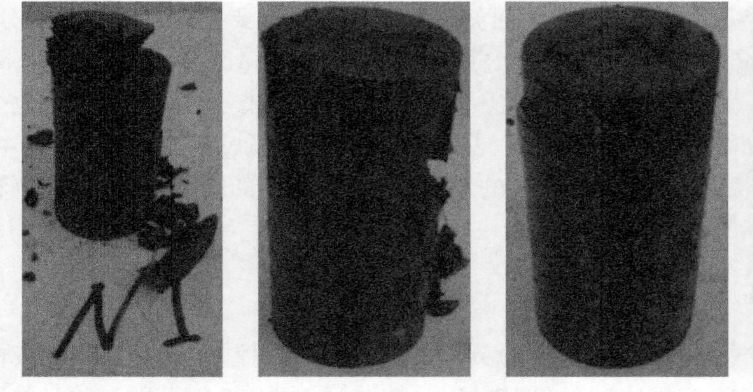

图 6-5　岩石三轴压缩试验试样破坏后

图6-4中，在粉砂质泥岩进行三轴岩石试验前，沿每块岩样轴向绘制了一条竖直的直线，目的是判断粉砂质泥岩发生三轴压缩破坏后产生的破裂面与所绘直线之间的夹角大小。由图6-5可见，N1#岩样在围压4MPa下的破裂面与直线的夹角几乎为零，属于脆性破裂类型；N2#、N3#岩样分别在围压6MPa、8MPa条件下的破裂面与直线夹角近似为45°，属于过渡型破裂类型；N4#岩样在围压2MPa下的破裂面与直线的夹角与N1#情况相似，也属于脆性破裂类型。可见，对于同一岩性的岩石试件的三轴压缩试验而言，其破裂类型因受到实际试验情况的影响而非完全相同，在所受围压较小时，粉砂质泥岩发生脆性破坏，在所受围压较大时，则会发生过渡型破裂。

通过粉砂质泥岩三轴压缩试验得到的试验结果见表6-1。

表6-1　粉砂质泥岩三轴压缩试验结果

岩性	编号	σ_3/MPa	峰值压力/MPa	状态
粉砂质泥岩	N4#	2	26.2	饱和
	N1#	4	35.3	
	N2#	6	41.7	
	N3#	8	47.1	

基于表6-1中的粉砂质泥岩进行三轴压缩试验时的应力状态可绘制得到岩石三轴压缩的包络线，由包络线求得的粉砂质泥岩在三轴压缩条件下的黏滞力 C 为5.46MPa、内摩擦角 φ 为33.44°。

6.1.3　渗透压与应力耦合下的三轴流变试验

粉砂质泥岩三轴流变试验是在岩石全自动流变伺服仪实验系统（图2-19）上进行的。

试验方案严格参照《水利水电工程岩石试验规程》（SL 264—2001）进行设计，试验的目的是揭示与掌握粉砂质泥岩在渗透压与应力耦合作用下的流变变形规律、力学强度指标变化规律，以及渗透压对岩石流变的影响规律等。同时，考虑到流变试验时间长度问题，本书共进行了3块粉砂质泥岩的三轴流变试验。基于对比研究的原则，试验中设定N5#与N12#岩石试件所受围压均为4MPa，其中，N5#、N12#试件所受渗透压分别为1.2MPa和0MPa，设计目的是研究渗透压对粉砂质泥岩流变特性的影响；设定N5#与N18#试件所受渗透压均为1.2MPa，其中，N5#与N18#所受围压分别为4MPa和2MPa，设计目的是研究围压对粉砂质泥岩流变特性的影响规律。上述试验方案的具体设计内容见表6-2。同时，在参考饱和粉砂质泥岩常规三轴压缩强度的基础上，设计N5#、N12#、N18#所受每一级偏应力荷载大小见表6-3。

表 6-2　粉砂质泥岩三轴流变试验中围压与渗透压设计方案

岩性	编号	围压 σ_3/MPa	渗透压/MPa	含水状态
粉砂质泥岩	N5#	4.0	1.2	饱和
	N12#	4.0	0.0	
	N18#	2.0	1.2	

表 6-3　粉砂质泥岩三轴流变试验偏应力等级设计

岩样编号	偏应力等级					
	第一级	第二级	第三级	第四级	第五级	第六级
N5#	9.4	12.5	15.7	18.8	20.3	—
N12#	9.4	12.5	15.7	18.8	21.9	—
N18#	7.3	9.7	12.1	14.5	15.7	16.9

6.1.4　三轴流变试验成果

按照第 2 章 2.7.1 小节的操作步骤，对 N5#、N12#、N18#三块试件进行渗透压与应力耦合作用下的岩石三轴流变试验。试验后，三块粉砂质泥岩均发生了流变变形破坏，破坏类型如图 6-6 所示。通常，岩石破坏方式不仅受到岩石本身力学性质的影响，也在很大程度上受围压的控制，随着围压逐渐增大，岩石可从脆性劈裂破坏逐渐向塑性流动改变。由图 6-6 可知，N5#与 N12#试件在围压为 4MPa 条件下的流变破坏形式属于过渡型破坏，其破坏机制为剪破裂；N18#试件在围压为 2MPa 条件下的流变破坏形式属于脆性破坏，其破坏机制为张破裂，或以张为主的破裂。

(a)N5# (过渡型破裂)

(b)N12# (过渡型破裂)

(c)N18#(脆性破裂)

图 6-6　粉砂质泥岩三轴流变破坏类型

完成粉砂质泥岩三轴流变试验后，进行试验数据的相关处理，可绘制得到粉砂质泥岩三轴流变的应变–时间关系曲线，如图 6-7 所示。图中横轴为流变累积时间，纵轴为流变应变量，并分别绘制出了岩石三轴流变的轴向应变、环向应变、体积应变曲线，其中，轴向应变曲线上方的应力值表示每一级加载的偏应力值。

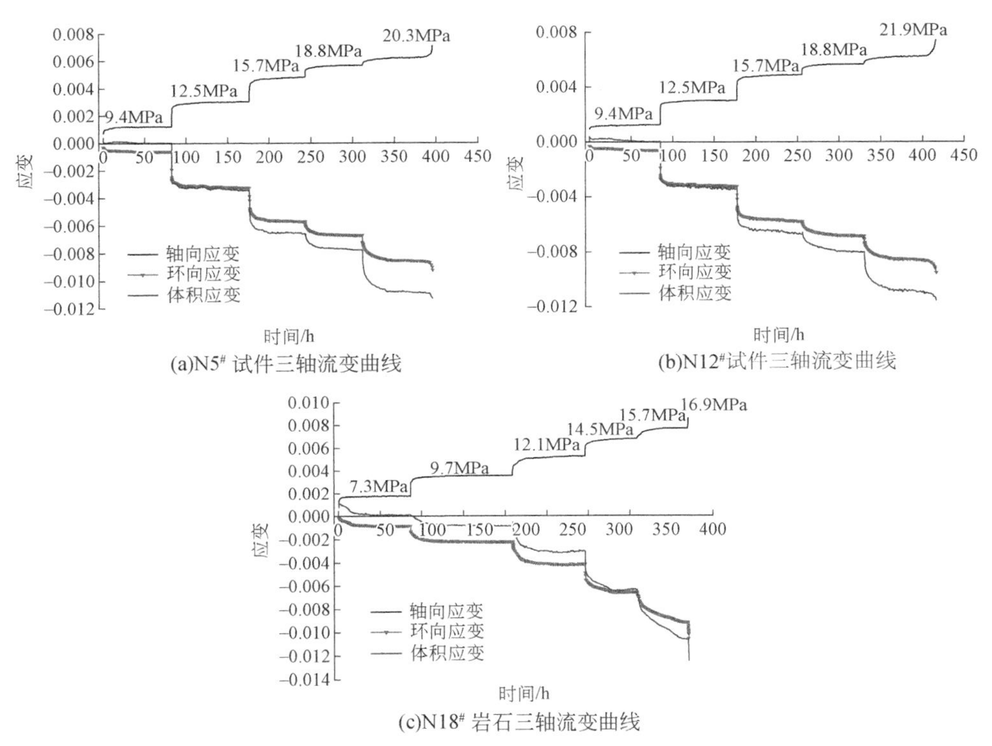

图 6-7　粉砂质泥岩三轴流变的应变–时间关系曲线

6.2　流变应变时效规律分析

在岩石流变试验中，渗透压对岩石的作用主要表现为，试验初期主要为孔隙水压作用，中后期为渗透压与孔隙水压共同作用。基于图 6-7 的试验成果，对粉砂质泥岩在渗透压与应力耦合作用下的流变应变时效规律、应变速率和岩石长期强度 3 个方面分别进行分析研究。

6.2.1　轴向应变规律

根据岩石三轴流变试验，在如图 6-7 所示的应变–时间关系曲线的基础上绘制得到了 N5#、N12#、N18#的轴向应变与时间的关系曲线图，如图 6-8 所示。

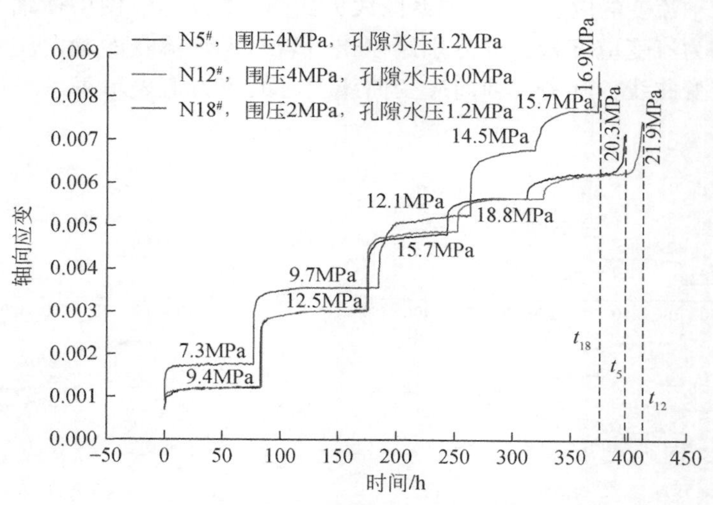

图 6-8　轴向应变–时间关系曲线

t_5、t_{12}、t_{18}分别为 N5#、N12#、N18#发生流变破坏的时间

由图 6-8 可知，三种不同试验条件下的粉砂质泥岩轴向流变曲线具有明显的相似性，都表现出了岩石流变的所有阶段：瞬时弹性变形阶段、初始流变阶段、稳态流变阶段和加速流变阶段。结合图 6-7 和图 6-8 可以发现，在各级偏应力作用瞬间，粉砂质泥岩产生了轴向瞬时弹性应变，从而证明粉砂质泥岩具有弹性变形的特性。进一步分析发现，各级偏应力作用下所产生的轴向瞬时弹性变形量并非相等。基于试验数据可得各级偏应力作用下所对应的轴向瞬时弹性应变量，见表 6-4。

表 6-4　粉砂质泥岩轴向瞬时弹性应变量

岩样编号	轴向瞬时弹性应变量/10^{-3}					
	第一级荷载	第二级荷载	第三级荷载	第四级荷载	第五级荷载	第六级荷载
N5#	0.985	0.820	0.800	0.110	0.100	—
N12#	0.899	0.790	0.600	0.130	0.070	—
N18#	0.997	0.900	0.620	0.520	0.070	0.010

基于表 6-4 中的数据可得粉砂质泥岩轴向瞬时弹性应变量与偏应力等级之间的关系曲线，如图 6-9 所示。由图 6-9 可见，粉砂质泥岩的轴向瞬时弹性应变量随着偏应力等级的增加而显著减少。换言之，三种不同试验条件下的粉砂质泥岩的轴向瞬时弹性应变量随着流变时间的积累而逐级耗尽，导致 3 个试件在各自最

后一级偏应力荷载作用下所产生的轴向瞬时弹性应变量仅为第一级偏应力作用下的 10.2%（N5#）、7.8%（N12#）、10.0%（N18#）；同时也可发现，试验过程中水压与围压对粉砂质泥岩三轴流变中的轴向瞬时弹性应变量并未存在规律性的影响。

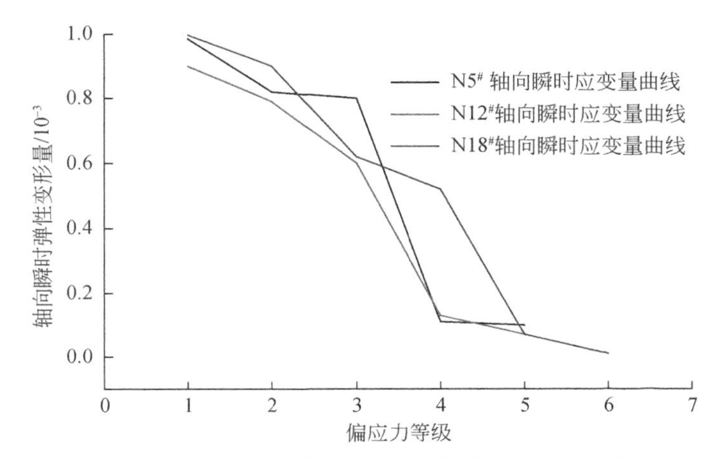

图 6-9　粉砂质泥岩轴向瞬时弹性应变量与偏应力等级之间的关系曲线

实际上，相对于岩石流变时间长度而言，岩石瞬时弹性应变在极为短暂的时间内便可完成。此后，岩石流变便进入到了减速流变阶段。岩石减速流变阶段最显著的特征是，流变量不断积累变大，而流变加速度则不断衰减，导致流变速率随流变时间不断变小。由图 6-8 可知，除 N18#试件在最后一级偏应力（16.9MPa）作用下所对应的轴向应变曲线外，N5#、N12#、N18# 3 个试件在每一级偏应力作用下都经历了明显的减速流变阶段，且减速流变阶段一般会占到各级流变时长的 5%～20%。在岩石经历完减速流变之后，便立即进入到一个占时较长的稳态流变阶段，该阶段的一个显著特点是，流变加速度为 0，流变速率略大于或者等于 0 且保持恒定，流变应变量随时间持续积累或者保持不变。通常，在低偏应力条件下，岩石流变只会发生瞬时弹性变形、减速流变和稳态流变，因而稳态流变持续时间一般较长，约占到每级流变时长的 80%～90%。而在较高的偏应力作用下，也即所施加的偏应力大于试件发生流变破坏时所需的屈服应力值时，岩石流变在经历了前 3 个阶段后会进入到一个加速流变阶段，该阶段的明显特点是，加速度迅速变大，流变速率不断增大，从而使得流变量在短时间内得到大量的积累，并最终导致岩石试件发生流变破坏。

对比轴向应变曲线可发现，在围压都为 4MPa，N5#和 N12#所受水压分别为 1.2MPa 和 0MPa 的条件下，N5#和 N12#试件在流变初期且受到相同偏应力作用下发生的瞬时弹性变形、减速流变和稳态流变几乎相同，特别是在 9.48MPa 和

12.5MPa两级较低的偏应力条件下。而在偏应力15.7MPa和18.8MPa作用下，两者的流变曲线虽呈现出一定的相似性，但也表现出了一些差异性，如N5#相对于N12#所用的流变时长逐渐变小。对两者最后一级流变曲线进行分析发现，N5#在20.3MPa偏应力作用下发生流变破坏，而N12#发生流变破坏所对应的偏应力值为21.9MPa，两个偏应力相差1.6MPa。同时可以发现，N5#和N12#发生流变破坏的流变总时长分别为395.9h和411.4h，两者相差15.5h。由N5#和N12#试件的试验条件可知，两者围压所受围压相同而水压不同，因而造成了流变试验过程中结果的差异性。在流变试验初期，粉砂质泥岩内部绝大部分孔隙处于互相隔离的状态，同时又受到4MPa围压作用，因此，孔隙水会在岩石内部微裂纹上产生一个与轴向应变方向相反的抵抗作用，对延缓轴向应变起到了一定的作用，从而使得在N5#流变曲线在偏应力9.4MPa、12.5MPa、15.7MPa作用时的轴向应变量略等于或小于N12#的轴向应变量。而在流变试验后期，粉砂质泥岩受到较长时间的应力作用且所受偏应力逐渐加大后，其内部微裂隙逐渐开始扩展、连通，此时孔隙水压的存在可使岩石微裂隙的尖端形成一个附加拉应力，有利于增强岩石裂纹的扩展能力，同时孔隙水的存在对泥岩具有明显的软化作用，降低了泥岩的力学性质，增大了岩石的变形能力。因此，N5#发生流变破坏的时间比N12#缩短了15.5h。同时还可以发现，受1.2MPa水压作用的N5#试件从刚进入加速流变阶段到岩石发生流变破坏所经历的时间为10.9h，而不受水压作用的N12#试件完成上述过程用时为18.9h，前者为后者的57.7%。上述分析数据表明，渗透压的存在增强了粉砂质泥岩的流变变形能力而降低了其力学强度，使得粉砂质泥岩在流变变形破坏时具有了一定的脆性特征。

对于N5#和N18#试件而言，两者均受1.2MPa的水压作用，但前者所受围压为4MPa，后者所受围压为2MPa。由图6-8可见，在两个试件所受偏应力大小接近或相同时，N18#所对应的轴向应变量远大于N5#所对应的轴向应变量，见表6-5。表6-5中的数据显示，在低偏应力作用时，N18#与N5#的应变比为2.98，即N18#在9.7MPa偏应力作用下的应变量为N5#在9.4MPa偏应力作用下的2.98倍。然后，随着偏应力不断增大，两者的应变比值不断缩小。产生这种现象的原因之一是，在流变初期，所加载的偏应力远小于流变破坏屈服应力，岩石中的微裂隙并未得到扩展和贯通，孔隙水压对流变的影响远远小于围压对岩石流变的影响，围压越大，岩石抵抗轴向变形的能力则越强，反之则越弱。在流变后期，岩石中的裂隙、裂纹开始扩展、贯通，孔隙水压与渗透压开始发挥作用，其在裂纹尖端形成的拉应力开始产生力学效应，同时孔隙水也起到了很好的软化作用。因此，对比N5#、N12#、N18#所对应的3条轴向流变曲线就会发现，有水压作用的岩样发生流变破坏的时间相对于无水压作用的岩样有所缩短。在水压相同而围压不同的情况下，围压大小决定了流变时间的长短。围压越小，岩样在最后一级偏应力作用下发生流变破坏的时间越短，反之越长。N18#在 16. 9MPa 偏应力作用下从刚进入加速流变到发生变形破坏共历时 0. 84h，而 N5#试件在 20. 3MPa 偏应力作用下完成上述过程历时 10. 9h，两者相差高达 92. 2%，且两者最后一级偏应力差值为 3. 4MPa。

表 6-5　N5#和 N18#轴向应变对比

N5#		N18#		N18#/N5#
偏应力/MPa	轴向应变	偏应力/MPa	轴向应变	应变比
9. 4	0. 00120	9. 7	0. 00357	2. 98
12. 5	0. 00303	12. 1	0. 00525	1. 73
15. 7	0. 00482	15. 7	0. 00766	1. 59

综合上述可知，围压相同而渗透压不同时，在流变试验加载初期，水压的存在反而有利于抵抗岩样的轴向应变，因而使得该时期的轴向应变略小于无水压条件下的轴向应变；在流变试验加载后期，由于岩石中微裂纹、裂隙的扩展和贯通，渗透压的存在增大了岩石裂隙的扩展能力，同时弱化了岩石的力学强度，有利于岩石轴向变形。在渗透压相同而围压不同的情况下，水压对于岩石流变时效变形的影响如同前述一样，但是围压对岩石流变产生的影响远大于渗透压，起到了决定性作用。

6. 2. 2　环向应变规律

根据岩石三轴流变试验数据，绘制得到了 N5#、N12#、N18#的环向应变与时间的关系曲线图，如图 6-10 所示。

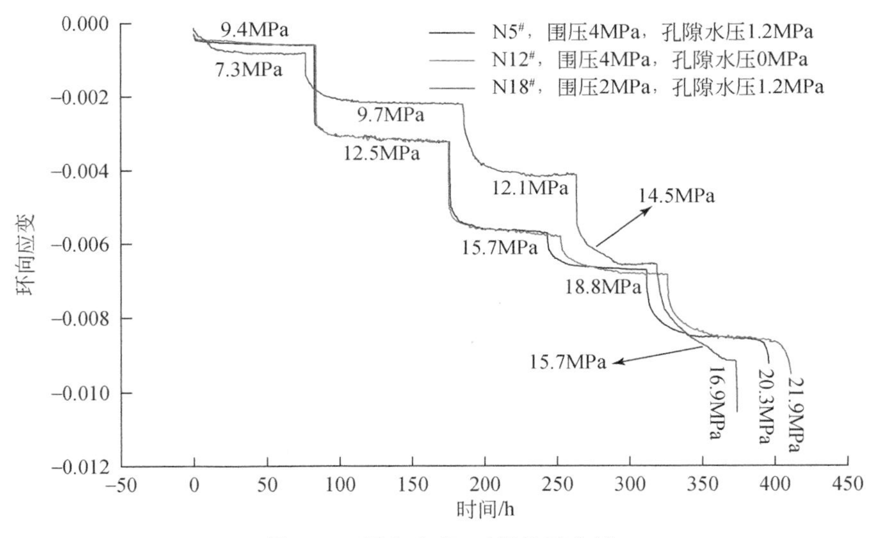

图 6-10　环向应变-时间关系曲线

由图6-10可知，粉砂质泥岩在三种不同试验情况下的环向应变曲线不仅具有相似性，也都具备了岩石流变所经历的4个阶段：瞬时弹性变形阶段、减速流变阶段、稳态流变阶段和加速流变阶段（胡斌等，2012，2013，2011）。由图6-10可知，在三种试验条件下，粉砂质泥岩在每一级轴向偏应力作用下，环向都产生了瞬时弹性变形，由此说明粉砂质泥岩的环向应变与轴向应变一样，也都具有弹性特征。对比环向应变曲线可知，各级偏应力作用下的环向瞬时弹性应变各不相同，但也存在一定的规律性。基于粉砂质泥岩的环向应变试验数据对其进行相应处理可得到表6-6所示的结果，根据表6-6中的数据可绘制得到3种不同试验条件下的粉砂质泥岩的环向瞬时弹性应变量，如图6-11所示。

表6-6　粉砂质泥岩环向瞬时弹性应变

岩样编号	弹性应变量/10^{-4}					
	第一级荷载	第二级荷载	第三级荷载	第四级荷载	第五级荷载	第六级荷载
N5#	2.78	13.16	6.20	3.50	1.30	—
N12#	2.77	13.11	6.20	4.70	2.00	—
N18#	3.27	14.73	14.20	7.60	2.30	0.10

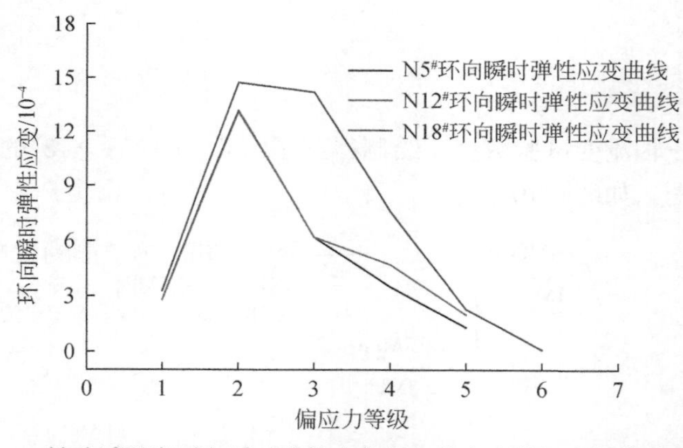

图6-11　粉砂质泥岩环向瞬时弹性应变量与偏应力等级之间的关系曲线

由图6-11可知，N5#、N12#、N18#的环向瞬时弹性应变量均呈现出先小后大再小的规律，分析认为，在第一级偏应力作用下，由于该级偏应力远小于岩石发生流变时的破坏应力，同时N5#、N12#、N18#均受围压作用，因此，在该级偏应力作用下发生的环向瞬时弹性变形较小。随着偏应力增大，岩石的环向弹性应变也越来越明显，并出现一个类似于“峰值”的环向瞬时弹性变形量。随后，粉砂质泥岩的环向瞬时弹性应变规律与其轴向瞬时弹性应变规律相似，即随着偏应力等级的增大，瞬时弹性应变量减少。图6-11中，N5#、N12#所受围压相同而水压不同，但两者在各级偏应力作用下的环向瞬时弹性变形较接近，说明水压对环向瞬时弹性变形并无实际性影响。对比 N5#和 N18#环向瞬时弹性应变曲线可得，在水压相同而围压不同时，围压越小，环向瞬时弹性应变量则越大。由表 6-6 可知，N5#岩样在偏应力为 9.4MPa、12.5MPa、15.7MPa 时所对应的环向瞬时弹性变形分别为 2.78×10^{-4}、13.16×10^{-4}、6.20×10^{-4}，N18#岩样在偏应力为 9.7MPa、12.1MPa、15.7MPa 时所对应的环向瞬时弹性变形分别为 14.73×10^{-4}、14.20×10^{-4}、2.30×10^{-4}。分析发现，在 N5#和 N18#所受偏应力值较为接近时，后者的环向瞬时弹性应变远高于前者的环向瞬时弹性应变。而对两者所施加的偏应力均为 15.7MPa 时，表现出相反的现象：围压小则环向瞬时弹性应变小。产生这种现象的主要原因在于，从整个流变试验过程来看，N18#在 15.7MPa 偏应力作用时，其变形已经进入到了流变试验的后期，环向弹性应变已在前面的流变试验过程中消耗了绝大部分，而 N5#在 15.7MPa 偏应力作用时，处于流变试验的中期，仍然具有较大的环向弹性变形能力，因此，出现了上述反常现象。

通常情况下，岩石三轴流变中环向应变与轴向应变存在极大的相似性。在经历了环向瞬时弹性变形后，岩样即进入到减速流变阶段，此时流变加速度逐渐衰减，导致流变速率随之减小。在流变加速度衰减到 0 时，岩石流变便进入到了一个新的阶段——稳态流变阶段。这个阶段的流变通常存在以下两类情况：①流变速率略大于 0 且保持恒定，此时流变量随时间而不断积累变大；②流变速率等于 0，流变量不随时间而增大，而是始终保持在一个恒定的数值。一般地，上述第①种情况较为常见，如图 6-10 中所绘制的 3 条环向流变曲线。从图 6-10 中可以发现，稳态流变阶段所对应的曲线并非完全光滑，存在变形量发生突变的现象。以 N12#为例，在偏应力为 12.5MPa 时发生了突变现象，如图 6-12 所示。在突变区段，环向应变发生较大幅度的波动，在经历了长达 14h 的自我调整之后，突变现象消失，环向应变曲线逐渐恢复到稳态流变阶段的相关特征。对于岩石流变试验而言，发生突变现象的重要原因之一是，岩石本身存在一定的缺陷（如微裂隙、微裂纹、层理）。在试验过程中，岩石缺陷处的强度相对较小，因而在外力作用下其变形也相对较大，所以出现变形大幅增大或减小的现象。但是，由于此类缺陷规模极小，对岩石流变变形起不到决定性的影响，同时岩石本身作为黏弹塑性材料，在变形过程中会进行变形协调和自我调整，从而使得突变现象在经历了一定的时间后能够得到恢复。在最后一级偏应力作用下，N5#、N12#、N18#的环向应变与其对应的轴向应变一样，均表现出加速流变现象，也即环向应变进入到加速流变阶段。岩石在该阶段的应变量能在短时间内迅速积累增大，致使岩石在环向出现流变变形破坏现象。

将 N5#、N12#的环向应变曲线进行对比分析可知，渗透压对环向应变的作用与轴向应变相同。在低应力条件下，渗透压对环向应变的影响并不明显，而在较

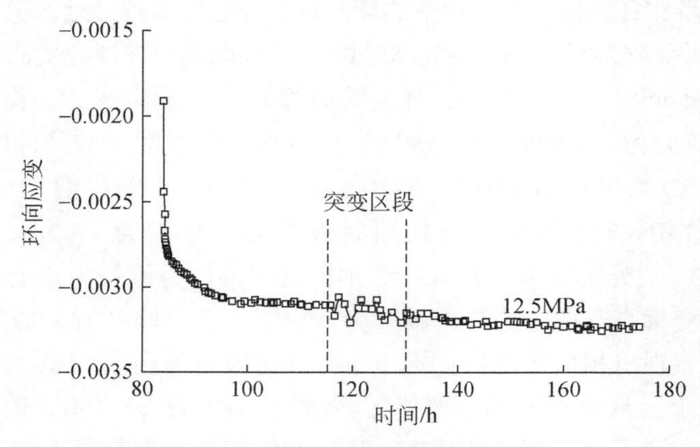

图 6-12　稳态流变阶段的突变现象

高应力或高应力条件下，渗透压在岩石裂缝尖端形成的附近拉应力及其对岩石本身力学性质的弱化作用开始发挥效力，使得 N5# 岩样在相对较低的偏应力(20.3MPa) 作用下便发生环向变形破坏，且破坏时间比 N12#的破坏时间有所提前，与两者在轴向应变方面所体现出来的规律一致。对比 N5#、N18#两者所受渗透压相同（1.2MPa）而围压不同，前者在偏应力为 9.4MPa、12.5MPa、15.7MPa 时所对应的环向应变分别为-0.000594、-0.00323、-0.00571，后者在偏应力为 9.7MPa、12.1MPa、15.7MPa 时所对应的环向应变分别为-0.00221、-0.00413、-0.00916。比较分析上述数据便可得出，在渗透压相同、所受偏应力大小相同或较为接近的情况下，围压越小则环向应变量越大。

综合上述分析可知，在围压相同而渗透压不同的情况下，N5#、N12#的环向应变量较为接近，仅在流变变形破坏的时间上存在差异性。在渗透压相同而围压不同的情况下，N5#、N18#的环向流变不仅在流变破坏时间上不同，而且在环向应变量上差别也较大，所以围压对岩石的环向流变的影响大于渗透压对其产生影响。

6.2.3　体积应变规律

在岩石三轴流变试验中，岩石的体积变化无法直接测量到。但可在试验中直接获得粉砂质泥岩三轴流变的轴向、环向应变数据，利用轴向与环向数据，再根据式（6-1）便可得到粉砂质泥岩三轴流变时的体积应变。

$$\theta = \varepsilon_x + \varepsilon_y + \varepsilon_z \tag{6-1}$$

式中，θ 为体积应变；ε_x为轴向应变；ε_y、ε_z为环向应变，并认为 $\varepsilon_y = \varepsilon_z$。

根据岩石三轴流变试验中的体积应变数据可绘制得到 N5#、N12#、N18#的体积应变与时间的关系曲线图，如图 6-13 所示。众所周知，弹性模量是描述物质弹性特征的一个物理量，包括杨氏模量、剪切模量、体积模量等。因而，对于岩土体材料而言同样存在体积瞬时弹性应变。从图 6-13 中的体积应变曲线也可以看出，在围压、偏应力和水压作用下，N5#、N12#、N18#都产生了一定的体积瞬时弹性变形。与轴向、环向的瞬时弹性应变相同，粉砂质泥岩在各级偏应力荷载下的体积弹性瞬时应变量也各不相同，且随着偏应力的增大而呈减小的趋势，这与粉砂质泥岩轴向和环向的瞬时弹性变形所表现出来的规律一致。对比图 6-12 与图 6-13 中的曲线可知，粉砂质泥岩体积流变曲线与环向流变曲线的变化规律具有极高的契合度，也即在岩石流变过程中，体积与环向在时空上的变形效应具有一致性的特点。

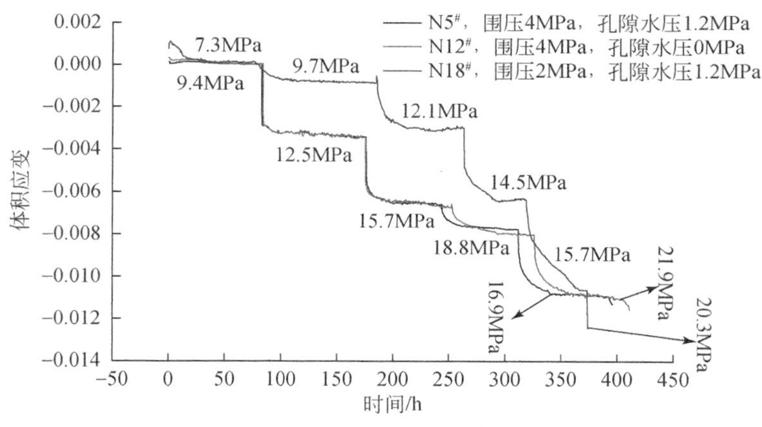

图 6-13　体积应变-时间关系曲线

对比图中 6-13 的 N5#、N12# 的流变曲线可知，在低偏应力 9.4MPa、12.5MPa、15.7MPa 作用下，两条曲线几乎重合。换言之，在低偏应力情况下，尽管 N5#受到 1.2MPa 水压作用，但 N5#、N12#的体积应变仍极为接近，也即在低偏应力及围压为 4MPa 的情况下，水压对粉砂质泥岩的体积流变变形并无明显的影响效果。而在偏应力逐渐增大、流变时间逐渐积累的过程中，N5#、N12#的流变曲线开始出现差异性。两者最显著的差异性体现在流变时间上，N5#进入到加速流变阶段的时间，以及岩石发生体积流变扩容破坏的时间都比 N12#进入相同阶段的时间要早得多，且前者发生流变变形破坏所需偏应力也小于后者，产生这种差别的原因主要与孔隙水压有关，在岩石流变后期，岩石内部微裂隙已较为发育，此时水压便可在裂隙尖端形成附加拉力值，有利于裂隙进一步扩展与贯通，从而使得岩石更容易发生体积扩容，更早地进入到岩石加速流变阶段和发生流变破坏。这与本章 6.2.2 小节中分析低偏应力条件下的水压对粉砂质泥岩的环向变形影响时的结论一致。

在水压相同、围压不同的情况下，N5#、N18#的体积流变变形规律与其轴向、环向流变变形基本一致。在偏应力相同或者差别不大时，N18#的体积应变略大于N5#。随着偏应力的增大，两者在应变量上的差别表现得更为明显。以偏应力15.7MPa为例，N5#、N18#试件在相同偏应力下的应变曲线如图6-14所示。由图6-14中的曲线发现，在15.7MPa偏应力作用下，N5#经过瞬时弹性应变、减速流变后进入到稳态流变阶段，曲线上出现一段比较平缓的线段，体积应变的积累也得到逐步放缓；而N18#则并未出现减速流变，反而在 ab 时间段内出现了一个"恒加速流变阶段"，此阶段内体积应变呈近似线性增长，体积应变得到迅速积累。从应变来看，可知N5#、N18#体积应变分别为-0.00660、-0.01066，后者为前者的1.62倍。但是，N18#试件并未发生变形破坏。相反，在经过一段时间调整后，N18#流变曲线也出现了一段较为平缓的线段，说明流变最终回归到了稳态流变阶段。结合图6-8和图6-10中轴向及环向应变与时间的关系曲线可知，N18#试件在偏应力15.7MPa条件下，轴向应变出现了减速流变阶段，且随后进入到稳态流变阶段，而环向应变则是出现了一个与图6-14中"恒加速流变阶段"相似的流变阶段，在经历一段时间后才出现稳态流变阶段。又由式（6-1）推测可知，N18#试件在体积应变中出现所谓的"恒加速流变阶段"主要是由环向应变引起的。也即N18#在流变过程中，其环向的某微小局部出现了恒加速变形的情况，导致环向应变曲线出现了"恒加速流变阶段"，进而引起其体积也出现了同样的流变状况。但因为是微小局部的快速变形，且轴向应变并未受到相关影响，所以在此时段并未发现试件变形破坏，而是在经历一段时间的调整后又重新回归到相应的流变阶段。

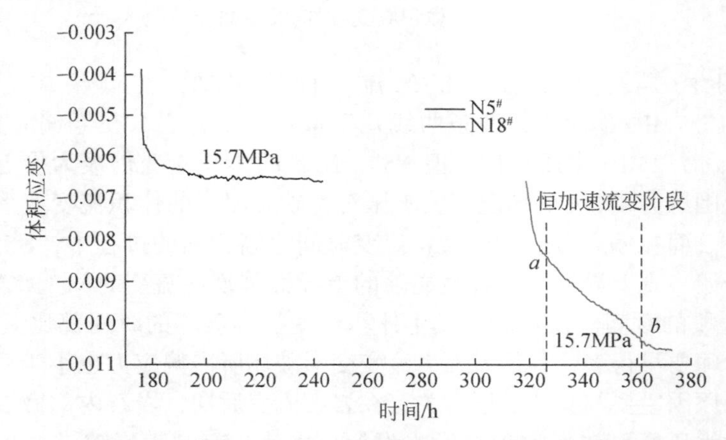

图6-14 偏应力15.7MPa时体积应变-时间关系曲线

综合以上分析发现，渗透压对粉砂质泥岩流变的影响主要发生在泥岩内部大量微裂隙、微裂纹开始发育后，此时在裂隙尖端形成的附近拉应力有利于泥岩的体积扩容，而在此之前的影响较小。由N5#和N18#体积应变曲线的对比分析可知，围压对流变的影响远大于水压，应变的大小和流变时间均与岩石所受的围压大小有密切的关联。结合轴向应变和环向应变时效特性分析还可以发现，岩石三轴流变中的轴向应变、环向应变和体积应变具有相同和相近的应变时效规律，同时三者的应变曲线也具有很高的契合度。

6.3　应变速率分析

岩石三轴流变试验中的应变速率反映了岩石的流变速率。岩石因受应力作用而产生应变效应，且随着应力增长与时间的推移，应变也会不断地发生变化。在计算岩石剪切流变速率时曾提到，通过计算岩石剪切流变曲线所对应的各个时刻的曲线斜率，即可得到“流变速率-时间”的关系曲线。通常，岩石三轴流变时的应变速率可分成以下两个情况来计算：①在低偏应力条件下，岩石流变只会经历初始流变阶段和稳态流变阶段。在初始流变阶段，应变速率随时间增长而快速衰减为零，或者接近零，随后进入到稳态流变阶段。在稳态流变阶段，应变速率一般为某个较为接近零的恒定数值。②在较高的偏应力条件下，岩石流变依次经历初始、稳态和加速流变 3 个典型流变阶段。其中，初始流变阶段的应变速率与低偏应力时的变化一致。稳态流变阶段的应变速率则有所不同，不同之处是在较高的偏应力条件下，稳态流变速率是一个大于零的常量。在稳态流变之后，岩石流变迅速进入到加速流变阶段，该阶段通常历时较短，最终岩石发生流变破坏。

根据以上分析的两种情况，将应变速率的研究内容分成两部分：一部分为岩石在低偏应力作用下未发生加速流变时的应变速率，称为“非加速应变速率”；另一部分为岩石在较高的偏应力条件下发生了加速流变的应变速率，称为“加速应变速率”。同时，考虑到岩石流变中体积应变主要由轴向应变和环向应变控制，因而只需要研究岩石轴向和环向的应变速率便可，体积应变速率则不再赘述。

6.3.1　非加速应变速率

考虑到获取符合流变曲线要求的方程较为困难，因此，也就不容易通过曲线方程对时间进行求导来得到该时刻的曲线斜率。为简便起见，本章借用“微分”思想，提出一种新的应变速率求解方法，称为“微分求解法”，具体方法为，将流变曲线划分为若干相等的微小分段，流变时间则被划分为若干相等的时段，如图 6-15 所示。

图 6-15 中，Δt_1、Δt_2、Δt_3、Δt_4、…、Δt_n 为相等的时间段，ε_1、ε_2、ε_3、ε_4、…、ε_n 为对应时间段内的应变差值。由于时间分段 Δt_a（$a=1,\ 2,\ 3,\ \cdots,\ n$）较小，且 Δt_a 为流变时间 t_{a+1} 与 t_a 的差值，因此，可认为 Δt_a 时段内流变曲线的斜率就是时刻“$t_a+\Delta t_a/2$”对应的应变速率，即 $\varepsilon_a/\Delta t_a$，利用“$t_a+\Delta t_a/2$”与

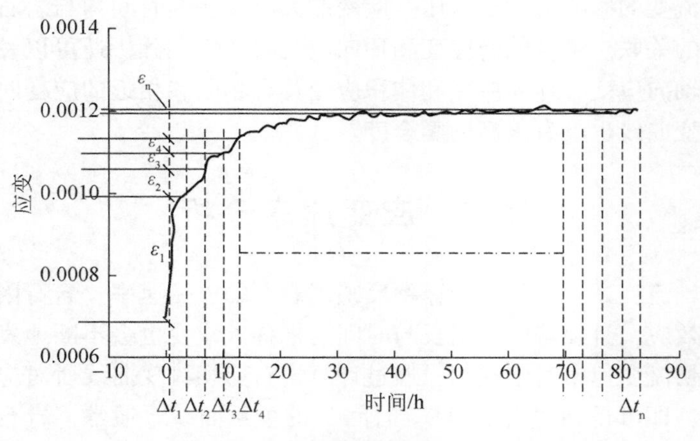

图 6-15　流变曲线微分示意图

“$\varepsilon_a/\Delta t_a$” 便可绘制出应变速率与时间的关系曲线图。

根据上述理论，以 N5#试件在第一级偏应力 9.4MPa 作用下的轴向和环向应变曲线为例，将其流变时间均分为 96 份，并求出每个时间分段 Δt 所对应的应变差值 ε，便可得到其应变速率数据。基于时间与应变速率数据，可绘制得到“应变速率-时间”的关系曲线，如图 6-16 所示。同理，按照上述方法也可得到 N5# 在其他低偏应力下的轴向与环向应变速率，如图 6-17 ~ 图 6-28 所示。

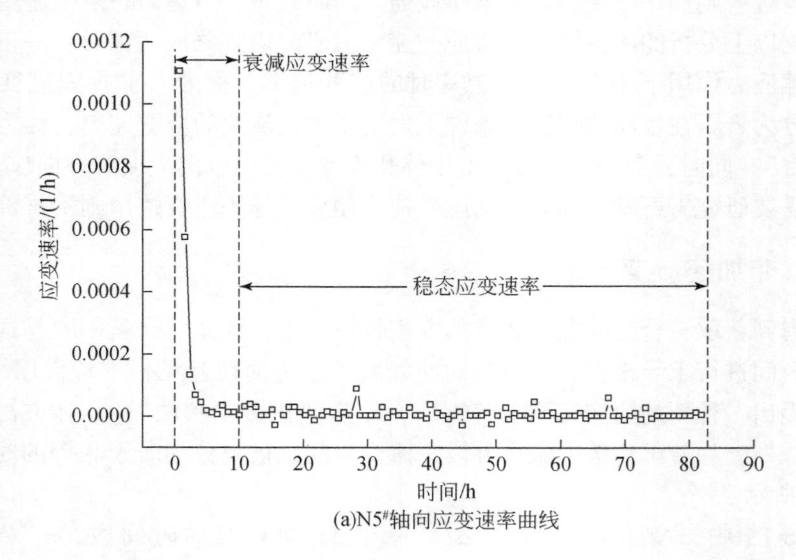

(a)N5#轴向应变速率曲线

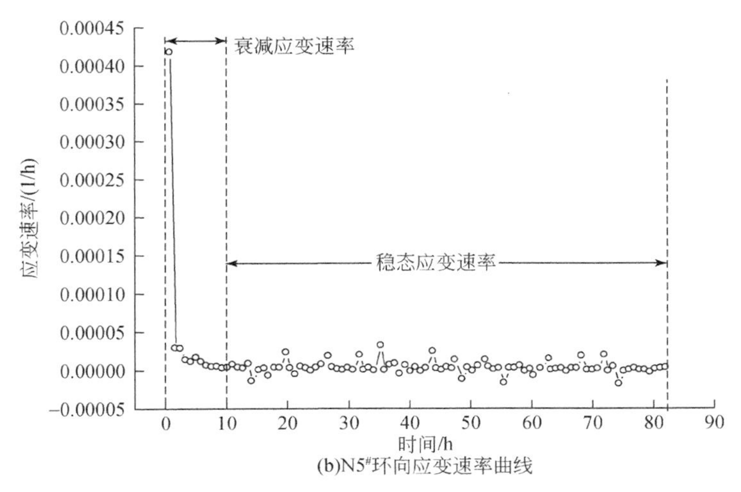

(b)N5#环向应变速率曲线

图6-16　9.4MPa，N5#轴向与环向非加速应变速率曲线

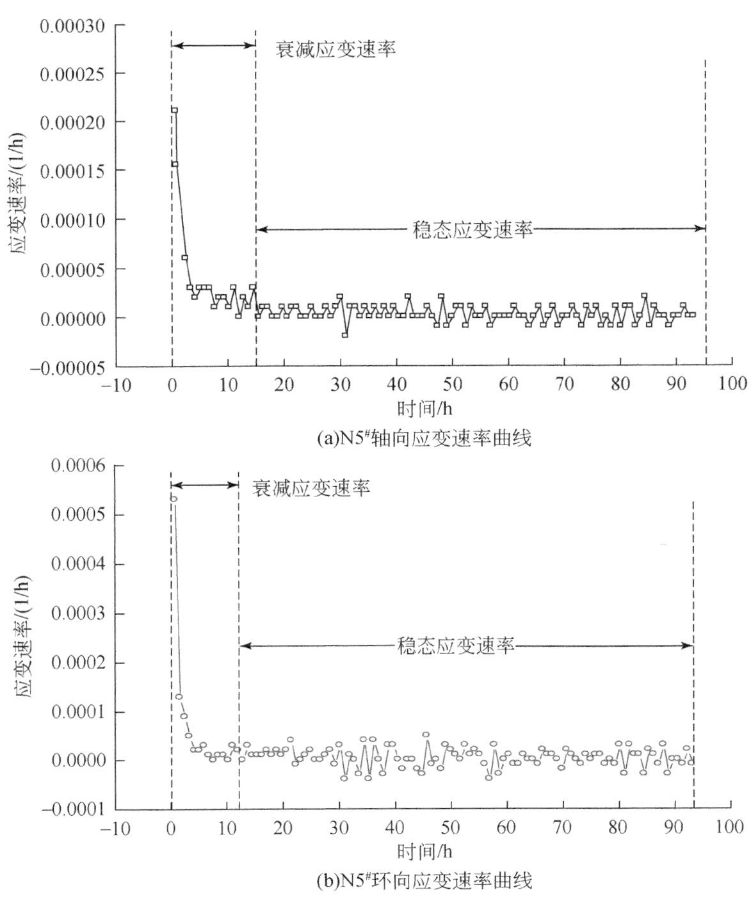

(b)N5#环向应变速率曲线

图6-17　12.5MPa，N5#轴向与环向非加速应变速率曲线

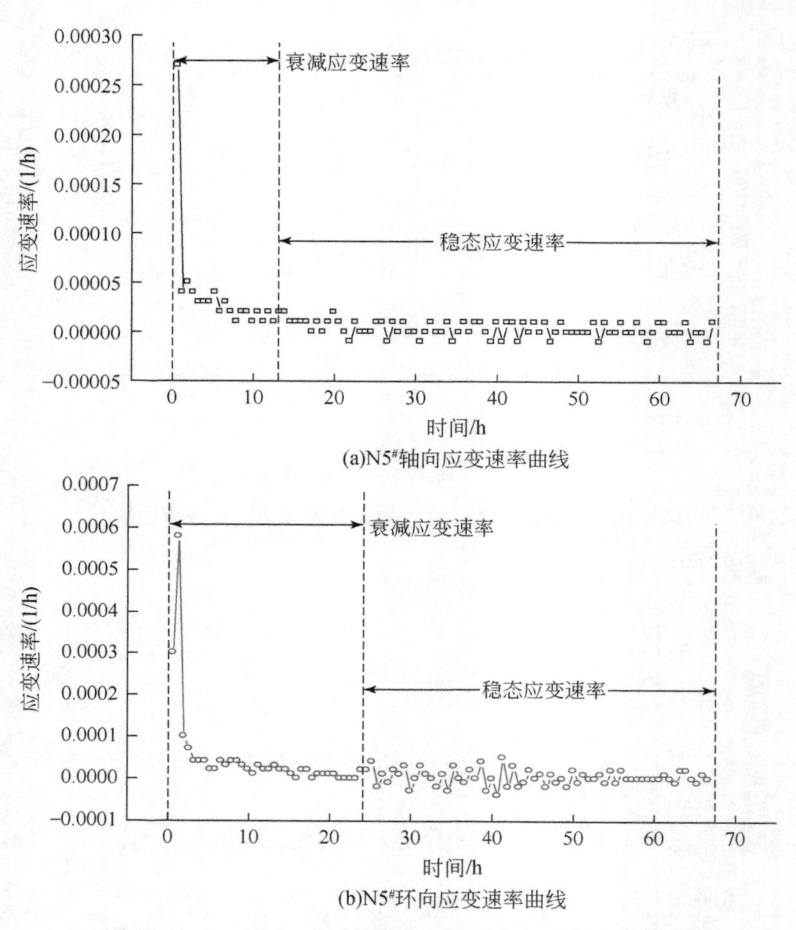

(a)N5#轴向应变速率曲线

(b)N5#环向应变速率曲线

图 6-18　15.7MPa，N5#轴向与环向非加速应变速率曲线

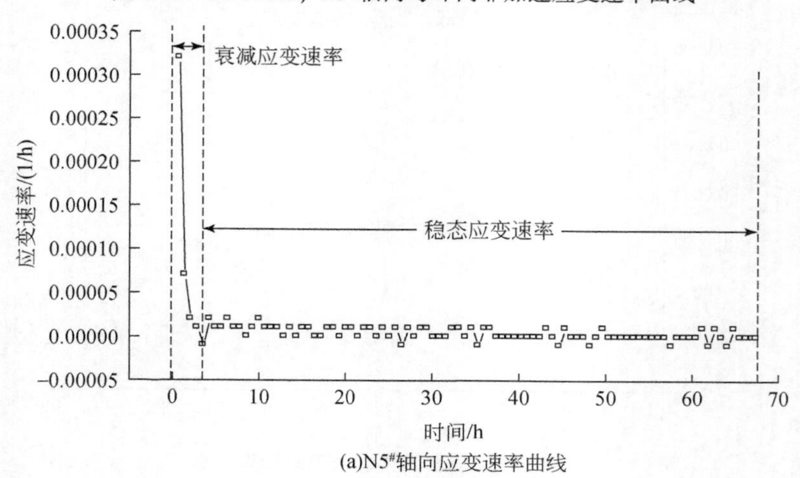

(a)N5#轴向应变速率曲线

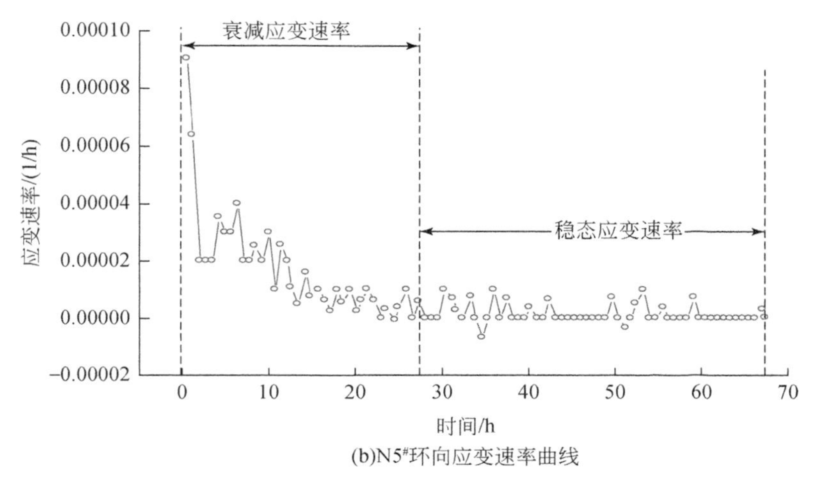

图 6-19　18.8MPa，N5#轴向与环向非加速应变速率曲线

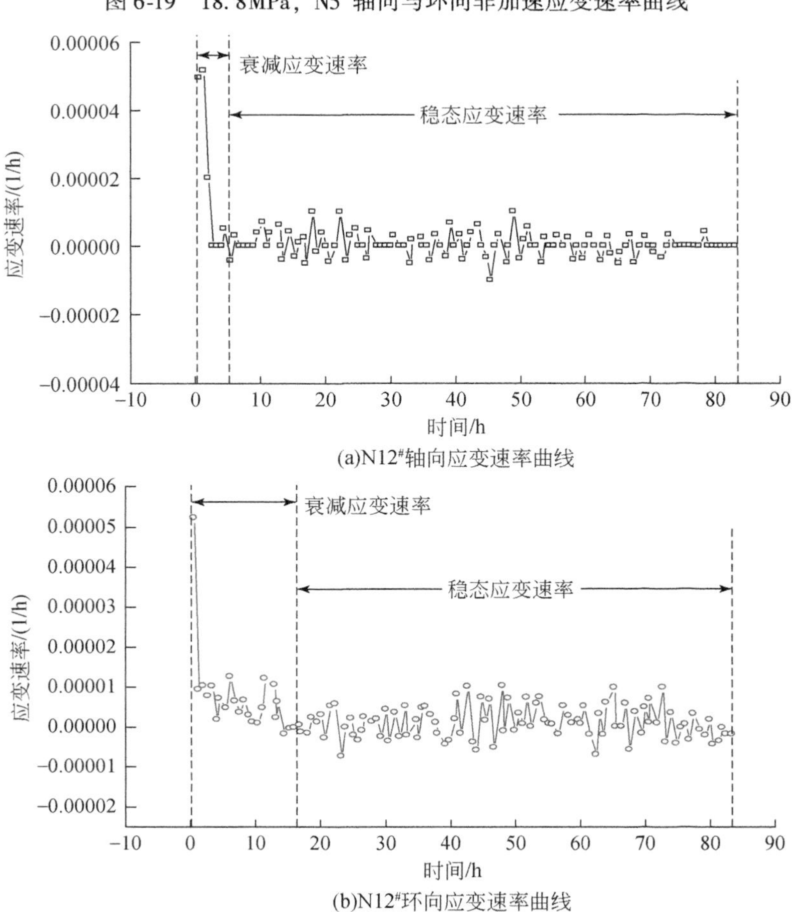

图 6-20　9.4MPa，N12#轴向与环向非加速应变速率曲线

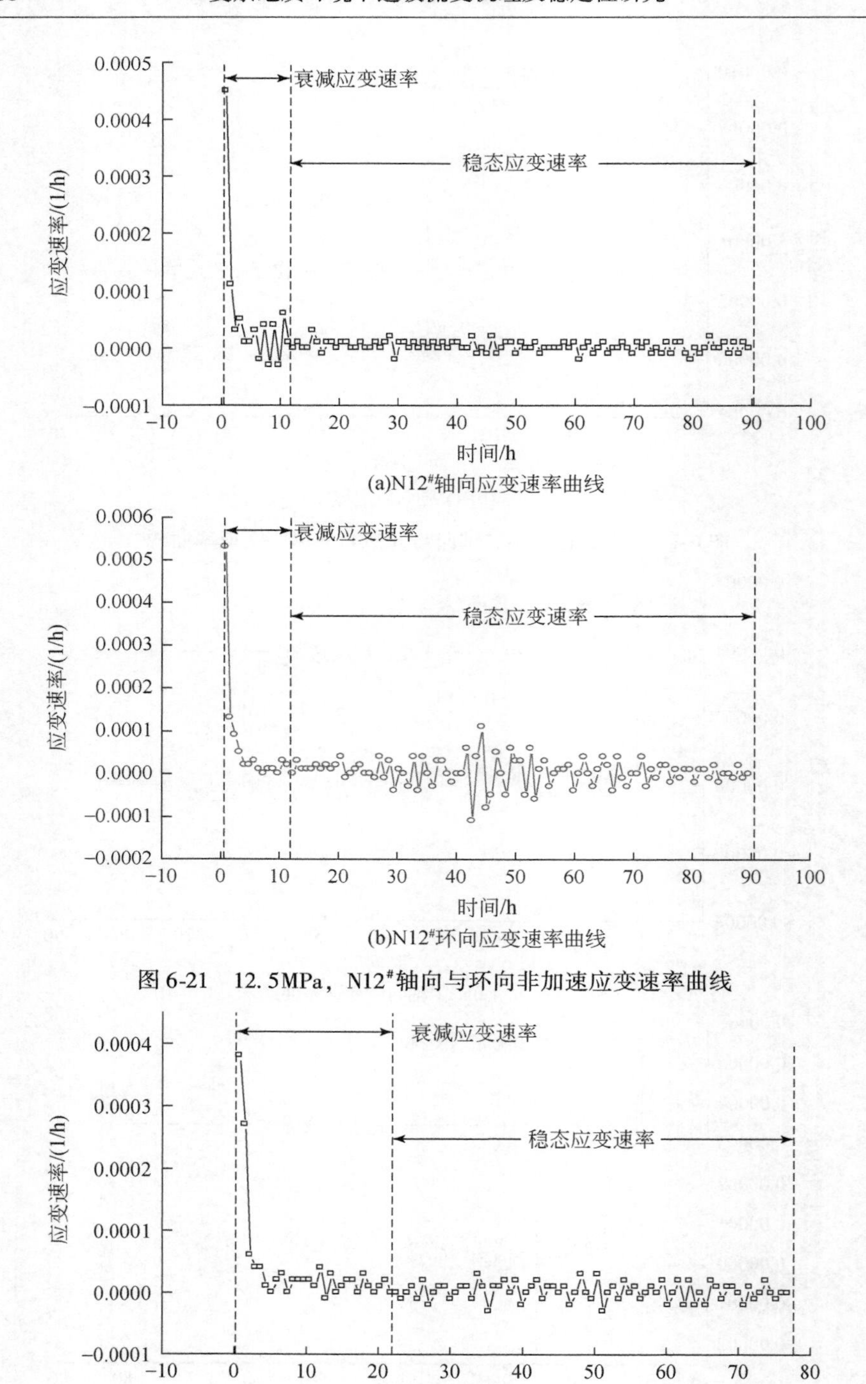

(a)N12#轴向应变速率曲线

(b)N12#环向应变速率曲线

图 6-21 12.5MPa，N12#轴向与环向非加速应变速率曲线

(a)N12#轴向应变速率曲线

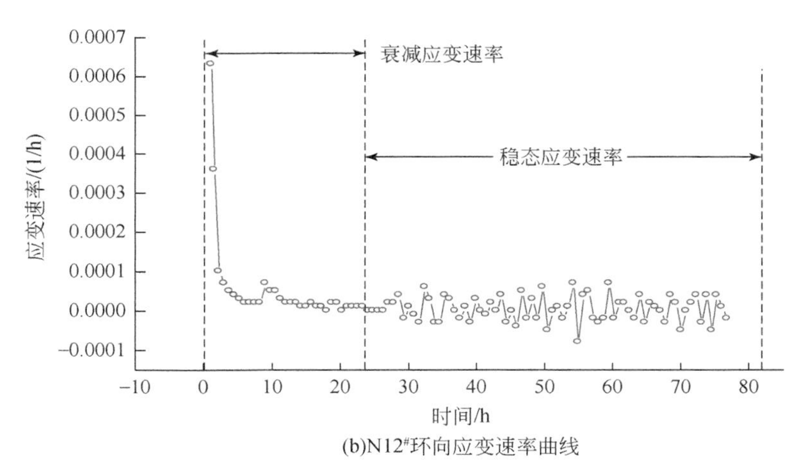

(b)N12#环向应变速率曲线

图 6-22　15. 7MPa，N12#轴向与环向非加速应变速率曲线

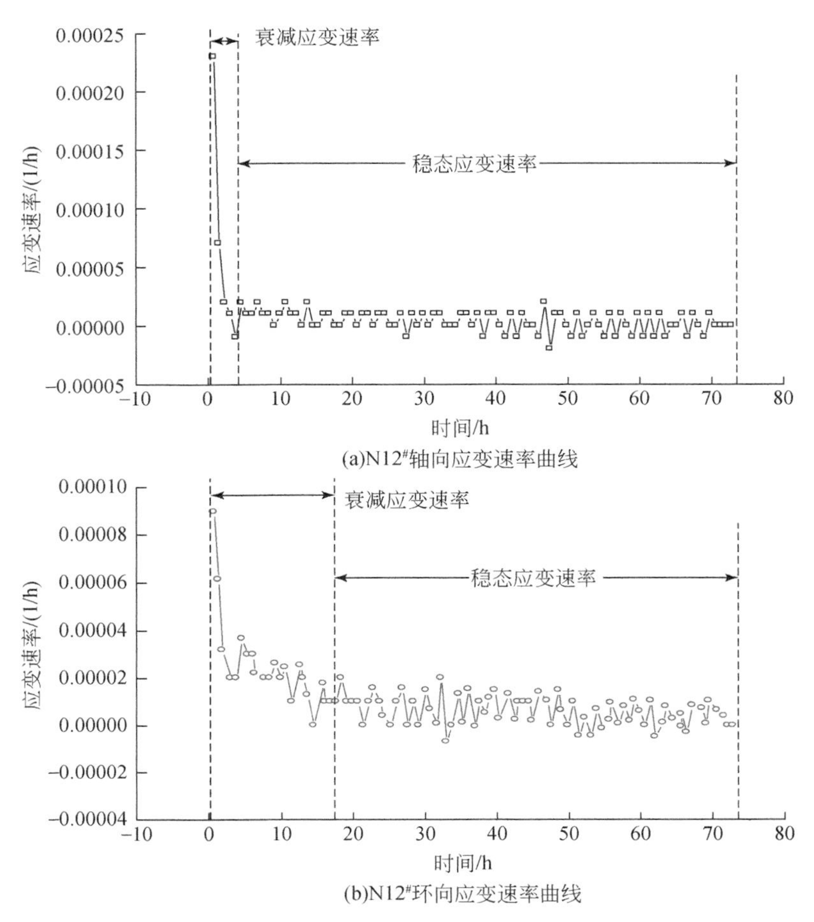

(a)N12#轴向应变速率曲线

(b)N12#环向应变速率曲线

图 6-23　18. 8MPa，N12#轴向与环向非加速应变速率曲线

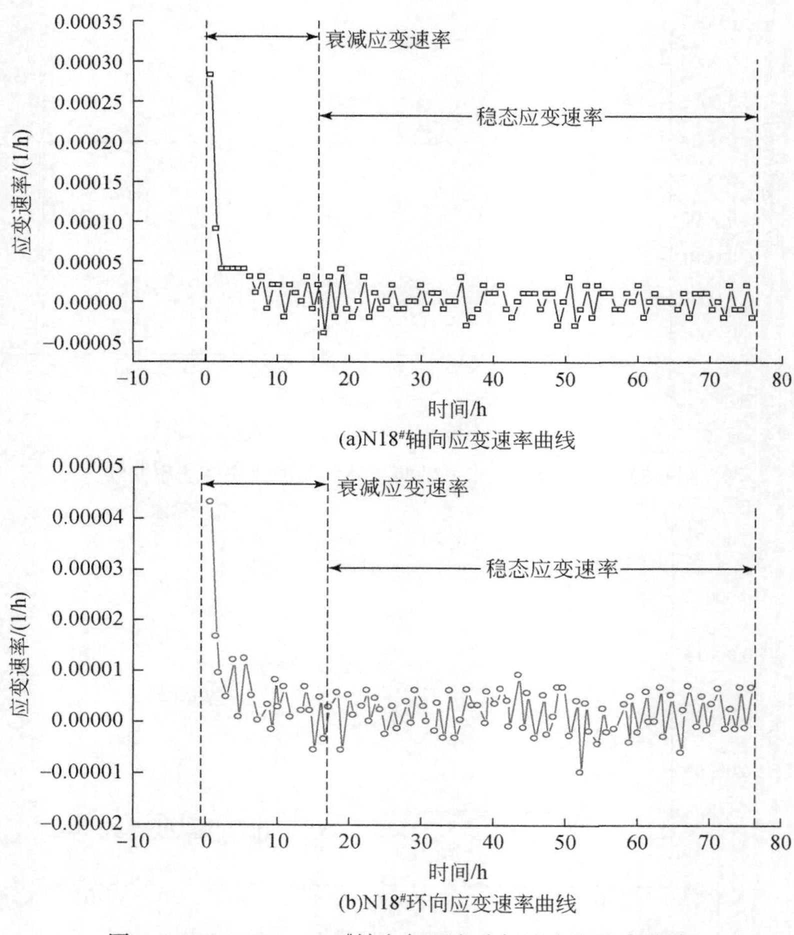

(a)N18#轴向应变速率曲线

(b)N18#环向应变速率曲线

图 6-24　7.3MPa，N18#轴向与环向非加速应变速率曲线

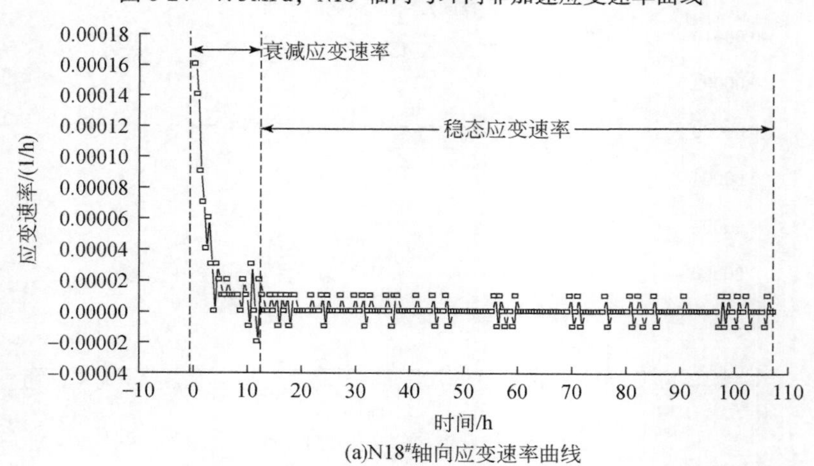

(a)N18#轴向应变速率曲线

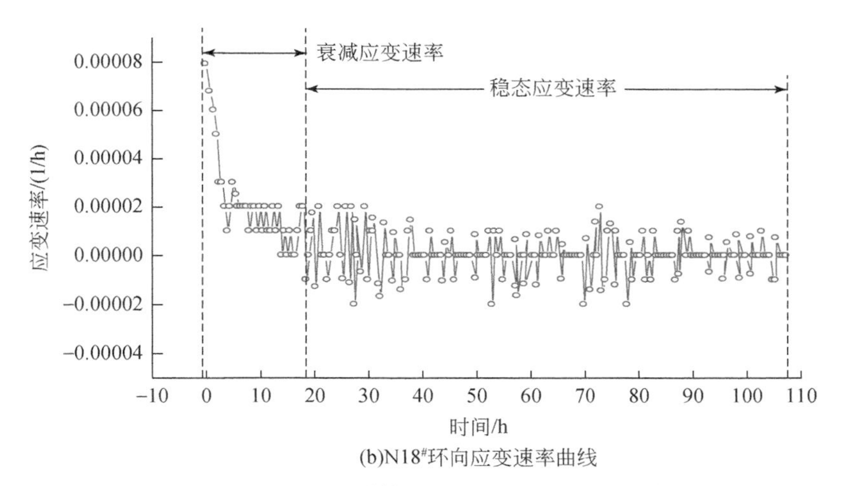

(b)N18#环向应变速率曲线

图6-25 9.7MPa，N18#轴向与环向非加速应变速率曲线

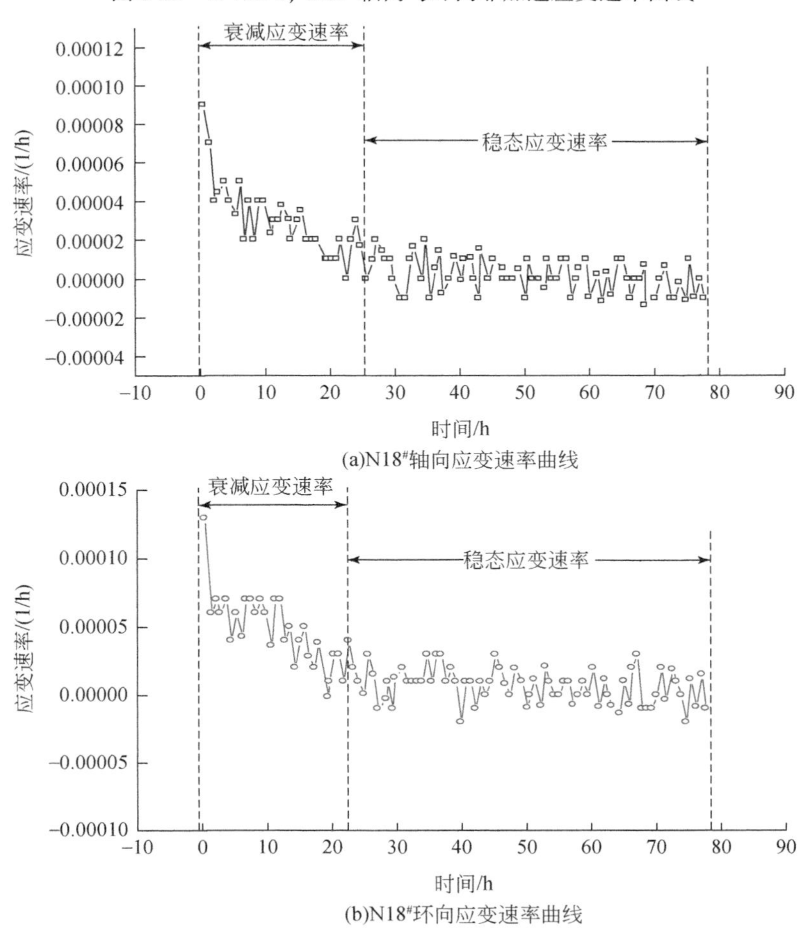

(a)N18#轴向应变速率曲线

(b)N18#环向应变速率曲线

图6-26 12.1MPa，N18#轴向与环向非加速应变速率曲线

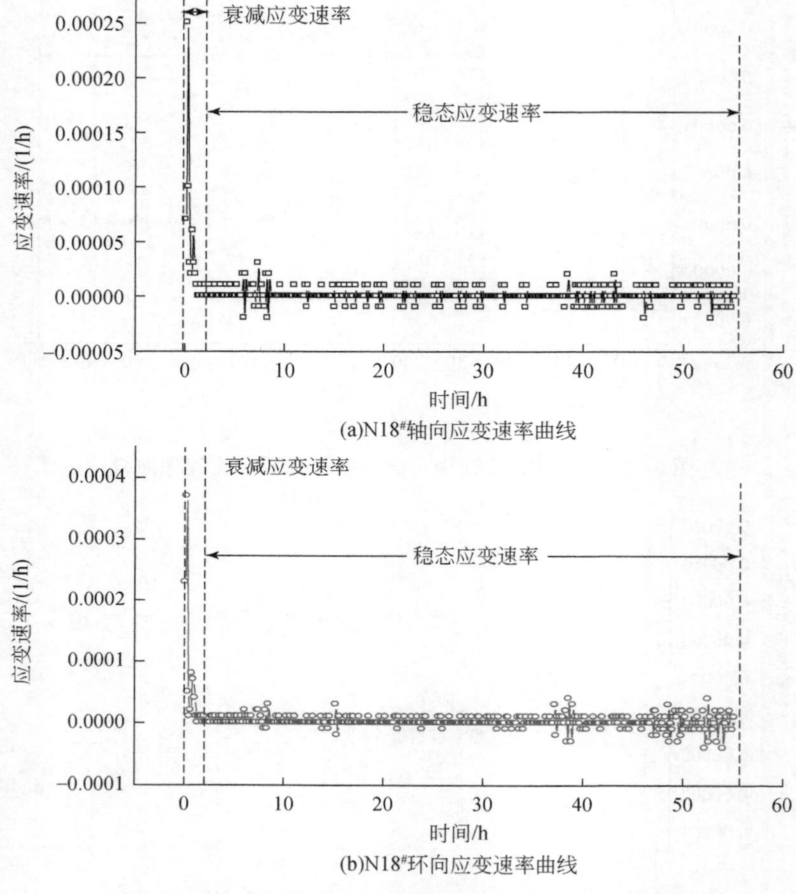

(a)N18#轴向应变速率曲线

(b)N18#环向应变速率曲线

图 6-27　14.5MPa，N18#轴向与环向非加速应变速率曲线

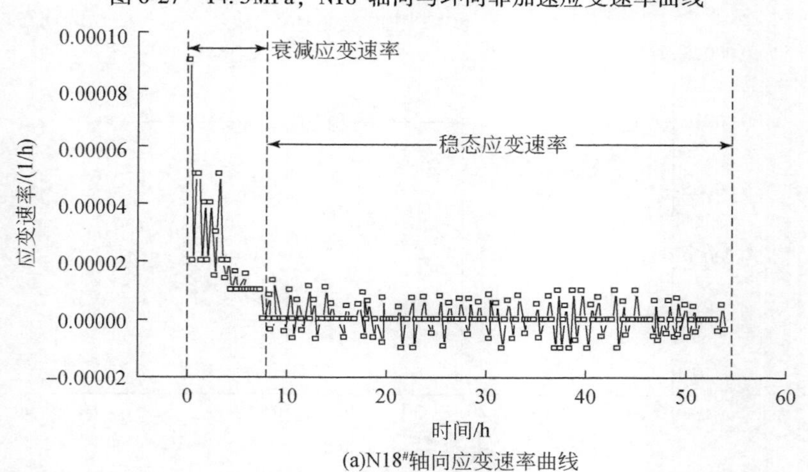

(a)N18#轴向应变速率曲线

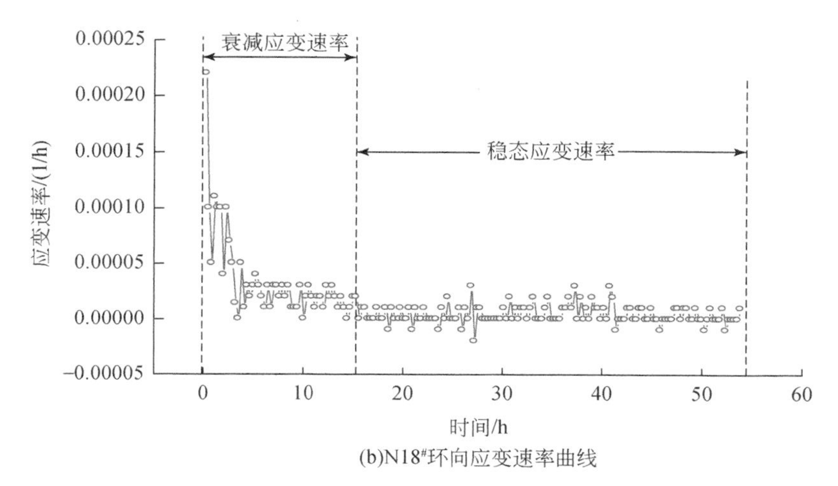

(b)N18#环向应变速率曲线

图6-28　15.7MPa，N18#轴向与环向非加速应变速率曲线

对比图6-16～图6-28中的应变速率曲线可知，N5#、N12#、N18#在各级低偏应力作用下均经历了衰减应变速率和稳态应变速率两个阶段。各级偏应力下的应变速率曲线具有一定的相似性，都出现了一个迅速下降的曲线阶段，即应变速率衰减阶段。对于轴向应变而言，衰减应变速率阶段占每级荷载作用下流变时长的5%～20%，与本章6.2.1小节中轴向应变的分析结果一致。而对于环向应变速率来说，其衰减应变速率阶段占用流变时长的比重有所增加。以偏应力15.7MPa为例，N5#轴向、环向应变速率衰减阶段占流变时长的比例分别为18.1%和35.9%。由此可说明，在同一级偏应力条件下，轴向应变和环向应变经历相同流变阶段的时长并非一定相等。也就是说，岩石流变过程中的轴向和环向流变是相对独立的。图6-21中的环向应变速率在稳态应变速率阶段出现了一个较为明显的波动，波动时间段与本章6.2.2小节所描述的突变区段相同，这也进一步印证了岩石三轴流变时环向出现应变突变这种现象。由图6-16～图6-28中的应变速率曲线也可看出，轴向和环向的稳态应变速率曲线始终在零附近波动，这就直观地表明，岩石流变进入到稳态流变阶段后，其流变速率为零，或者为略大于零的某个恒定数值。对比同一级偏应力作用下的轴向应变速率和环向应变速率曲线可以发现，环向应变速率值的波动比轴向要大得多，特别是岩石所受偏应力比较接近破裂应力值时表现得更为明显（图6-19和图6-23），这也反映出粉砂质泥岩的环向比轴向流变相对复杂一些。

根据上述图中应变速率与时间之间的变化规律，二者的关系可用一个负指数形式的经验函数来表征，即

$$v = a \cdot \exp(-b \cdot t) \tag{6-2}$$

式中，v 为应变速率；t 为时间；a 为初始应变最大速率；b 为反映衰减应变时长的参数。

基于图 6-16 ~ 图 6-28 中的应变速率曲线，利用式（6-2）对它们进行非线性拟合，可得到应变速率的拟合曲线（图 6-29 ~ 图 6-31）及式（6-2）中的相关参数（表 6-7 ~ 表 6-9）。

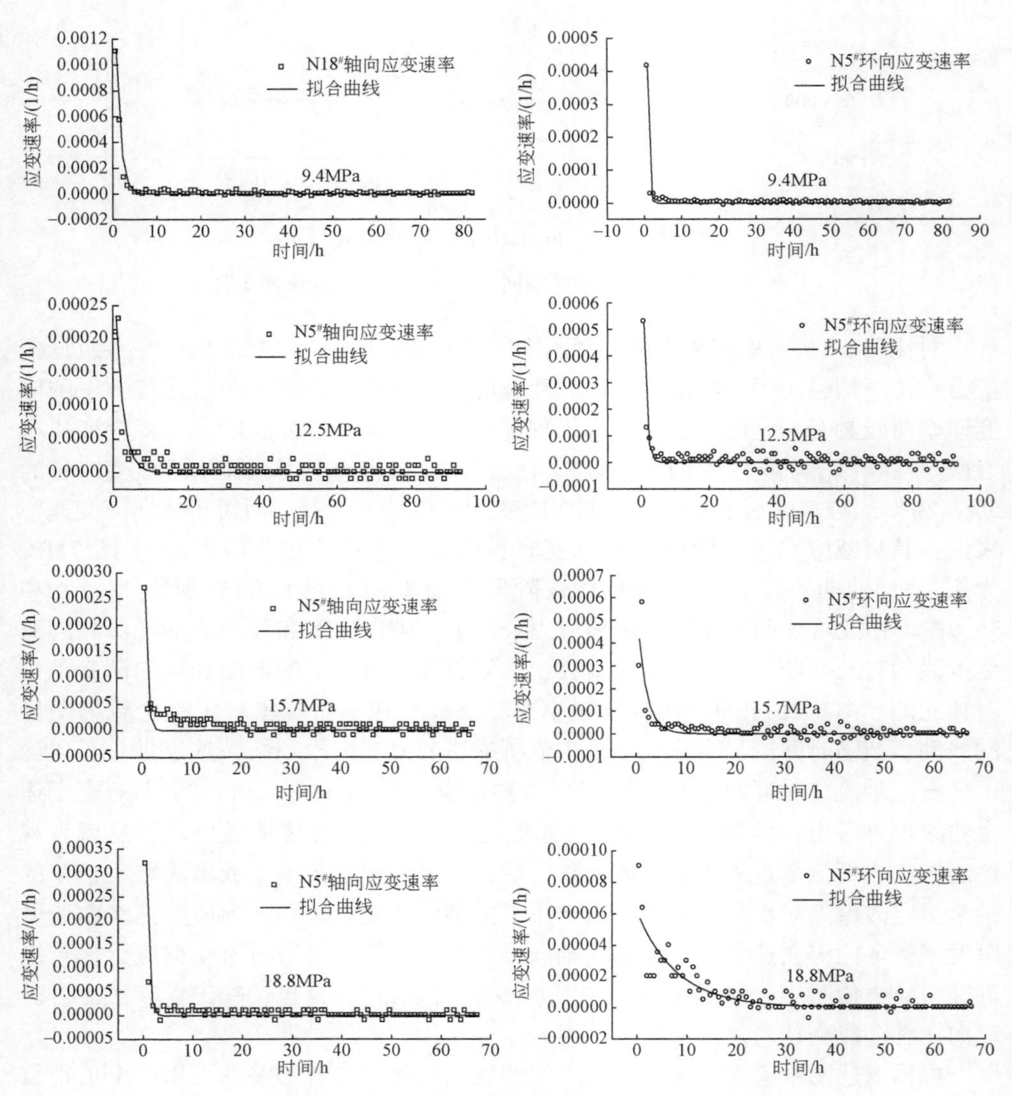

图 6-29　N5#轴向与环向非加速应变速率拟合曲线

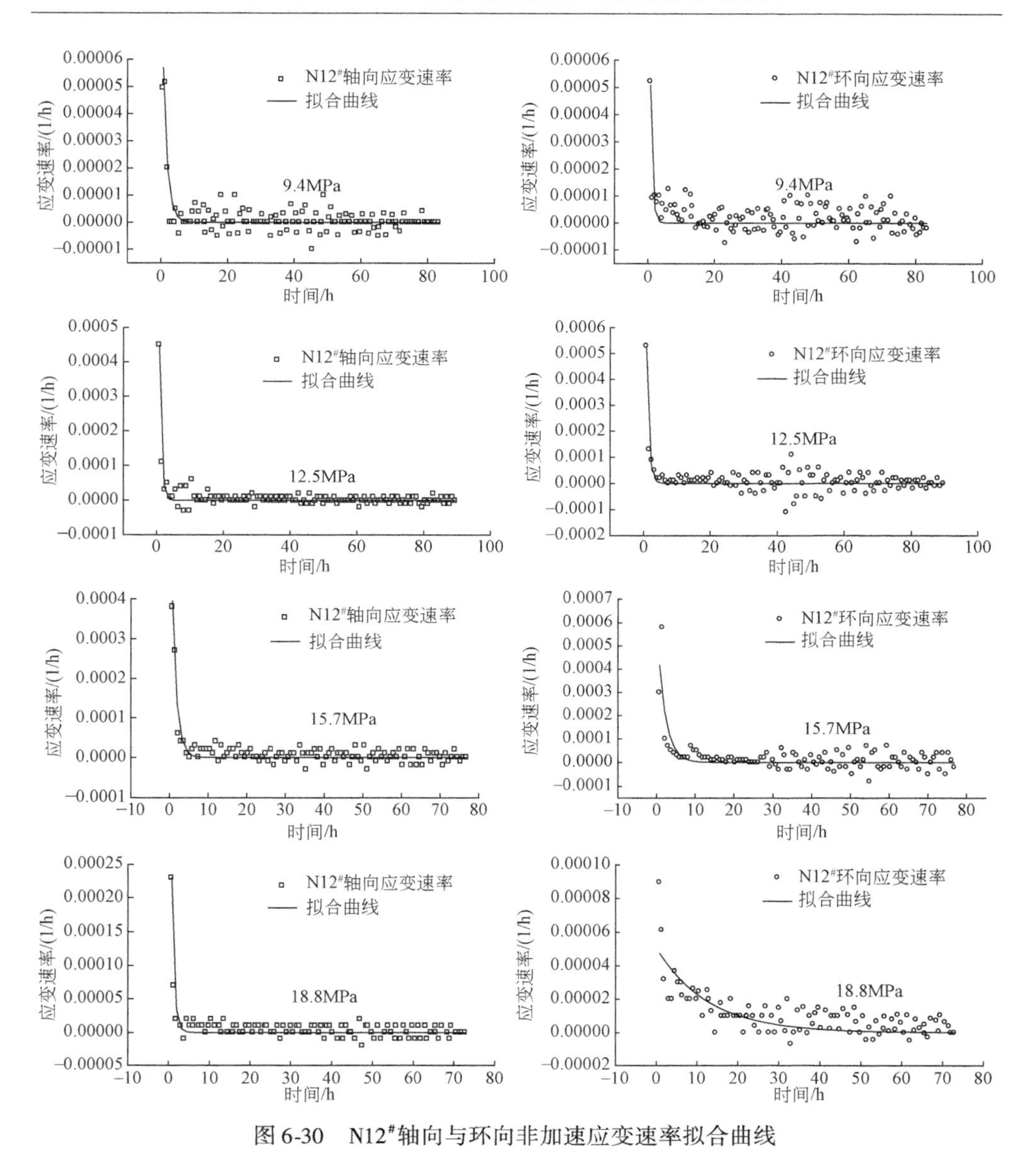

图 6-30　N12#轴向与环向非加速应变速率拟合曲线

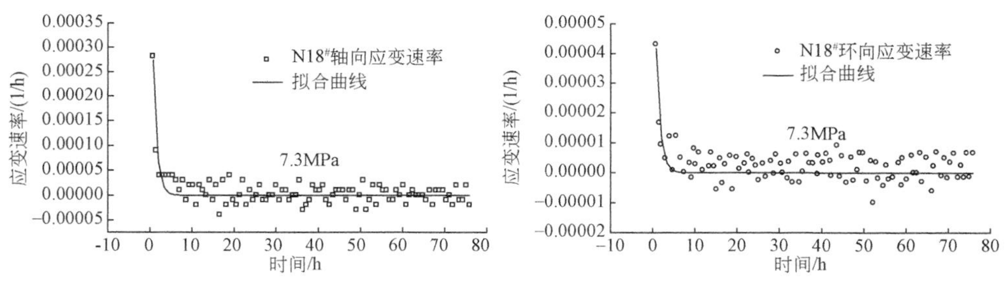

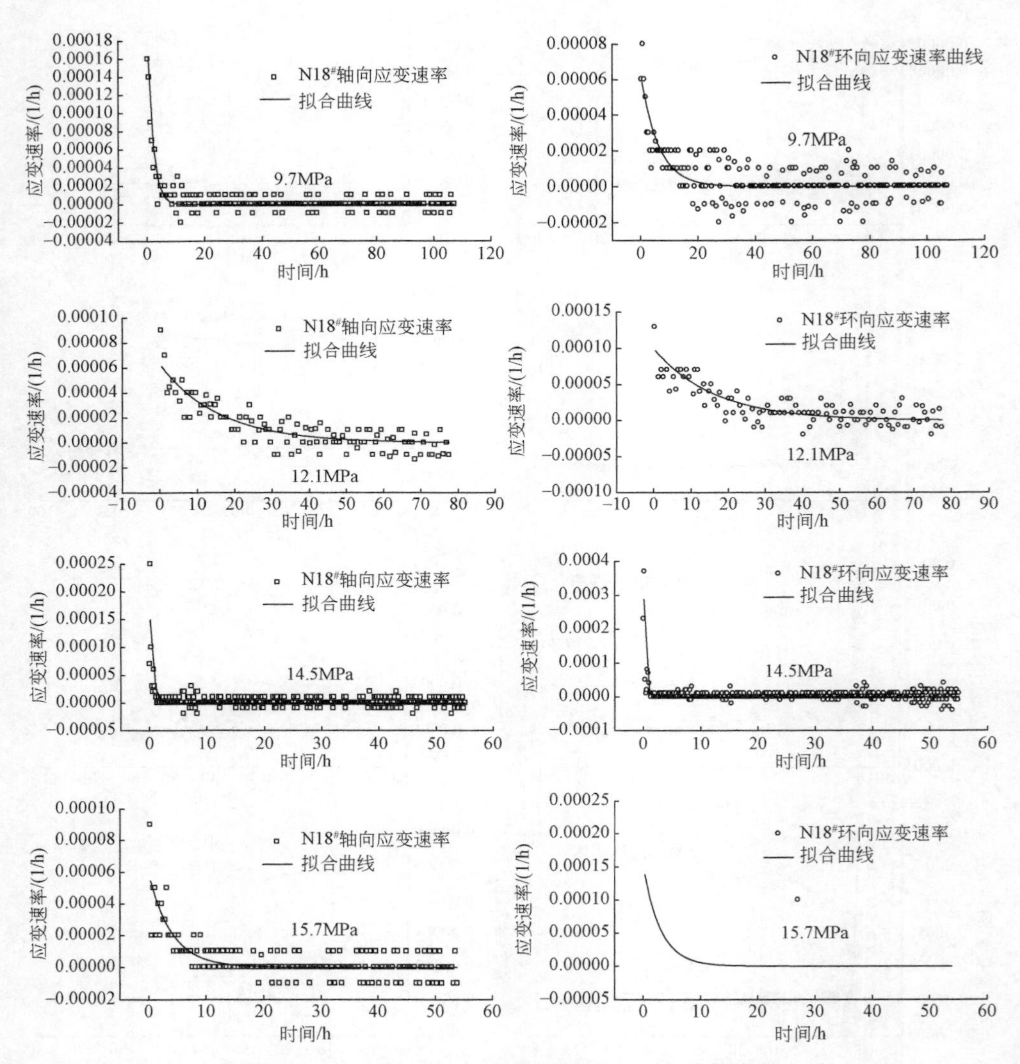

图 6-31 N18#轴向与环向非加速应变速率拟合曲线

表 6-7 N5#轴向与环向非加速应变速率拟合参数

偏应力/MPa	轴向拟合参数			环向拟合参数		
	a	*b*	R^2	*a*	*b*	R^2
9. 4	0. 001123	0. 00258	0. 9825	0. 000427	0. 00531	0. 9868
12. 5	0. 000243	0. 00036	0. 8144	0. 000539	0. 00164	0. 8683
15. 7	0. 000232	0. 00108	0. 8984	0. 000588	0. 00061	0. 8153
18. 8	0. 000325	0. 00141	0. 9501	0. 000091	0. 00006	0. 8577

表 6-8 N12#轴向与环向非加速应变速率拟合参数

偏应力/MPa	轴向拟合参数			环向拟合参数		
	a	*b*	R^2	*a*	*b*	R^2
9. 4	0. 000053	0. 00010	0. 8175	0. 00016	0. 00166	0. 8698
12. 5	0. 000452	0. 00169	0. 9094	0. 00164	0. 00164	0. 8379
15. 7	0. 000389	0. 00075	0. 8728	0. 00061	0. 00061	0. 8970
18. 8	0. 000232	0. 00076	0. 8719	0. 00005	0. 00005	0. 8825

表 6-9 N18#轴向与环向非加速应变速率拟合参数

偏应力/MPa	轴向拟合参数			环向拟合参数		
	a	*b*	R^2	*a*	*b*	R^2
7. 3	0. 000277	0. 00066	0. 9359	0. 000044	0. 00009	0. 9532
9. 7	0. 000164	0. 00021	0. 8616	0. 000081	0. 00006	0. 8547
12. 1	0. 000093	0. 00007	0. 8611	0. 000135	0. 00012	0. 8595
14. 5	0. 000251	0. 00019	0. 9452	0. 000376	0. 00043	0. 9195
15. 7	0. 000092	0. 00006	0. 9467	0. 000246	0. 00015	0. 8715

由表6-7～表6-9中的拟合参数分析可知，拟合参数 a 的数值变化存在随机性，也就是说，每级偏应力作用下的粉砂质泥岩在初始流变阶段的最大初始应变速率并无一定的规律性。对于拟合参数 b 而言，b 值越大，应变速率衰减也越快，岩石流变进入到稳态流变阶段所经历的时间也就越短暂。结合表6-7～表6-9和图6-29～图6-31可以发现，b 值越大，速率曲线在衰减应变速率阶段的曲线斜率也越陡峭；b 值越小，衰减应变速率阶段的曲线斜率则越平缓圆滑。通常情况下，低偏应力条件下的岩石应变速率衰减越快，所对应的应变速率曲线也就越陡峭；较高的偏应力条件下（尤其是偏应力接近岩石流变破裂应力值时）的岩石应变速率衰减相对较慢，其对应的应变速率曲线也就较平缓。以N12#的环向应变速率为例，在偏应力为9. 4MPa、12. 5MPa、15. 7MPa、18. 8MPa的情况下，b 值分别为0. 00166、0. 00164、0. 00061、0. 00005，依次呈减小趋势，而环向应变在衰减流变阶段的时长则逐渐增大。同时，对比分析同一级偏应力下的轴向和环向应变速率拟合曲线也可以发现，通常环向应变速率拟合曲线对应的 b 值要小于轴向的，也就是说，环向流变经历衰减流变的时间要比轴向的长一些。

6. 3. 2 加速应变速率

根据本章求取非加速应变速率的方法，对粉砂质泥岩三轴流变在破裂偏应力作用下发生加速流变的曲线进行处理，同样可以得到岩石流变过程中各个时刻的应变速率，如图6-32～图6-34所示。

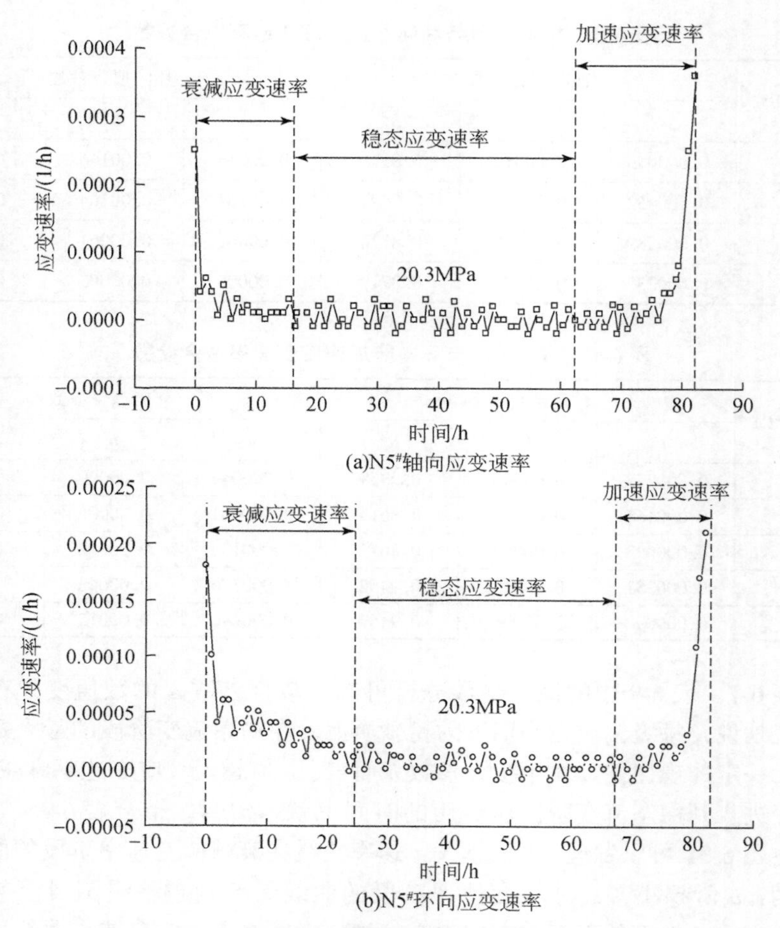

(a)N5#轴向应变速率

(b)N5#环向应变速率

图 6-32　N5#轴向与环向加速应变速率曲线

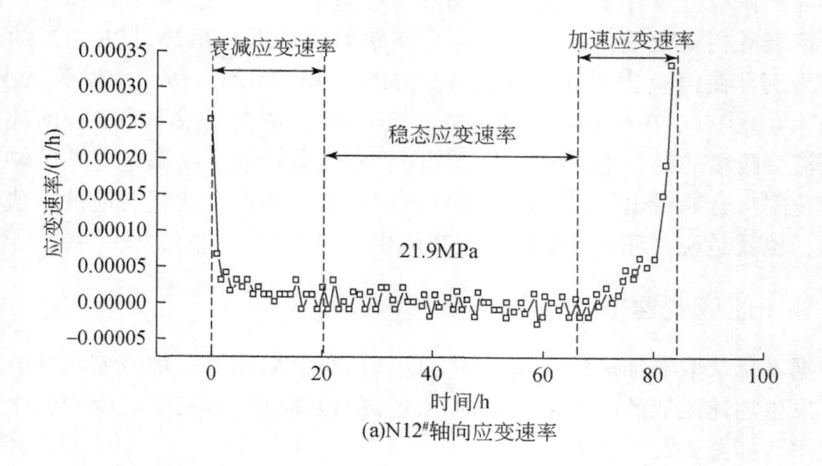

(a)N12#轴向应变速率

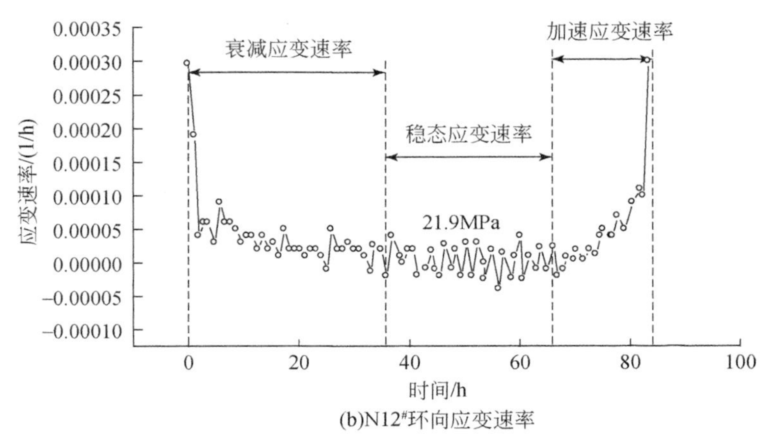

(b)N12#环向应变速率

图6-33　N12#轴向与环向加速应变速率曲线

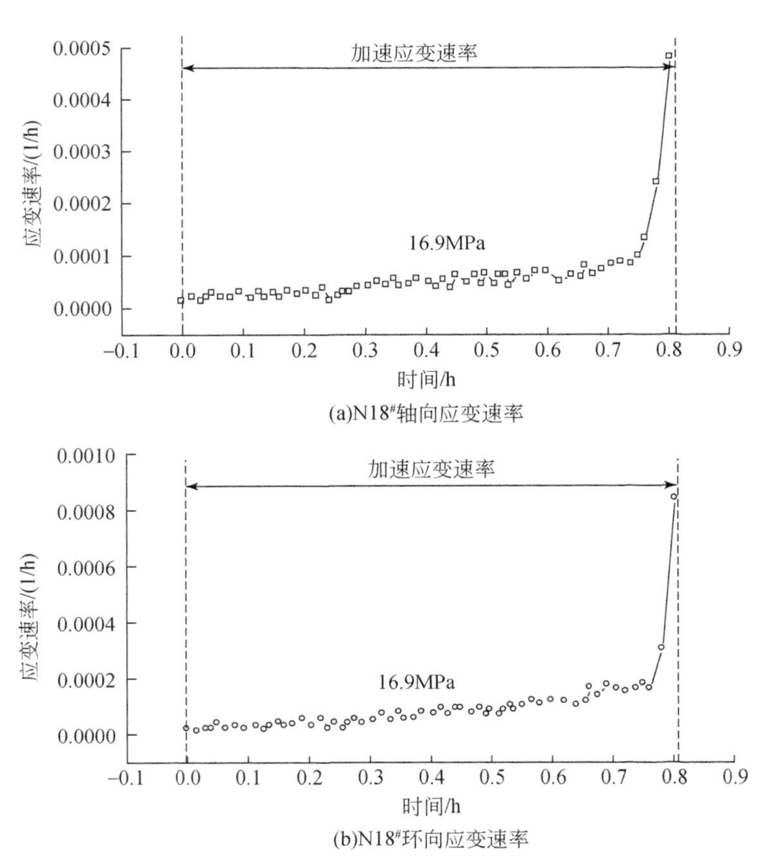

(a)N18#轴向应变速率

(b)N18#环向应变速率

图6-34　N18#轴向与环向加速应变速率曲线

由图 6-32 和图 6-33 可以看出，N5#、N12#在最后一级偏应力作用下，应变速率经历了衰减、稳态和加速 3 个典型阶段，呈现出了岩石流变全过程曲线形态，进一步研究速率变化情况可知，N5#、N12#轴向流变从衰减阶段进入到稳态阶段的时间分别为 16. 2h 和 20. 1h，均早于其对应的环向流变，且轴向稳态流变阶段时长比环向稳态流变阶段也长一些。由图 6-34 可知，N18#在最后一级偏应力作用下，其流变速率几乎直接进入到加速流变阶段，应变速率不断增大，其轴向和环向的应变速率基本相等，也就是说，N18#的轴向和环向同时进入到加速流变阶段，并以基本相同的应变速率发生加速流变变形。对于 N5#来说，轴向流变由稳态阶段进入到加速阶段的时间为 62. 5h，环向流变由稳态阶段进入到加速阶段的时间为 67. 2h，轴向要比环向提前 4. 7h，而且轴向流变的应变速率也明显高于环向的应变速率，说明岩石发生破坏主要是由轴向流变引起的。对于 N12#而言，虽然轴向和环向流变从衰减流变阶段进入到稳态流变阶段的时刻不同，但两者由稳态阶段进入到加速流变阶段的时刻几乎一致，且流变的应变速率也基本相等。由此可见，在围压相同而渗透压不同的情况下，渗透压的影响使得岩石的轴向加速流变比环向加速流变更加敏感。同时，对比 N5#、N18#的加速应变速率图也可以得出，在渗透压相同而围压不同时，渗透压对低围压下岩石轴向和环向流变的影响基本相同。

6. 4　岩石长期强度分析

岩石的长期强度是指岩石能够长期抵抗且不发生变形破坏的应力阈值，这个应力阈值通常低于岩石的瞬时强度。长期强度直接关乎工程的施工安全和后期运行的稳定性，是评价工程岩土体长期稳定性的一个重要力学指标，可为工程设计和数值模拟分析提供重要的依据。一般地，岩石长期强度可由岩石的流变试验来确定，且方法较多，包括等时应力-应变曲线法、稳态流变速率法、扩容法、非稳定流变判别法和松弛法等。本章将选取其中的等时应力-应变曲线法和稳定流变速率法来进行对比研究，并最终确定粉砂质泥岩三轴流变的长期强度。

6. 4. 1　等时应力-应变曲线法

在流变时间 t 为 1h、2h、4h、…、nh 时，岩样在各级偏应力下都有一个对应的应变值，这样就可以获得一组包含应变、应力和流变时间的数据。基于获得的数据，以横轴表示偏应力、纵轴表示轴向应变，便可绘制出相同时刻下的应力-应变曲线。根据上述方法，对以上粉砂质泥岩的三轴流变试验数据进行处理，绘制得到了粉砂质泥岩的等时应力-应变曲线，如图 6-35 ~ 图 6-37 所示。

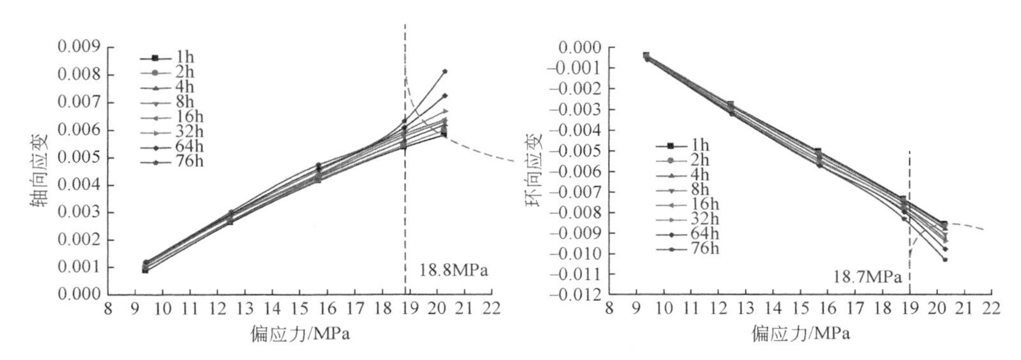

图 6-35 N5#等时应力-应变曲线

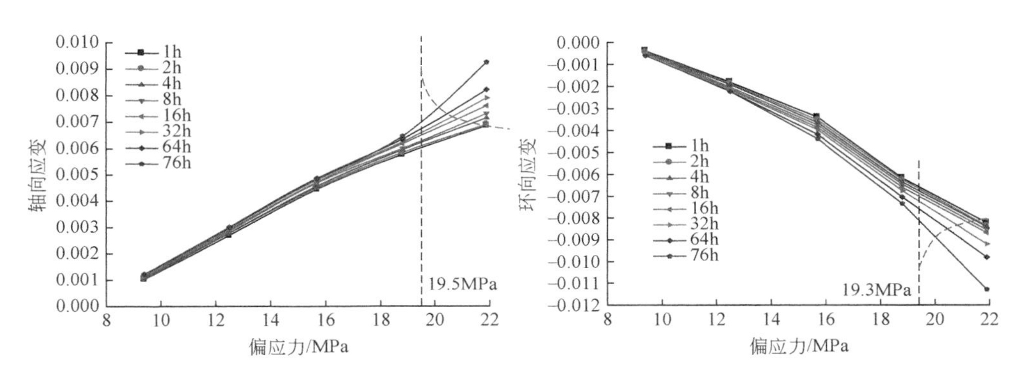

图 6-36 N12#等时应力-应变曲线

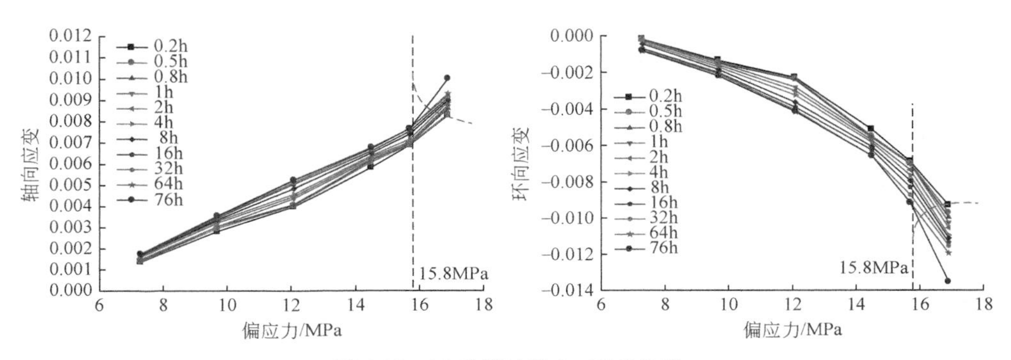

图 6-37 N18#等时应力-应变曲线

由图 6-35～图 6-37 可以看出，图中每一条等时应力-应变曲线基本上都是由近似线性段与非线性段构成。在偏应力较低时，同一偏应力在时刻 1h、2h、4h、8h、…、nh 下的各个应变值相差较小；在偏应力较高的情况下，同一偏应力在各个时刻下对应的应变值则相差较大，且随着偏应力的增大而愈发明显。通常，在偏应力接近于长期强度时，等时应力–应变曲线上会出现一个转折点，陈宗基教授称之为“第三屈服点”，此时的偏应力称为“第三屈服强度”。在确定了“第三屈服点”的基础上，将每条等时应力–应变曲线上的“第三屈服点”用曲线连接起来，该曲线的渐近线所对应的应力即为岩石流变的长期强度。根据这个方法，分别从轴向和环向等时应力–应变曲线确定了 N5#、N12#、N18#的长期强度，见表 6-10。

表 6-10　等时应力–应变曲线确定的长期强度

岩样编号	围压/MPa	渗透压/MPa	长期强度/MPa	
			轴向	环向
N5#	4	1.2	18.8	18.9
N12#	4	0.0	19.5	19.3
N18#	2	1.2	15.8	15.8

表 6-10 中给出了粉砂质泥岩在不同围压和水压下的流变长期强度。由表中 N5#、N12#对应的长期强度可知，在围压相同的情况下，水压的存在降低了泥岩的长期强度；对比 N5#、N18#的长期强度可以看出，在水压相同的条件下，围压越大，泥岩的长期强度也越大。从表 6-10 中还可以看出，由轴向和环向的等时应力–应变曲线所确定的长期强度并非一定相等，但两者数值极为接近。

6.4.2　稳态流变速率法

由前述章节分析可知，粉砂质泥岩发生流变破坏经历了衰减、稳态和加速流变 3 个阶段。在泥岩未发生加速流变破坏之前，其流变变形主要是由稳态流变阶段控制的。在应力低于某个阈值时，稳态流变阶段的变形随时间而逐渐趋于稳定；在应力接近或达到这个阈值时，稳态流变阶段的变形随时间可发展到加速流变阶段的变形，最终使岩石发生变形破坏，因此，“稳态流变速率法”是根据岩石在稳态流变阶段的速率变化来确定岩石的长期强度。

进一步分析可知，粉砂质泥岩在稳态流变阶段的速率与偏应力之间可用指数函数来表征，如式（6-3）所示。采用最小二乘法原理，式（6-3）可对粉砂质泥岩轴向和环向的稳态流变速率与偏应力之间的关系曲线进行拟合，并可以获得相关参数。在此基础上，对式（6-3）进行求导便可得到拟合曲线斜率 K 的变化情况，如式（6-4）所示。考虑到斜率 K 的变化实际上就是正切函数的变化，在斜率 $K\leqslant1$ 时，$f(x)$ 的增长较为缓慢；在斜率 $K>1$ 时，$f(x)$ 的增长明显变快。因此，可以认为指数函数式（6-3）在斜率 $K=1$ 时出现了一个突变点，突变点之前的函数值增长较为缓慢，而突变点之后的函数值的增长速度明显加快。此时，这个突变点所对应的 x 值便可认为是粉砂质泥岩的长期强度。

$$y = y_0 + A_1 e^{\frac{x}{t_1}} \tag{6-3}$$

$$K = y' = \frac{A_1}{t_1} e^{\frac{x}{t_1}} \tag{6-4}$$

式中，y 为稳态流变速率；x 为偏应力；K 为指数函数的斜率；A_1、t_1 为指数函数的参数。

基于 N5#、N12#轴向和环向的稳态流变速率，绘制得到了轴向和环向稳态流变速率与偏应力之间的关系曲线，然后利用式（6-3）中的指数函数进行拟合，并获取了相关参数，如图 6-38 和图 6-39 所示。由于 N18#在最后一级偏应力 16.9MPa 的作用下并没出稳态流变阶段，而是直接进入到加速流变阶段（图 6-34），所以该试件的稳态流变速率与偏应力基本呈线性关系，无法采用稳态流变速率法来确定长期强度。

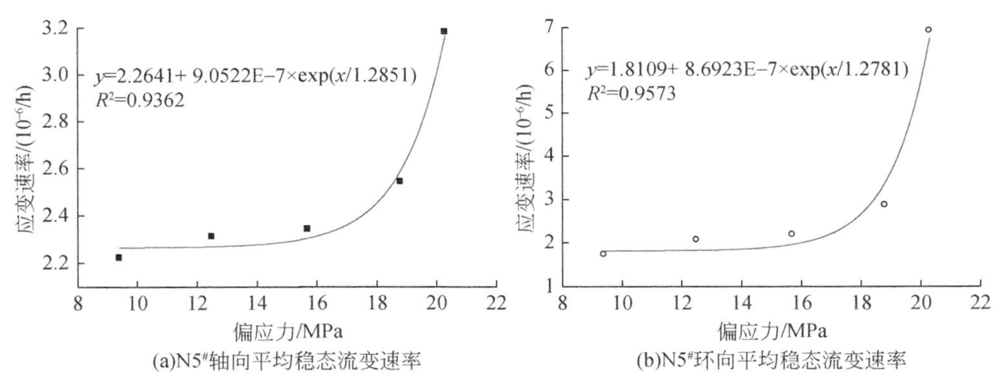

(a)N5#轴向平均稳态流变速率　(b)N5#环向平均稳态流变速率

图 6-38　N5#稳态流变速率与偏应力关系曲线

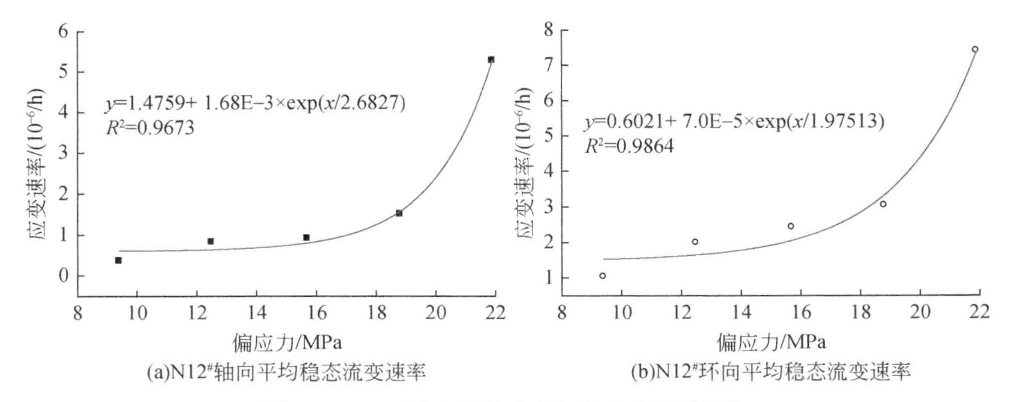

(a)N12#轴向平均稳态流变速率　(b)N12#环向平均稳态流变速率

图 6-39　N12#稳态流变速率与偏应力关系曲线

由图 6-38 和图 6-39 可知，式（6-3）中的指数函数能够较好地拟合稳态流变速率与偏应力的关系曲线，拟合度均大于 0.9。利用得到的拟合参数，由式（6-4）中的导函数求得指数函数的斜率 $K=1$ 时的 x 值，见表 6-11。

表 6-11　稳态流变速率法确定的长期强度

岩样编号	围压/MPa	渗透压/MPa	长期强度/MPa	
			轴向	环向
N5#	4	1.2	18.21	18.15
N12#	4	0.0	20.25	19.81

由表 6-11 可知：①利用稳态流变速率法求出的粉砂质泥岩轴向和环向的长期强度并非相等，但两者大小较为接近；②利用稳态流变速率法确定的 N5#、N12#的环向长期强度都小于它们的轴向长期强度；③对比 N5#、N12#可知，N5#的长期强度低于 N12#的长期强度，说明在围压相同的情况下，渗透压起到了降低粉砂质泥岩长期强度的作用。

6.4.3　对比分析

通过等时应力–应变曲线法和稳态流变速率法分别得到了粉砂质泥岩在不同围压和水压下的流变长期强度，见表 6-10 和表 6-11。不同方法确定的粉砂质泥岩的长期强度存在一定的差别，但差别很小。利用等时应力–应变曲线法确定岩石长期强度需要依赖于曲线的突变点（或转折点），在突变点（或转折点）的选取上存在一定的随意性和主观性。同时，在实际实验过程中，岩石并非在每一级偏应力的作用下都会经历衰减、稳态和加速流变阶段，因而导致某些等时应力–应变曲线并不一定出现明显的突变点（或转折点），也就影响到了突变点（或转折点）的确定。利用稳态流变速率法确定岩石流变长期强度，首先需要选取能够拟合稳态流变速率与偏应力关系曲线的指数函数，然后采用最小二乘法原理进行拟合，获取指数函数的相关参数，并通过求导得到表征斜率 K 的导函数，最后根据斜率 $K=1$ 来确定曲线的突变点，突变点对应的 x 值即为岩石的长期强度。对比这两种方法可知，稳态流变速率法不仅理论清晰、简单直观，而且突变点的确定不依赖于研究者的人为判断，减少了主观因素的影响。因此，本章在参照由等时应力–应变曲线法确定的泥岩流变长期强度的基础上，采用由稳态流变速率法确定的长期强度作为粉砂质泥岩流变的长期强度。考虑到同一试样的轴向和环向所对应的长期强度并不相同，这里选取两者中的较小值作为该试样的长期强度。同时，参照表 6-1 可得到饱水粉砂质泥岩的瞬时强度值，所以可将长期强度与瞬时强度进行对比分析，见表 6-12。

表 6-12　粉砂质泥岩的长期强度和瞬时强度

岩样编号	围压/MPa	渗透压/MPa	长期强度/MPa	瞬时强度/MPa	σ_∞/σ_c/%
N5#	4	1.2	18.15	31.3	58.0
N12#	4	0.0	19.81		63.3
N18#	2	1.2	15.80	24.2	65.3

注：σ_∞为长期强度，σ_c为瞬时强度。

表6-12中显示，粉砂质泥岩流变的长期强度均远小于其饱水状态的瞬时强度。在围压为4MPa时，N5#试样对应的（σ_∞/σ_c）比值为58.0%，N12#试样对应的（σ_∞/σ_c）比值为63.3%，两者相差5.3%。分析可知，产生这个差值的主要原因是N5#试样受到1.2MPa的水压的作用，水压的存在不仅有利于岩石裂隙的扩展和贯通，还起到了弱化力学性质的作用，最终降低了岩石流变的长期强度。在水压为1.2MPa的情况下，N5#试样在围压4MPa下的长期强度为18.15MPa，N18#试样在围压2MPa下的长期强度为15.80MPa，前者比后者高出14.87%。这表明，在其他因素相同的条件下，围压越大，粉砂质泥岩流变的长期强度也越大。

6.5　黏弹性流变模型辨识及其参数求解

岩石呈现出来的流变性质与其本身的岩性有着密切联系。对于软弱岩石而言，在应力长时间的作用下往往表现出明显的流变特性，且通常发生韧性流变破坏。对于脆硬性岩石来说，它的流变性就相对小一些，破坏形式也以脆性流变或韧脆性流变破坏为主。岩石呈现出不同的流变特性也往往影响到了研究方法的使用和流变模型的确定。三种描述岩石流变的方法分别为：①根据经验，建立经验流变公式；②基于玻尔兹曼叠加原理，建立积分型本构方程；③根据流变元件模型，建立微分型本构方程。基于上述三种方法，本章将主要对岩石流变元件模型、本构关系，以及流变曲线拟合和模型参数求解进行探讨分析。

按照第4章4.2.2小节的分析，综合运用“直接筛选法”和“后验排除法”进行流变模型的辨识。根据直接筛选法可知，在选择流变模型之前需对粉砂质泥岩流变特性进行分析。基于本书第4章对粉砂质泥岩三轴流变试验的研究可知，在偏应力低于岩石流变破裂应力阈值时，粉砂质泥岩表现出了弹性变形特征、应变速率衰减特征和黏性流动特征；在偏应力高于或等于岩石流变破裂应力阈值时，粉砂质泥岩表现出了弹性、黏性及塑性变形特征，同时出现了加速变形现象。结合表4-2可知，在描述低偏应力条件下的岩石流变特征时，可选用Burgers模型、西原模型和五元件模型；而对于粉砂质泥岩发生加速流变破坏的变形特征则需要建立新的流变模型来进行描述。因此，本章通过“直接筛选法”选取了黏弹性流变模型——Burgers 模型、西原模型和五元件模型作为粉砂质泥岩在低偏应力作用时的流变模型，再以 N5#轴向流变试验数据为例对上述 3 个模型进行后验排除来确定拟合效果最佳的模型。对于粉砂质泥岩在最后阶段的加速流变变形，本章将采用新的黏塑性流变模型进行辨识。下面将按黏弹性流变模型与黏弹塑性流变模型分别进行模型辨识。

根据本章 6.2 节粉砂质泥岩流变时效规律的分析结果可知，在泥岩所受偏应力小于其流变破裂应力阈值时，粉砂质泥岩会出现瞬时弹性变形、衰减流变变形和稳态流变变形。在低偏应力作用下，尽管试验时间无限延长，岩石仍然只会停留在稳态流变阶段，变形量趋于稳定。因此，对于低偏应力条件下的岩石流变只需采用黏弹性流变模型进行辨识即可。本书通过“直接筛选法”选定了具有黏弹性流变特征的 Burgers 模型、西原模型和五元件模型，下面将分别对上述 3 个流变模型进行探讨、辨识，并详细阐述黏弹性流变模型参数的求解，最后通过对比校验辨识效果来对上述 3 个流变模型进行“后验排除”。

Burgers 模型与西原模型在第 4 章中有介绍，五元件模型由徐卫亚提出，该模型是由 H-K 模型与 Kelvin 模型串联而成，内含两个黏性元件和 3 个弹性元件，如图 6-40 所示。

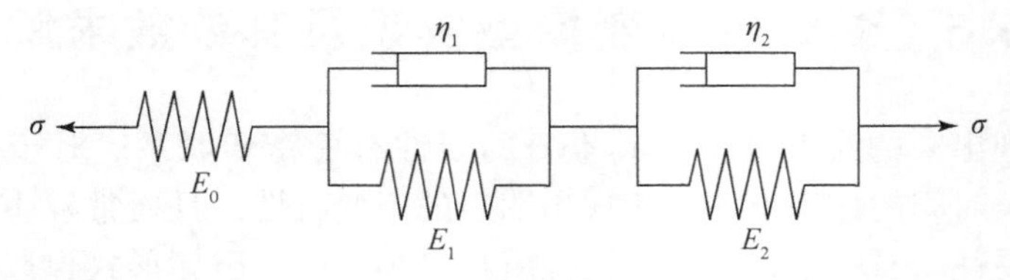

图 6-40　五元件模型

五元件黏弹性流变模型的流变方程如下。

$$\varepsilon = \left[\frac{1}{E_0} + \frac{1}{E_1}(1 - e^{\frac{-E_1}{\eta_1}t}) + \frac{1}{E_2}(1 - e^{\frac{-E_2}{\eta_2}t})\right]\sigma \tag{6-5}$$

式中，ε 为应变；t 为流变时间；E_0为瞬时弹性模量；E_1、E_2为黏弹性模量；η_1、η_2均为黏滞系数，表示粉砂质泥岩流变阶段趋向稳定的快慢程度；σ 为轴向偏应力。

根据 Burgers 模型、西原模型和五元件模型的流变方程，对试验曲线进行拟合辨识，确定流变模型的参数。以 N5#轴向流变曲线作为测试对象，对 Burgers 模型、西原模型和五元件模型进行拟合辨识，辨识结果如图 6-41 所示，相关模型参数见表 6-13。

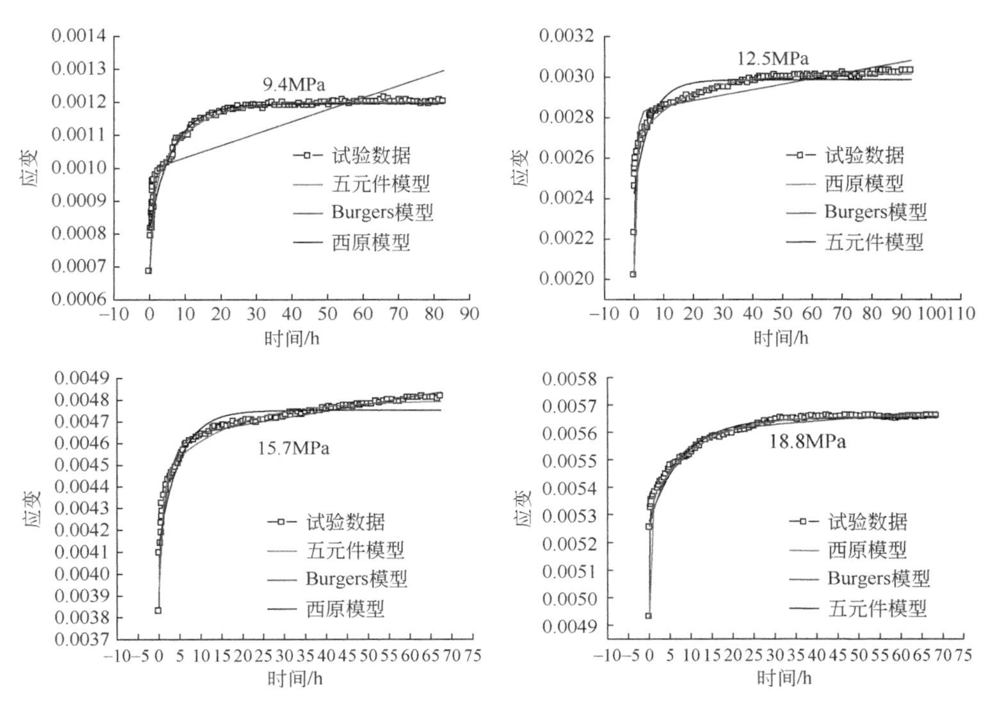

图 6-41　黏弹性流变模型辨识结果

表 6-13　黏弹性流变模型参数及相关系数

偏应力/MPa	模型	E_0/GPa	E_1/GPa	E_2/GPa	η_1/(GPa · h)	η_2/(GPa · h)	相关系数 R^2
9.4	五元件模型	1.3723	3.2414	4.0871	3.0254	3.8709	0.9265
	Burgers 模型	1.3723	3.0323	—	2.5901	0.9442	0.6147
	西原模型	1.3723	1.5401	—	2.0100	—	0.8966
12.5	五元件模型	1.5244	2.9231	3.6765	2.6119	3.7585	0.9083
	Burgers 模型	1.5244	1.7857	—	4.6303	—	0.7267
	西原模型	1.5244	1.8741	—	4.8212	—	0.8674
15.7	五元件模型	1.9625	3.0192	4.4857	2.5115	4.0261	0.9346
	Burgers 模型	1.9625	2.7069	—	4.8706	5.9379	0.8904
	西原模型	1.9625	2.7040	—	3.5202	—	0.9041
18.8	五元件模型	2.0479	2.8588	4.1854	2.6388	3.5005	0.9378
	Burgers 模型	2.0479	5.5294	—	1.6303	3.1171	0.9081
	西原模型	2.0479	6.6665	—	5.4996	—	0.9004
五元件模型平均参数值		1.7268	3.1568	4.1086	3.3633	3.5936	—

从图 6-41 中可直观地看出：Burgers 模型在偏应力为 9.4MPa、12.5MPa 时，不能很好地拟合粉砂质泥岩的流变试验曲线，拟合相关系数分别为 0.6147 和 0.7267（表 6-13）；西原模型和五元件模型在各级偏应力条件下均能较好地拟合粉砂质泥岩的试验流变曲线，拟合效果较好，其相关系数 R^2 也都较高。基于表 6-13 进一步分析可知，五元件模型比西原模型的拟合效果更好，其相关系数也都高于 0.90。根据“后验排除法”的思想，对比 Burgers 模型、西原模型和五元件模型对粉砂质泥岩流变试验曲线的辨识效果，本书认为五元件模型对粉砂质泥岩流变曲线的辨识度最佳，因此，选取五元件模型作为粉砂质泥岩的黏弹性流变模型。

由本章 6.2 节可知，粉砂质泥岩在流变破裂应力条件下会依次出现瞬时弹性变形、衰减流变变形、稳态流变变形和加速流变变形。以 N5#在最后一级偏应力作用下的轴向流变曲线为例（图 6-42），其流变曲线包含弹性变形，以及衰减、稳态、加速 3 个流变阶段，在泥岩进入加速阶段后，其应变量不收敛，且呈现迅速增大的趋势。

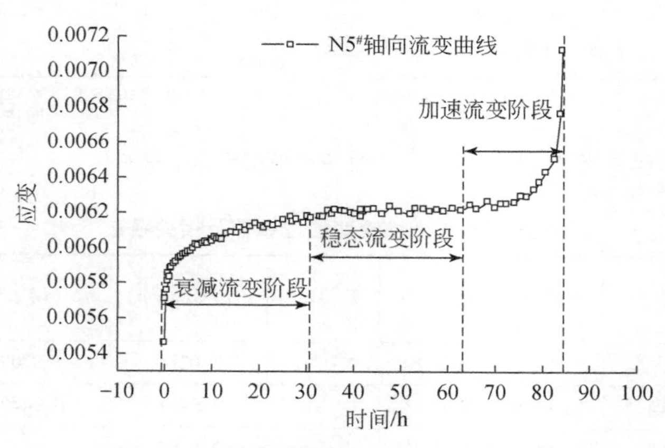

图 6-42　粉砂质泥岩的流变全过程曲线

对于粉砂质泥岩在加速流变之前的流变特征，本书已通过“直接筛选法”和“后验排除法”选取了五元件模型进行描述。但是，五元件模型由于不具备塑性元件而无法描述粉砂质泥岩在加速阶段的黏塑性流变特征。为了真实地描述粉砂质泥岩在加速流变阶段的流变特征，则必须采用一种具备黏塑性变形特征的元件模型。作者曾提出了一个具有黏塑性特征的流变模型，简称为 VR（visco-plastic rheological）模型，其能较好地描述岩石的加速流变特征。VR 模型由一个非线性黏性元件和一个塑性元件并联组成，如图 6-43 所示，相应的流变方程如式（6-6）所示。

根据流变试验研究的相关经验，给出 VR 模型的经验流变方程为

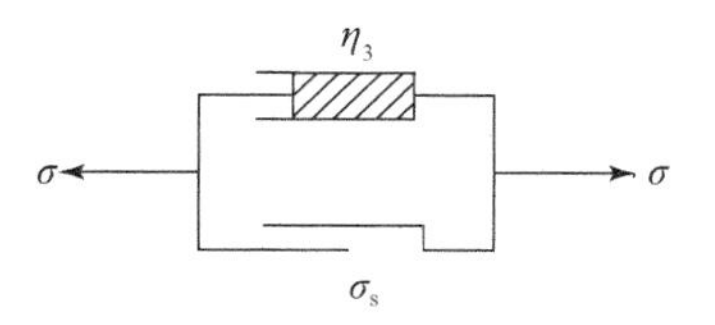

图6-43　VR模型

$$\varepsilon = \frac{\sigma - \sigma_s}{\eta_3}[\exp(t^n) - 1] \tag{6-6}$$

式中，ε 为应变；η_3和 n 均为岩石流变模型参数；σ 为偏应力；σ_s为岩石长期强度；t 为流变时间。

由式（6-6）可知，$\frac{\sigma - \sigma_s}{\eta_3}$ 应为某个定值。因而，在假定 $\frac{\sigma - \sigma_s}{\eta_3}$ 为定值 a 的情况下，通过改变模型参数 n 可得到应变 ε 的大致变化趋势曲线，如图6-44所示，由图可知，当$0.5<n<0.7$时，VR模型呈韧性流变破坏形式；当$0.7<n<0.9$时，VR模型的流变破坏模式属于韧或韧脆性破坏类型。结合第4章中粉砂质泥岩在不同围压下的流变曲线可知，当模型参数 n 大于0.5时，VR模型的应变量与应变速率均随时间呈非线性快速增大的趋势，充分反映出了粉砂质泥岩在加速流变阶段的变形特征，从而证明VR模型可以用来描述粉砂质泥岩的加速流变特征。

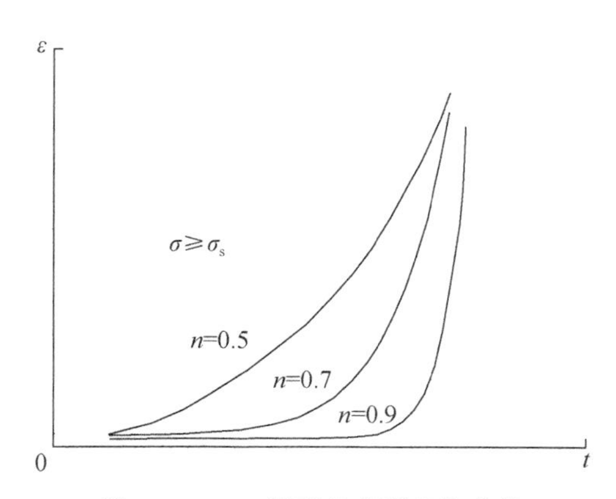

图6-44　VR模型的变形趋势曲线

由图6-42也可以看出，粉砂质泥岩流变的全过程曲线同时具有弹性、黏性和塑性变形特性，因此，在进行流变模型辨识时就必须选用具备弹性、黏弹性和黏塑性流变特征的模型。为获取能描述粉砂质泥岩流变全过程曲线的模型，本书采用串联方式，将笔者提出的VR模型与五元件模型组合成新的岩石黏弹塑性流变模型，其元件模型如图 6-45 所示。

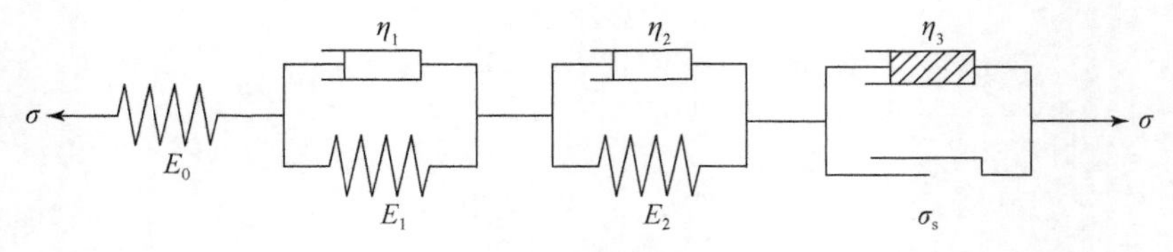

图 6-45　岩石黏弹塑性流变模型

由图 6-45 可见，新建立的岩石黏弹塑性流变模型包含了弹性元件、黏性元件和塑性元件，因而具备黏弹性变形、黏塑性变形特征，可用来描述粉砂质泥岩流变的全过程曲线。根据串联原则，黏弹塑性流变模型的流变方程分以下两种情况。

（1）在低偏应力条件下（$\sigma \leqslant \sigma_s$），上述模型退化为五元件模型，可用来描述粉砂质泥岩的黏弹性流变特性，对应的流变方程为式（6-5）。

（2）在高偏应力条件下（$\sigma > \sigma_s$），上述模型的流变方程为

$$\varepsilon = \left[\frac{1}{E_0} + \frac{1}{E_1}\left(1 - e^{\frac{-E_1}{\eta_1}t}\right) + \frac{1}{E_2}\left(1 - e^{\frac{-E_2}{\eta_2}t}\right)\right]\sigma + \frac{\sigma - \sigma_s}{\eta_3}[\exp(t^n) - 1] \tag{6-7}$$

为简化方程，可将式（6-5）与式（6-7）合并，推导有

$$\varepsilon = \left[\frac{1}{E_0} + \frac{1}{E_1}\left(1 - e^{\frac{-E_1}{\eta_1}t}\right) + \frac{1}{E_2}\left(1 - e^{\frac{-E_2}{\eta_2}t}\right)\right]\sigma + \frac{H(\sigma - \sigma_s)}{\eta_3}[\exp(t^n) - 1] \tag{6-8}$$

$$H(\sigma_s) = \begin{cases} 0 & \sigma < \sigma_s \\ \sigma - \sigma_s & \sigma \geqslant \sigma_s \end{cases} \tag{6-9}$$

式中，ε 为应变；t 为流变时间；σ 为轴向偏应力；E_0为瞬时弹性模量；E_1和 E_2为黏弹性模量；η_1和 η_2均为黏滞系数，表示粉砂质泥岩流变阶段趋向稳定的快慢程度；η_3和 n 均为岩石流变模型参数；σ_s为岩石长期强度。

根据上述分析，新建立的岩石黏弹塑性流变模型需按照两种情况进行模型参数的求解。当偏应力 $\sigma \leqslant \sigma_s$时，模型退化为五元件模型，模型参数求解可参照本章 6.5 节中的方法。当偏应力 $\sigma > \sigma_s$时，模型参数求解方法如下。

（1）利用粉砂质泥岩瞬时弹性变形、衰减流变和稳态流变阶段的流变试验数据，按照五元件模型求解参数的方法确定 E_0，E_1，E_2与 η_1，η_2。

（2）在粉砂质泥岩加速流变阶段，先将已求得的 E_0，E_1，E_2与 η_1，η_2代入式（6-5）中，求出加速流变阶段岩石黏弹性流变变形的理论解；再将加速流变阶段内岩石流变的实测值减去相应的黏弹性理论值，可得到 N 组“时间与变形量差值”的数据。

（3）在 OriginLab 的 “Define New Function” 界面中进行用户自定义。将 “Number of Parameters” 设置为 “2” 后，在函数自定义界面中将式（6-6）编辑成 “$y=P_1\times$（exp（x^P_2）-1）” 的形式，其中 $P_1=$（σ_s）$/\eta_3$，$P_2=n$。

（4）将步骤（2）中得到的 N 组数据导入 OriginLab 并绘制成散点图，利用步骤（3）中自定义的函数进行非线性回归分析，最后可获得流变模型参数 η_3 和 n。

基于 N5#轴向流变试验数据，采用上述方法对新建立的岩石黏弹塑性模型进行辨识，可得到粉砂质泥岩全过程流变拟合曲线（图 6-46）和相应的模型参数（表 6-14）。

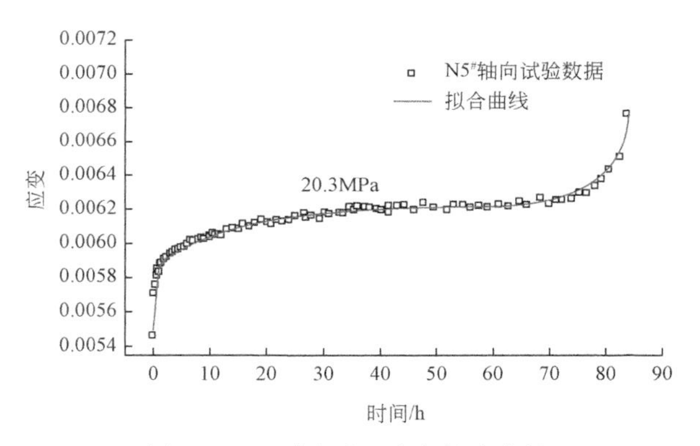

图 6-46　N5#全过程流变拟合曲线

表 6-14　N5#黏弹塑性流变模型参数及相关系数

偏应力/MPa	E_0/GPa	E_1/GPa	E_2/GPa	η_1/(GPa · h)	η_2/(GPa · h)	η_3/(GPa · h)	n	相关系数 R^2
20. 3	2. 0132	3. 0827	4. 2226	2. 8602	3. 9014	4. 4269	0. 8612	0. 9306

由图 6-46 和表 6-14 可以看出，本书所建立的岩石黏弹塑性流变模型能够较好地拟合粉砂质泥岩流变的全过程曲线，相关系数可达 0. 93 以上，表明用该模型对粉砂质泥岩的流变曲线进行辨识具有一定的合理性和正确性。同时，结合表 6-13 与表 6-14 可给出 N5#流变参数的平均值，如表 6-15 所示。

表 6-15　N5#黏弹塑性流变模型参数平均值

E_0/GPa	E_1/GPa	E_2/GPa	η_1/(GPa · h)	η_2/(GPa · h)	η_3/(GPa · h)	n
1. 7841	3. 0250	4. 1314	2. 7296	3. 8114	4. 4269	0. 8612

同样地，可采用本书新建立的岩石黏弹塑性流变模型对 N12$^{\#}$、N18$^{\#}$岩样的流变曲线进行拟合（图6-47 和图6-48），并可得到不同围压条件下的流变模型参数（表6-16 和表6-17）。

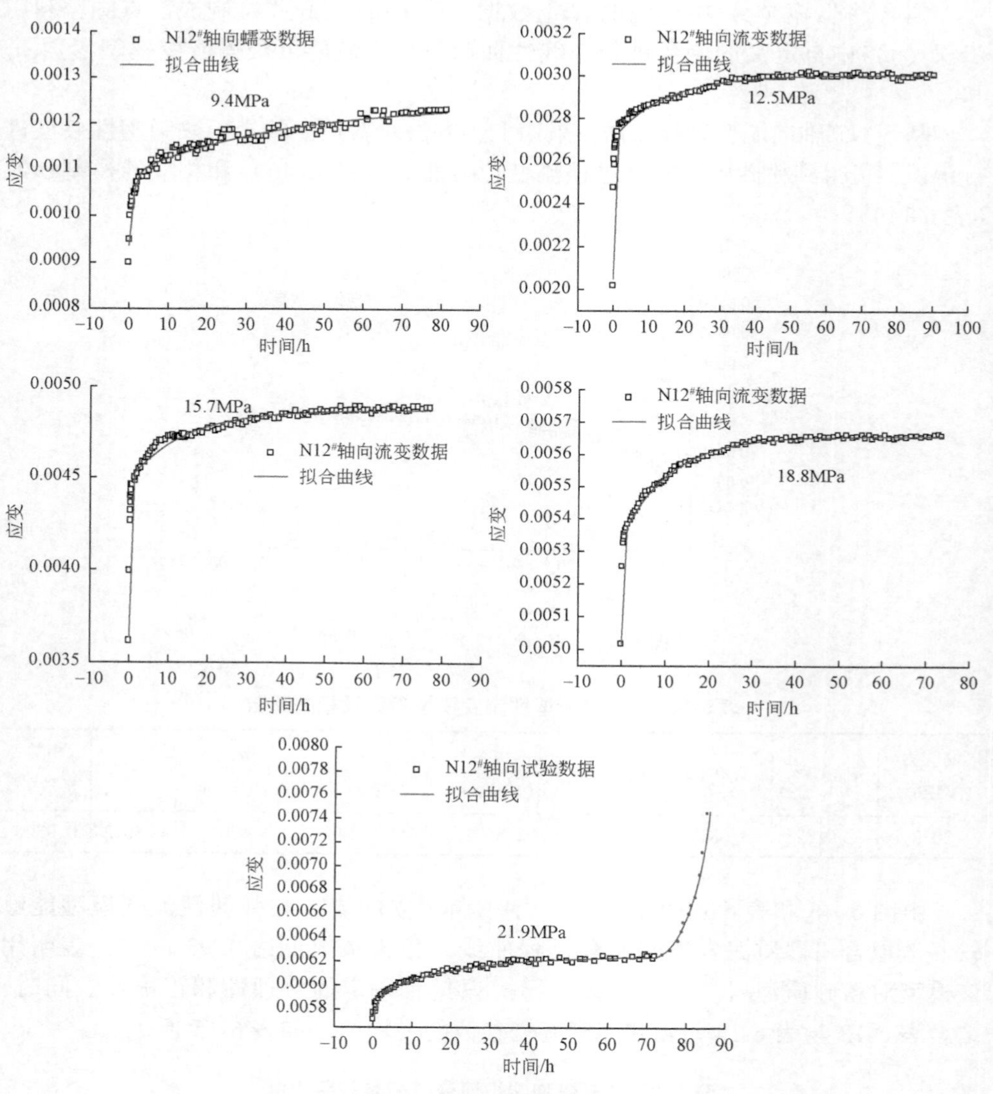

图6-47　N12$^{\#}$岩石流变拟合曲线

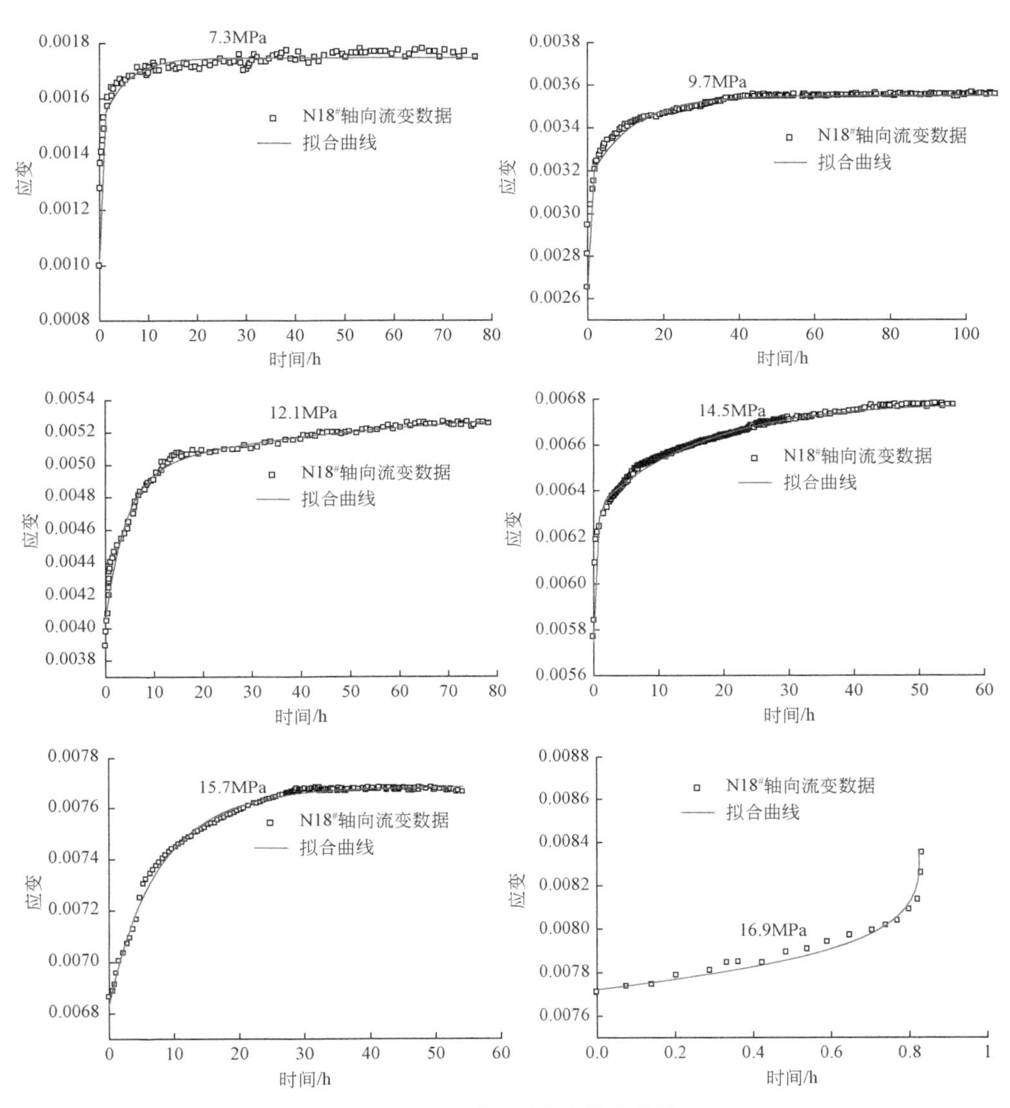

图 6-48　N18#岩石流变拟合曲线

表 6-16　N12#黏弹塑性流变模型参数及相关系数

偏应力/MPa	E_0/GPa	E_1/GPa	E_2/GPa	η_1/(GPa·h)	η_2/(GPa·h)	η_3/(GPa·h)	n	相关系数 R^2
9.4	1.4163	3.4377	4.1187	3.2705	3.6111	—	—	0.9206
12.5	1.5395	3.0060	3.3542	3.0813	4.0514	—	—	0.9386
15.7	2.0252	3.3165	4.1024	2.7169	4.1203	—	—	0.9151

续表

偏应力 /MPa	E_0/GPa	E_1/GPa	E_2/GPa	η_1 /(GPa · h)	η_2 /(GPa · h)	η_3 /(GPa · h)	n	相关系数 R^2
18.8	2.2131	2.9582	4.3551	2.5629	3.6541	—	—	0.9416
21.9	2.1383	3.3266	4.7513	2.9351	4.1927	4.6518	0.8531	0.9115
平均	1.8665	3.2090	4.1363	2.9133	3.9259	4.6518	0.8531	—

表 6-17 N18#黏弹塑性流变模型参数及相关系数

偏应力 /MPa	E_0/GPa	E_1/GPa	E_2/GPa	η_1 /(GPa · h)	η_2 /(GPa · h)	η_3 /(GPa · h)	n	相关系数 R^2
7.3	1.6116	3.5623	4.2016	3.1255	3.8521	—	—	0.9038
9.7	1.5361	3.3527	4.2200	3.1597	4.0809	—	—	0.9218
12.1	2.2935	3.4522	4.3511	2.9659	4.2055	—	—	0.9466
14.5	2.3542	3.2850	4.4092	2.9163	3.5652	—	—	0.9515
15.7	2.3711	3.1059	4.0361	2.9694	3.9515	—	—	0.9335
16.9	2.2611	3.2512	4.9262	3.0285	4.2464	4.7106	0.8726	0.9464
平均	2.0713	3.3349	4.3574	3.0276	3.9836	4.7106	0.8726	—

由图 6-47 和图 6-48 可看出，黏弹塑性流变模型能较好地拟合粉砂质泥岩在各级偏应力条件下的流变曲线，并取得了满意的拟合效果，相关系数 R^2 均高于 0.90。结合表 6-15 ~ 表 6-17 可得到粉砂质泥岩在不同围压与渗透压下的黏弹塑性流变模型参数的平均值，见表 6-18。

表 6-18 粉砂质泥岩黏弹塑性流变模型参数

岩样编号	E_0/GPa	E_1/GPa	E_2/GPa	η_1 /(GPa · h)	η_2 /(GPa · h)	η_3 /(GPa · h)	n
N5#	1.7841	3.0250	4.1314	2.7296	3.8114	4.4269	0.8612
N12#	1.8665	3.2090	4.1363	2.9133	3.9259	4.6518	0.8531
N18#	2.0713	3.3349	4.3574	3.0275	3.9836	4.7106	0.8726

由表 6-18 可知，不同围压与渗透压下的粉砂质泥岩的变形参数有差别，但数值相差较小。换言之，不同围压与渗透压对粉砂质泥岩的变形参数大小虽有影响，但并未导致其发生根本性改变。因此，在实际应用过程中，可以参照表 6-18 中的变形参数或取其平均值。

6.6 本章小结

本章对三峡大坝库区的典型库岸边坡——马家沟滑坡滑体的粉砂质泥岩进行了渗透压与应力耦合作用下的流变试验，基于试验成果，绘制得到了轴向、环向和体积流变曲线。通过分析流变曲线得到了以下结论。

（1）不同试验条件下的粉砂质泥岩的流变曲线具有一定的相似性，都体现了岩石流变的全部过程：瞬时弹性变形阶段、衰减流变阶段、稳态流变阶段和加速流变阶段。进一步分析可知，在流变试验加载初期，渗透压的存在起到了抵抗轴向应变的作用；而在流变试验加载后期，由于岩石中微裂纹、裂隙的扩展及贯通，渗透压的存在增大了岩石裂隙的扩展能力，同时弱化了岩石的力学强度，有利于岩石轴向变形。在渗透压与围压共同作用下，围压对岩石流变产生的影响远大于渗透压。

（2）在对岩石流变的应变速率进行研究时，提出了一种“微分求解法”。利用“微分求解法”分别求得了粉砂质泥岩的非加速应变速率和加速应变速率与时间的关系曲线。进一步分析发现，低偏应力条件下的岩石应变速率衰减较快，所对应的应变速率曲线也就越陡峭；较高的偏应力条件下的岩石应变速率衰减相对较慢，其对应的应变速率曲线也就较平缓。同时，对非加速应变速率与时间的关系曲线进行分析可知，在围压相同而渗透压不同的情况下，渗透压的影响使得岩石的轴向加速流变比环向加速流变更加敏感；在渗透压相同而围压不同时，渗透压对低围压下岩石轴向和环向流变的影响基本相同。

（3）通过“等时应力–应变曲线法“和“稳定流变速率法”两种方法进行对比研究，确定了粉砂质泥岩三轴流变的长期强度。结论表明：①粉砂质泥岩流变的长期强度小于饱水状态的瞬时强度；②渗透压的存在不仅利于岩石裂隙的扩展和贯通，还起到了弱化力学性质的作用，降低了岩石流变的长期强度；③在其他因素相同的条件下，围压越大，粉砂质泥岩流变的长期强度也越大。

（4）对于粉砂质泥岩在黏塑性阶段的流变曲线，本章提出了一个 VR 元件模型。通过改变 VR 模型的参数 n 可得到变形随时间快速增大的趋势曲线，其变形趋势正好与粉砂质泥岩加速流变阶段的变形特征相似。为描述粉砂质泥岩在流变破裂应力作用下的全过程流变曲线，本章将提出的 VR 模型与五元件模型进行串联而得到了新的岩石黏弹塑性流变模型。利用得到的新的流变模型对粉砂质泥岩的全过程曲线进行了拟合，并给出了模型参数的求解方法，新的流变模型取得了较好的拟合效果，并获得了模型参数，说明所建立的模型具有一定的正确性与合理性。

第7章　不同含水率下岩石剪切流变机理研究

西藏邦铺 Mo（Cu）多金属矿区位于冈底斯山脉与念青唐古拉山脉结合部位，地势险峻，切割强烈，平均海拔在5000m以上，最高标高为5330m，自然地理条件异常恶劣，地形地貌复杂。矿区断层与裂隙发育，第四系强风化层分布较广，矿山露采境界最终边坡高度达1065m，其边坡长度在1400m左右，是目前国内前所未有的高陡边坡，在国际上也罕见，属于复杂地质环境条件下的超高、超长露天边坡。

国内外学者对单轴或三轴压缩下的流变模型研究较多，然而采矿边坡岩体的破坏主要是压剪破坏，在剪应力作用下，岩体流变模型的研究相对较少，而考虑不同含水状态的剪切流变本构研究，更鲜有报道。

西藏邦铺矿区主要岩性为花岗岩，矿山边坡服务年限长达33年，因此，研究该矿区花岗岩剪切流变特性有重要意义，本章对不同含水率状态下室内花岗岩剪切流变试验成果进行分析研究，建立了一种考虑含水率损伤的非线性黏弹塑性剪切流变模型——DNVPB模型，对其三维流变本构方程做了推导，并对其本构模型参数进行了辨识。

7.1　取样位置与工程概述

西藏邦铺 Mo（Cu）多金属矿区位于西藏自治区墨竹工卡县北东约34km处，该矿区是高海拔、高寒、高边坡露天开采矿山，矿区全景图如图7-1所示。矿山海拔4498m以上第一期露天开采计算服务年限为14.5年；海拔4243m以上露天开采的一、二期总计算服务年限为33年。矿山最终边坡角：表土松散层25°，强风化层28°，基岩36°～39°。该矿区花岗岩为灰白色，矿物成分主要有长石、石英、黑云母，岩样结晶体均匀粗大，微裂隙极为发育。现场采集矿区内有代表性的岩石若干块，对岩石表面进行粗略加工后再进行包裹处理，将其放置在特制的木箱里，并采用具有缓冲作用的材料充填满木箱以保护岩块，最后将岩块运送至岩石加工厂，在采集和运输过程中尽量保证岩石不受人为破坏和扰动。严格按照ISRM推荐标准制备尺寸标准为50 mm×100 mm（直径×长度）的标准岩样（图7-1）。

(a)矿区全景图

(b)取样地点

(c)取样处的钻孔岩芯

(d)加工后的岩样

图 7-1　矿区全景图和样品图

7.2　试验仪器与试验方法

7.2.1　试验仪器

剪切流变试验主要在JQ200型岩石剪切流变仪上进行，JQ200型岩石剪切流变仪的主要结构如图7-2所示。该流变仪由主机、稳压系统、操纵台三部分组成，主机包括机座、水平千斤顶、垂直千斤顶、反力架和有关附件；稳压系统包括垂直稳压器和水平稳压器；操纵台包括手动泵、压力表、控制阀门等；机座系整体铸钢件，刚度大，稳定性能好，千斤顶经力传感器标定，准确性好，整个系统安装调试方便，操作简单，其加载系统和数据采集系统如图7-3所示。

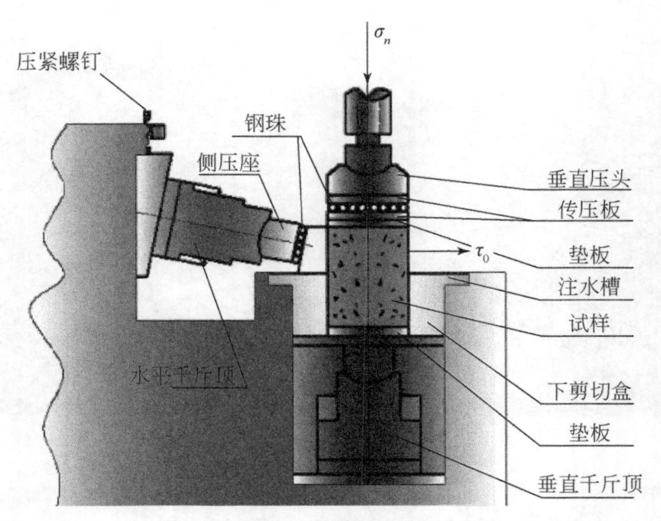

图 7-2　JQ200 型岩石剪切流变仪

图 7-3　加载系统和数据采集系统

7.2.2　试验方法

（1）首先进行声波测试试验，用以排除因岩样内部微裂隙、微孔洞的差异对试验造成的干扰。以声波测试波速的结果来挑选试验所用的花岗岩岩样。

（2）为了了解不同条件下花岗岩剪切流变特性的差异，试验在饱和、干燥、半饱和、天然 4 种状态下进行。剪切流变试验前，将挑选的岩样进行以下处理：①饱和岩样。将挑选的岩样放入盛有蒸馏水的密封容器中，采用真空抽气机使其密封饱和，保持 0.1 MPa 的负压 24h 后，保证试样充分饱和。②半饱和状态岩样。将挑选的岩样放入盛有蒸馏水的密封容器中，浸泡4h后拿出。③自然状态岩样。不做处理，其含水率为天然状态。④干燥岩样。使用烘干机放置24h，对岩样进行充分干燥。对上述4种状态的花岗岩岩样采用烘干法测定其含水率 ω 。测定含水率之后将4种状态的岩样用石蜡封好，带到恒温恒湿的实验室进行试验。

（3）四种状态岩样测定的含水率分别为0.75%、0.49%、0.22%、0。在正应力2.216MPa下对其进行剪切流变试验，采用逐级加载方式，加载应力大小根据花岗岩在不同含水状态下的瞬时抗剪力学参数加载，当24h内的位移量不大于0.001 mm时，认为变形相对稳定，可施加下一级剪应力，如此进行下去，直至试件破坏（图7-4）。

0含水率

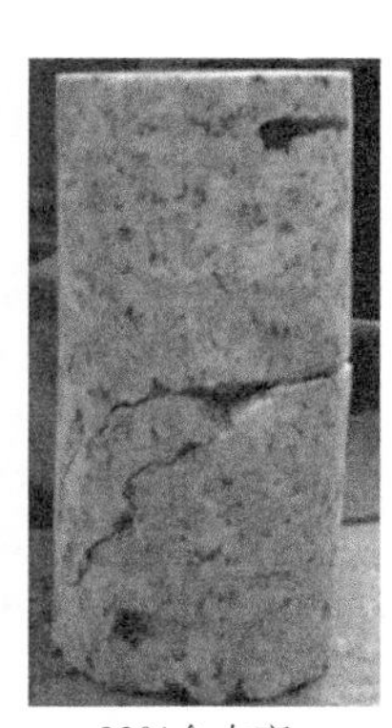

22%含水率

49%含水率

75%含水率

图7-4　不同含水率岩样破坏后

7.3　剪切流变试验结果与分析

试验结果如图7-5所示，图7-5为在正应力2.216MPa下，含水率为0.75%、0.49%、0.22%、0的剪切流变曲线。

采用Boltzmann叠加原理对花岗岩剪切流变试验数据进行处理后，绘制成各含水率状态下的花岗岩剪切流变位移与时间的关系图，如图7-6所示。

由图7-6可以看出，各含水率状态下花岗岩剪切流变曲线具有相似性。①在较低剪切应力时，各级剪切应力加载完成后，花岗岩剪切位移一般经历初始流变、稳定流变两个阶段。②当剪切应力水平较高时，剪切位移则经历初始流变、稳态流变、加速流变3个阶段。③在高剪切应力时，剪切位移随时间增长而持续积累，位移增长率大于零，当剪切位移量积累超过某一临界值时，花岗岩就会迅速发生流变破坏。

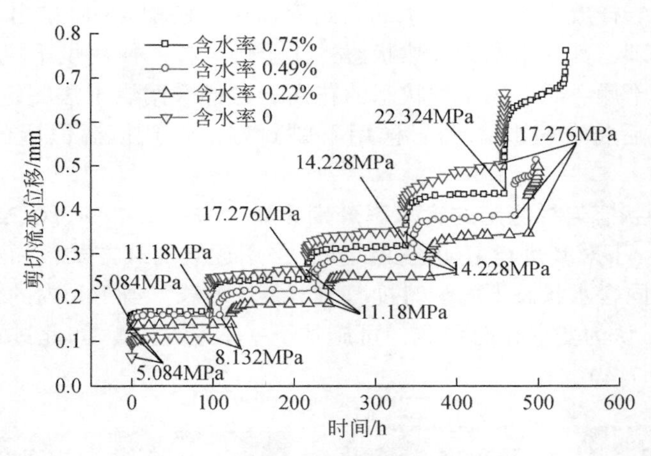

图 7-5　剪切流变位移-时间曲线图

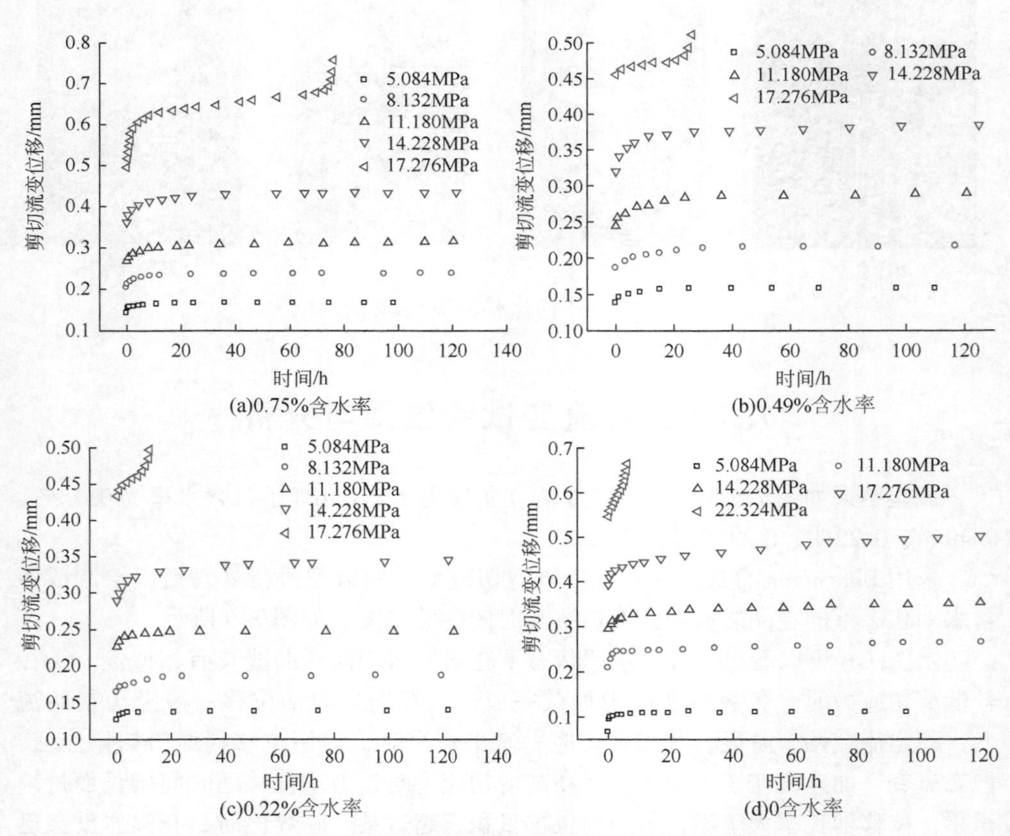

图 7-6　各含水率状态下花岗岩剪切流变位移-时间图

图7-7中正应力为2.216MPa时，剪切应力为17.276MPa，加载后含水率0.75%的花岗岩剪切位移–剪切位移速率–时间曲线图，可以看出，此过程花岗岩剪切流变曲线经历了典型流变三阶段，即减速流变阶段、稳定流变阶段、加速流变阶段，加速流变阶段持续一定时间后，岩样发生破坏。图7-7中t_S为岩样由减速流变阶段转为稳定流变阶段对应的时刻，γ_S为此时刻的剪切位移值，t_P为岩样由稳定流变阶段转为加速流变阶段对应的时刻，γ_P为稳定流变阶段与加速流变阶段分界点的剪切位移，t_{FR}为岩样破坏时刻，γ_{FR}为岩样破坏时刻的剪切位移值。

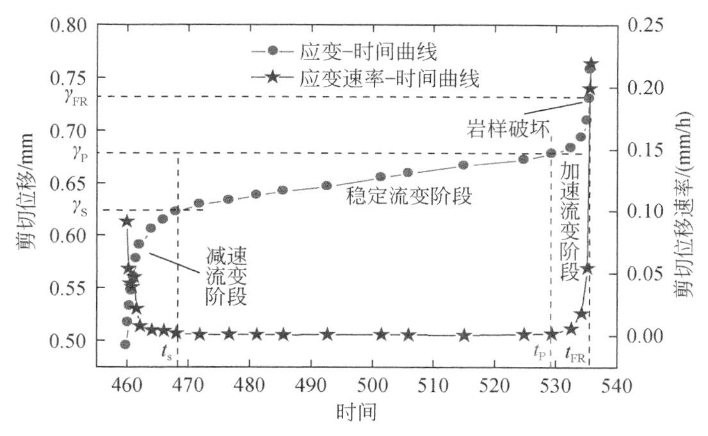

图7-7　剪切位移–剪切位移速率–时间图

从图7-6中获取的不同含水率状态下岩样各级剪应力值τ、瞬时初始剪切位移值γ_0、稳定后总剪切位移值γ、由减速流变阶段进入稳定流变阶段的时间点值Δt见表7-1。

表7-1　不同含水率下的流变特征值

ω	τ/MPa	γ_0/mm	γ/mm	Δt/h
0.75%	5.084	0.1416	0.1659	24.85
	8.132	0.2039	0.2380	34.38
	11.180	0.2681	0.3158	36.27
	14.228	0.3610	0.4344	55.48
	17.276	0.4952	破坏	—
0.49%	5.084	0.1381	0.1579	15.432
	8.132	0.1863	0.2163	29.89
	11.180	0.2441	0.2898	36.025
	14.228	0.3200	0.3844	39.12
	17.276	0.4558	破坏	—

续表

ω	τ /MPa	γ_0 /mm	γ /mm	Δt /h
0.22%	5.084	0.1261	0.1395	8.327
	8.132	0.1643	0.1867	24.496
	11.180	0.2269	0.2478	30.11
	14.228	0.2894	0.3457	39.08
	17.276	0.4335	破坏	—
0	5.084	0.0657	0.1096	7.11
	11.180	0.2083	0.2644	8.05
	14.228	0.2961	0.3528	20.12
	17.276	0.3929	0.5026	24.13
	22.324	0.5465	破坏	—

由表 7-1 可以看出：①初始瞬时剪切位移随着剪切应力的增加而增大，如当含水率为 75%，剪切应力为 5.084MPa 时，瞬时剪切位移为 0.1416mm，而剪切应力为 17.276MPa 时，瞬时剪切位移为 0.4952mm。②由流变效应引起的剪切位移量（总剪切位移减去初始瞬时剪切位移）也随着剪切应力的增大而增大。③流变经历减速流变阶段进入稳定流变阶段的时间随着含水率的增加而增大。

7.4 考虑含水状态的损伤流变本构

目前，用来描述流变曲线全过程的流变模型，比较成熟的有 Maxwell 模型、Burgers 模型、宾汉姆模型、西原模型等，Burgers 模型是较好且简单的用来描述加速流变阶段以前流变曲线的模型。但是 Burgers 模型中的元件是线性的，对于岩石的非线性黏弹塑性流变特征无法做出合理描述，而且由于没有屈服极限，无法描述岩石长期强度以上的流变规律。

由图 7-7 可知，最后一级剪应力之前的各流变曲线均表现出岩石流变的黏弹性特征，其本构应带有弹性与黏性元件；在最后一级剪切应力时，剪切位移量不收敛且呈迅速增大趋势，表现出塑性、非线性的特征。因此，用于描述花岗岩剪切流变全程曲线的模型应同时具备弹性、非线性黏塑性特征。为此，本书在 Burgers 模型的基础上提出了一种能同时描述岩石黏弹塑性特性的非线性流变模型，如图 7-8 所示。图 7-8 中 η_3 表示黏塑性系数，τ_s 为岩石长期抗剪强度。

该模型在 Burgers 模型上串联一个由非线性黏性元件和塑性元件并联而成的非线性黏塑性体，称为非线性黏弹塑性 Burgers 流变模型，简称 NVPB 剪切流变模型。当剪切应力小于 τ_s 时，该非线性黏塑性体不发挥作用；当剪切应力大于 τ_s

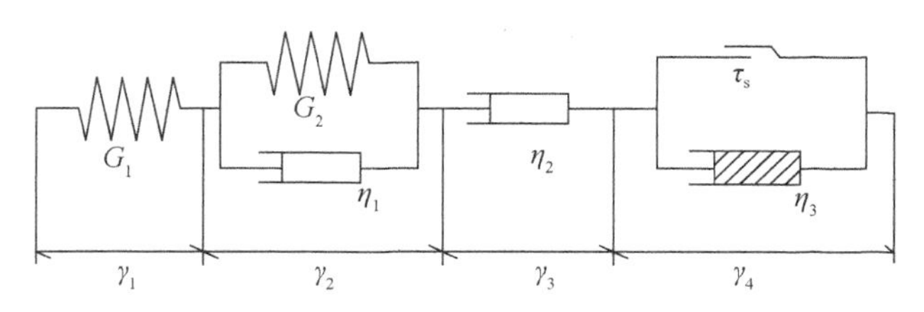

图 7-8　NVPB 剪切流变模型

时，该非线性黏塑性体触发。

图 7-8 中第 4 部分的黏塑性元件在恒定剪切应力作用下，相应的流变方程为

$$\gamma(t)=\frac{\tau_0-\tau_s}{\eta_3}(\exp(t^n)-1) \tag{7-1}$$

式中，n 值为待确定参数值，可根据流变实验确定。

图 7-8 中的 γ_1、γ_2、γ_3、γ_4 为各流变体部分对应的剪切位移。因为图 7-8 中各流变体串联而成，则

$$\gamma=\gamma_1+\gamma_2+\gamma_3+\gamma_4 \tag{7-2}$$

结合 Burgers 模型流变方程及式（7-1）和式（7-2），得出在恒定剪切应力作用下，NVPB 剪切流变模型流变方程为

$$\begin{cases}\gamma(t)=\dfrac{\tau_0}{G_1}+\dfrac{\tau_0}{G_2}\left(1-\mathrm{e}^{-\frac{G_2}{\eta_1}t}\right)+\dfrac{\tau_0}{\eta_3}t(\tau_0<\tau_s)\\ \gamma(t)=\dfrac{\tau_0}{G_1}+\dfrac{\tau_0}{G_2}\left(1-\mathrm{e}^{-\frac{G_2}{\eta_1}t}\right)+\dfrac{\tau_0}{\eta_3}t+\\ \qquad\dfrac{\tau_0-\tau_s}{\eta_3}(\exp(t^n-1))(\tau_0\geqslant\tau_s)\end{cases} \tag{7-3}$$

7.4.1　考虑含水损伤效应的流变模型

岩石中含有孔穴、微裂纹、微裂隙等缺陷，外界因素（如水的作用）必然会引起这些缺陷的扩展，岩石的损伤即为岩石内部的微缺陷的发展。水对岩样的矿物颗粒起到润滑和软化作用，含水率不同，则岩样的力学性能不同。

由图 7-6 和表 7-1 还可以分析得出，随着含水率的增加，岩样的初始瞬时剪切位移也增加，即流变的瞬时弹性模量随含水率的增大而减小；流变经历减速流变阶段进入稳定流变阶段的时间随着含水率的增大而增大，即流变模型其他参数也随含水率的增大而变化。因此，NVPB 剪切流变模型中应该考虑含水率对瞬时弹性模量和其他流变模型参数的损伤影响。

引入损伤变量 D，假定岩石在干燥状态下损伤为 0；随着含水率增加，岩样的损伤逐渐增加，但小于 1；且损伤随含水率变化具有连续性。含水率不同导致

剪切应力加载后瞬时弹性模量不同，根据损伤力学定义，有

$$D_1(\omega)=\frac{G_M(0)-G_K(0)}{G_M(0)} \tag{7-4}$$

式中，$D_1(\omega)$ 为含水率不同引起的瞬时剪切弹性模量劣化的损伤变量；$G_M(0)$ 为干燥状态的瞬时剪切弹性模量；$G_K(0)$ 为受含水率影响劣化后的瞬时剪切弹性模量；ω 为含水率，ω 为 0 时，岩样无损伤 $D_1(\omega)=0$，$D_1(\omega)$ 随含水率的增大而变大，但小于 1。

依据图 7-6 中岩石长期抗剪强度 τ_s 之前的曲线，获取不同含水率下 NVPB 剪切流变模型的模型参数平均值，见表 7-2。根据各含水率状态下的平均瞬时剪切弹性模量 $\overline{G}_1$，获取的平均瞬时剪切弹性模量、损伤变量 $D_1(\omega)$ 与含水率关系见图 7-9，可见平均瞬时弹性模量随含水率的增大而降低，损伤变量随含水率的增大而降低，采用最小二乘法可拟合得

$$D_1(\omega)=-0.33\times\exp(-\omega/0.46)+0.33 \tag{7-5}$$

表 7-2　不同含水率下流变特征值

ω /%	$\overline{G}_1$ /MPa	$\overline{G}_2$ /MPa	$\overline{\eta}_1$ /（MPa · h）	$\overline{\eta}_2$ /（MPa · h）
0.75	38.35	272.85	678.50	108340.87
0.49	41.73	308.53	911.34	222164.20
0.22	45.62	450.17	1401.95	343539.31
0.00	52.77	598.49	1668.36	632749.30

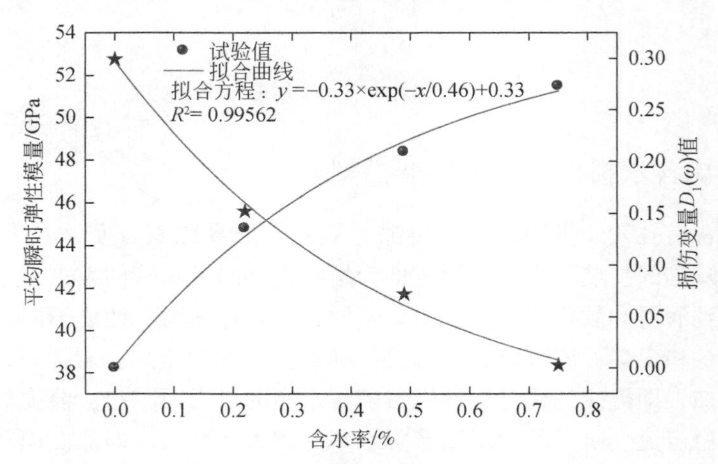

图 7-9　损伤变量 $D_1(\omega)$ 与含水率关系图

同理，可根据表 7-2 获得流变模型参数 $\overline{G}_2$ 、$\overline{\eta}_1$ 、$\overline{\eta}_2$ 随含水率影响劣化的损伤变量 $D_2(\omega)$ 、$D_3(\omega)$ 、$D_4(\omega)$ 关系式：

$$D_2(\omega) = -0.68 \times \exp(-\omega/0.43) + 0.68 \tag{7-6}$$

$$D_3(\omega) = -1.90 \times \exp(-\omega/1.90) + 1.89 \tag{7-7}$$

$$D_4(\omega) = -0.91 \times \exp(-\omega/0.35) + 0.91 \tag{7-8}$$

将损伤变量 $D_1(\omega)$、$D_2(\omega)$、$D_3(\omega)$、$D_4(\omega)$ 引入到 NVPB 剪切流变模型中，建立考虑含水率损伤的非线性黏弹塑性剪切流变模型，简称 DNVPB 模型（图 7-10）。

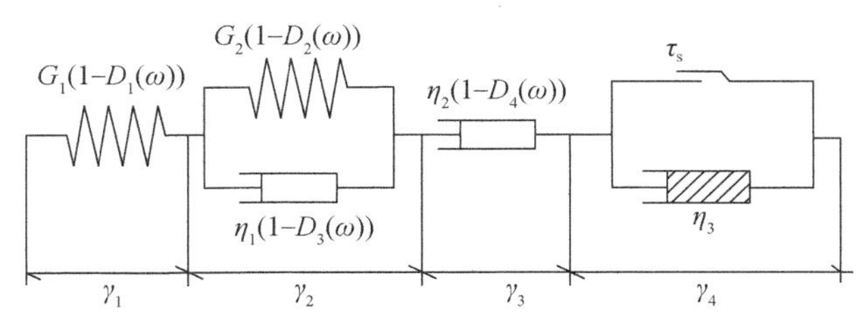

图 7-10　DNVPB 模型示意图

7.4.2　DNVPB 模型一维流变方程

将式（7-6）～式（7-9）代入到 NVPB 剪切流变模型流变方程式（7-3）中，得到 DNVPB 模型一维流变方程为

$$\begin{cases} \gamma(t) = \dfrac{\tau_0}{G_1(1-D_1(\omega))} + \dfrac{\tau_0}{G_2(1-D_2(\omega))}\left(1 - e^{-\frac{G_2(1-D_2(\omega))}{\eta_1(1-D_3(\omega))}t}\right) + \dfrac{\tau_0}{\eta_3(1-D_4(\omega))}t \quad (\tau_0 < \tau_s) \\ \gamma(t) = \dfrac{\tau_0}{G_1(1-D_1(\omega))} + \dfrac{\tau_0}{G_2(1-D_2(\omega))}\left(1 - e^{-\frac{G_2(1-D_2(\omega))}{\eta_1(1-D_3(\omega))}t}\right) + \dfrac{\tau_0}{\eta_3(1-D_4(\omega))}t + \\ \qquad \dfrac{\tau_0 - \tau_s}{\eta_3}(\exp(t^n - 1)) \quad (\tau_0 \geqslant \tau_s) \end{cases} \tag{7-9}$$

7.4.3　DNVPB 模型三维流变方程

本书室内剪切流变试验是在正应力为 2.216 MPa 下进行的，为了方便依据试验曲线对流变模型参数的辨识，必须获得 DNVPB 模型的三维流变方程。在三维应力状态下，岩石应力张量可以分解为球张量 σ_m 与偏张量 S_{ij}。则

$$\begin{cases} \sigma_m = \dfrac{1}{3}(\sigma_1 + \sigma_2 + \sigma_3) = \dfrac{1}{3}\sigma_{kk} \\ S_{ij} = \sigma_{ij} - \delta_{ij}\sigma_m = \sigma_{ij} - \dfrac{1}{3}\delta_{ij}\sigma_{kk} \end{cases} \tag{7-10}$$

δ_{ij} 为 Kronecker 符号，可得

$$\sigma_{\mathrm{ij}} = S_{\mathrm{ij}} + \frac{1}{3}\delta_{\mathrm{ij}}\sigma_{\mathrm{kk}} \tag{7-11}$$

一般，σ_{m} 只能改变物体体积，而不能改变其形状；而 S_{ij} 只能引起形状变化而不引起体积变化。因此，也可将应变张量分成球应变张量 ε_{m} 和偏应变张量 e_{ij}，则

$$\begin{cases} \sigma_{\mathrm{m}} = \dfrac{1}{3}(\sigma_1 + \sigma_2 + \sigma_3) = \dfrac{1}{3}\sigma_{\mathrm{kk}} \\ S_{\mathrm{ij}} = \sigma_{\mathrm{ij}} - \delta_{\mathrm{ij}}\sigma_{\mathrm{m}} = \sigma_{\mathrm{ij}} - \dfrac{1}{3}\delta_{\mathrm{ij}}\sigma_{\mathrm{kk}} \end{cases} \tag{7-12}$$

从而可得

$$\varepsilon_{\mathrm{ij}} = e_{\mathrm{ij}} + \delta_{\mathrm{ij}}\varepsilon_{\mathrm{m}} \tag{7-13}$$

令岩石剪切模量为 G，体积模量为 K，弹性模量为 E，泊松比为 μ，则

$$\begin{cases} K = \dfrac{E}{3(1 - 2\mu)} \\ G = \dfrac{E}{2(1 + \mu)} \end{cases} \tag{7-14}$$

在三维应力状态下，由虎克定律得

$$\begin{cases} \sigma_{\mathrm{m}} = 3K\varepsilon_{\mathrm{m}} \\ S_{\mathrm{ij}} = 2Ge_{\mathrm{ij}} \end{cases} \tag{7-15}$$

当 $(S_{\mathrm{ij}})_0 < \tau_{\mathrm{s}}$ 时，将式（7-10）中的 τ_0 替换成岩石试验时的恒定偏应力 $(S_{\mathrm{ij}})_0$，即

$$e_{\mathrm{ij}} = \frac{(S_{\mathrm{ij}})_0}{2G_1(1 - D_1(w))} + \frac{(S_{\mathrm{ij}})_0}{2G_2(1 - D_2(w))}\left(1 - \mathrm{e}^{-\frac{G_2(1-D_2(w))}{\eta_1(1-D_3(w))}t}\right) + \frac{(S_{\mathrm{ij}})_0}{2\eta_3(1 - D_4(\omega))}t\left((S_{\mathrm{ij}})_0 < \sigma_{\mathrm{s}}\right) \tag{7-16}$$

当 $(S_{\mathrm{ij}})_0 \geqslant \tau_{\mathrm{s}}$ 时，岩石出现塑性变形，需引入岩石屈服面 F 和塑性势函数 Q，则 DNVPB 模型中第 4 部分黏塑性变形率为

$$\dot{\varepsilon}_{\mathrm{ij}}^3 = \left(\frac{< F >}{2\eta_3}\right)\frac{\partial Q}{\partial \sigma_{\mathrm{ij}}}(\exp(t^n - 1))nt^{(n-1)} \tag{7-17}$$

$$< F > = \begin{cases} 0(f \leqslant 0) \\ f(f > 0) \end{cases} \tag{7-18}$$

f 为屈服函数，采用相关流动法则时 $f = Q$，则 DNVPB 模型中第 4 部分三维本构方程为

$$\varepsilon_{\mathrm{ij}}^3 = \left(\frac{f}{2\eta_2}\right)\frac{\partial f}{\partial \sigma_{\mathrm{ij}}}(\exp(t^n - 1))(f > 0) \tag{7-19}$$

屈服函数 f 可取如下形式：

$$f = \sqrt{J_2} - \tau_s / \sqrt{3} \tag{7-20}$$

式中，J_2 为第二应力偏量不变量。

假定流变过程中体积模量保持常数且等于弹性变形时的体积模量 K，结合式（7-14）、式（7-17）、式（7-20）得三维应力下DNVPB模型本构方程为

$$\varepsilon_{ij}(t)\begin{cases} = \dfrac{(S_{ij})_0}{2G_1(1-D_1(w))} + \dfrac{\sigma_m\delta_{ij}}{3K}\dfrac{(S_{ij})_0}{2G_2(1-D_2(w))}\left(1-e^{-\frac{G_2(1-D_2(w))}{\eta_1(1-D_3(w))}t}\right) + \\ \dfrac{(S_{ij})_0}{2\eta_3(1-D_4(\omega))}t\quad(f<0) \\ = \dfrac{(S_{ij})_0}{2G_1(1-D_1(w))} + \dfrac{\sigma_m\delta_{ij}}{3K}\dfrac{(S_{ij})_0}{2G_2(1-D_2(w))}\left(1-e^{-\frac{G_2(1-D_2(w))}{\eta_1(1-D_3(w))}t}\right) + \\ \dfrac{(S_{ij})_0}{2\eta_3(1-D_4(\omega))}t + \left(\dfrac{f}{2\eta_2}\right)\dfrac{\partial f}{\partial\sigma_{ij}}(\exp(t^n-1))\quad(f\geqslant 0) \end{cases} \tag{7-21}$$

剪切流变试验获得的是剪切位移曲线，只需将式（7-21）剪切应变 ε_{ij} 转化为剪切位移 γ_{ij}，即可获得相应的三维剪切流变本构方程。

7.5　剪切流变模型的参数辨识及验证

根据剪切试验的受力状态，结合式（7-20）和式（7-21），利用OriginLab软件拟合工具对图7-6中的剪切流变试验数据进行拟合与参数辨识，得到的流变参数根据流变参数的识别结果，代入到DNVPB模型中，得到流变曲线与实测值对比图（图7-11）。

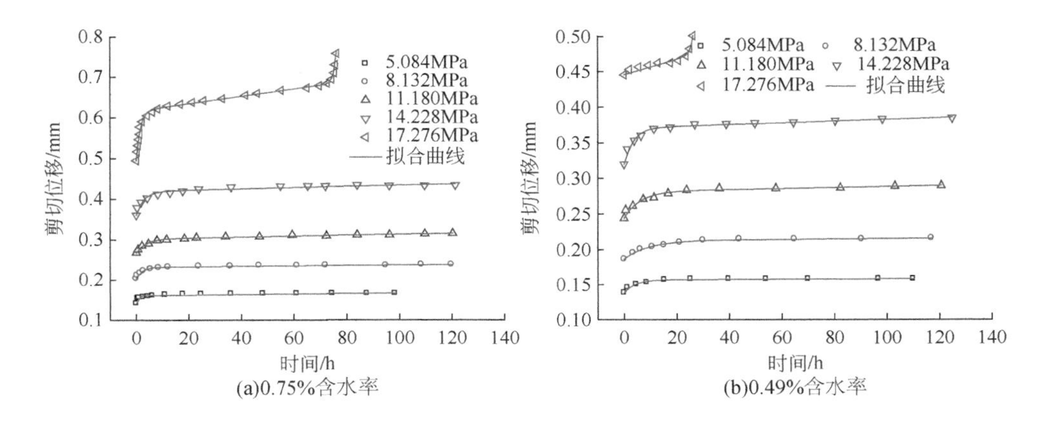

(a)0.75%含水率　(b)0.49%含水率

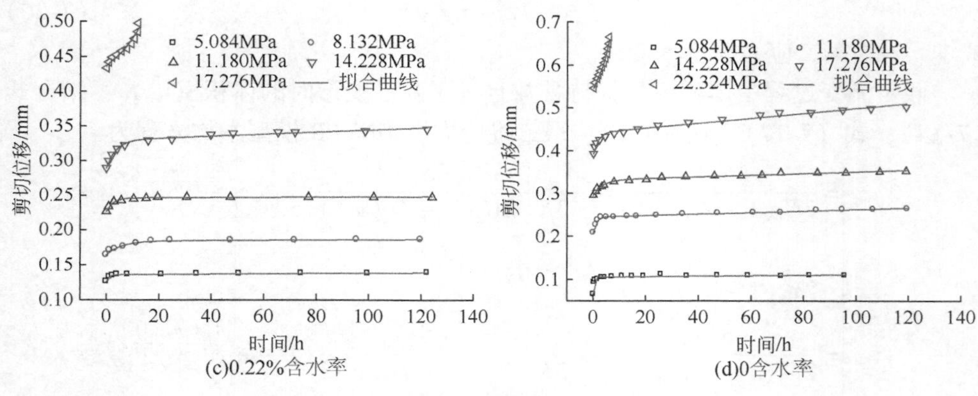

图 7-11　DNVPB 模型曲线与试验结果对比图

以 0.75% 含水率剪切流变曲线为例，其模型辨识结果见表 7-3。

表 7-3　模型参数

含水率/%	剪应力/MPa	G_1/MPa	G_2/MPa	η_1/(MPa·h)	η_2/(MPa·h)	η_3/(MPa·h)	n	R^2
0.75	5.084	35.90	257.02	181.26	82666.48	—	—	0.9220
	8.132	39.87	284.22	635.35	157332.6	—	—	0.9759
	11.180	41.69	323.03	1184.68	99780.13	—	—	0.9867
	14.228	39.41	243.48	712.70	93584.27	—	—	0.9616
	17.276	34.88	142.60	231.83	19213.91	3.34E36	1.01	0.9973

由图 7-11 和表 7-3 中的相关系数 R^2 可以看出，所建立的考虑含水率损伤的非线性黏弹塑性剪切流变模型——DNVPB 模型能够很好地描述不同含水率的花岗岩剪切流变 3 个阶段，特别是对岩石加速流变阶段的特性拟合较好，证明了本书建立的流变模型是正确合理的。

7.6　本章小结

对西藏邦铺矿区花岗岩进行了不同含水率状态下的剪切流变试验，基于试验结果得到的结论主要如下。

（1）随着含水率的增加，流变的瞬时弹性模量随含水率增大而降低（劣化）；流变模型其他参数也随含水率增大而变化。

（2）在 Burgers 模型基础上串联一个由非线性黏性元件和塑性元件并联而成的非线性黏塑性体，从而提出一种能同时描述岩石黏弹塑性特性的非线性剪切流变模型——NVPB 模型。将含水率不同引起的流变参数劣化的损伤变量引入到 NVPB 模型中，建立了考虑含水率损伤的非线性黏弹塑性剪切流变模型——DNVPB 模型。

（3）对 DNVPB 模型三维流变本构方程做了推导，并对其参数进行辨识，发现其模型曲线与剪切流变试验结果较吻合，能够很好地描述不同含水率的花岗岩剪切流变 3 个阶段，证明了本书建立的 DNVPB 模型是正确、合理的。该模型可为遇水情况下的岩体工程研究提供理论依据，具有一定的实用价值。

第 8 章　复杂地质环境下考虑流变效应的边坡长期稳定性工程应用研究

8.1　龙滩水电站坝址区库岸边坡长期稳定性分析

8.1.1　工程基本概况

龙滩水电站坝址位于广西天峨县境内，我国珠江水系干流西江上游的红水河流域，距离天峨县城约 15km。龙滩水电站坝址上游流域面积约 98 500km^2，其装机总容量约占红水河流域可开发水电总容量的 35%~40%，龙滩水电站设计正常蓄水位 400m，坝顶高 406.5m，坝高最大 216.5m，坝顶长 830.5m，总库容 273 亿 m^3，防洪库容 70 亿 m^3，该工程是我国特大型水利水电工程之一，龙滩水电站坝址区概貌如图 8-1 所示。

图 8-1　龙滩水电站坝址区概貌

由于该边坡离大坝较近，在电站运行期库水位涨落影响下，边坡的长期稳定性对大坝的长期安全将有直接影响。

坝址区库岸高边坡基本地质条件如下。

1）地形地貌

龙滩水电站坝址区两岸山顶高程约为600m，坝址区河谷的宽高比约3.5，是属于比较宽阔的“V”形河谷，河流的流向为S30°E，到坝址区域河流流向转向为S80°E。枯水期水面高程约为219m，河水面的宽度为90～100m，深度为13～19.5m。河床为砂、卵砾石层，厚度为0～6m，局部厚度为17m，左岸宽约10m，右岸宽为40～70m。本书以龙滩水电站左岸边坡为研究对象，左岸山体雄厚，左岸边坡的高度达420m，边坡坡度为32°～42°，边坡岩层倾向山里，正常倾角为60°。

2）地层岩性

地层主要为下三叠统罗楼组（T_{1l}）和中三叠统板纳组（T_{2b}），均为轻微变质的浅海深水相碎屑岩组。罗楼组（T_{1l}）以薄层、中厚层硅质泥板岩、硅质泥质灰岩为主，夹少量粉砂岩；板纳组（T_{2b}）由厚层钙质砂岩、粉砂岩、泥板岩互层夹少量层凝灰岩、硅质泥质灰岩组成，均属于坚硬或中硬岩石。岩层软硬相间，因层间错动、断层、结构面裂隙发育和冲沟切割，造成泥化夹层发育，破坏了其层状岩体的连续性，经探明，左岸进水口高边坡及其上游存在面积较大的A、B流变体，如图8-2所示。由于该边坡离大坝较近，流变体的稳定性对枢纽布置和大坝长期安全有直接影响（图8-3）。

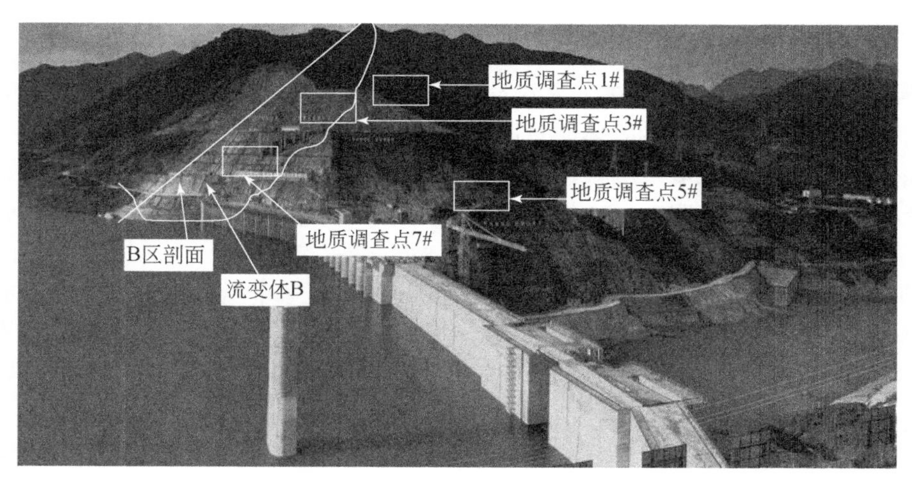

图 8-2　龙滩水电站坝址区流变体 B 区位置示意图

图 8-3　坝址区喷浆坡面出现的裂缝

3）岩体风化特征

龙滩工程左岸边坡是在反倾层状流变岩体其断层、结构面裂隙非常发育，工程地质条件恶劣、复杂，流变体边坡的变形和稳定直接影响着工程枢纽和大坝的安全，坝址岩体面状风化深度见表 8-1。

表 8-1　风化深度统计表

位置		左岸			
风化带下限		全	强	弱	微
风化深度 /m	罗楼组	12 ~ 15	20 ~ 35	25 ~ 65	80
	板纳组	0 ~ 15	5 ~ 20	15 ~ 40	50 ~ 90

8.1.2　不考虑流变特性的坝址区库岸高边坡稳定性分析

龙滩水电站流变体 B 边坡坡脚由抗风化能力相对较弱的罗楼组地层组成，岩体流变程度较 A 区严重，在工程建设期间，程东幸等（2007）采用 CSMR 法和模糊集法对流变体 B 区的岩体质量进行了评价，得出边坡岩体处于一般或较差的结论。该区边坡也采取了压脚和支护措施，刘艳辉等（2006）对压脚措施的效果进行了分析，结果表明 B 区边坡压脚工程可有效控制边坡岩体的变形。上述成果均是在工程正常运行之前得出的，蓄水之后，在库水涨落及“饱水-失水循环”长期反复作用下，该区域边坡是否能继续保持稳定是一个亟需解决的问题。本书选取流变体 B 区典型剖面进行饱水-失水循环在劣化作用下不考虑流变特性的坝址区库岸高边坡稳定性数值模拟计算分析，流变体 B 区典型剖面工程地质图如图 8-4 所示。

龙滩水电站在运行过程中，每年库水位将在 330 ~ 400m（黄海高程）周期性涨落，流变体 B 区典型剖面消落带的地下水位浸润线按以下公式计算：

$$y = \sqrt{y_p^2 + \frac{s'}{s}(h^2 - h_p^2)} \tag{8-1}$$

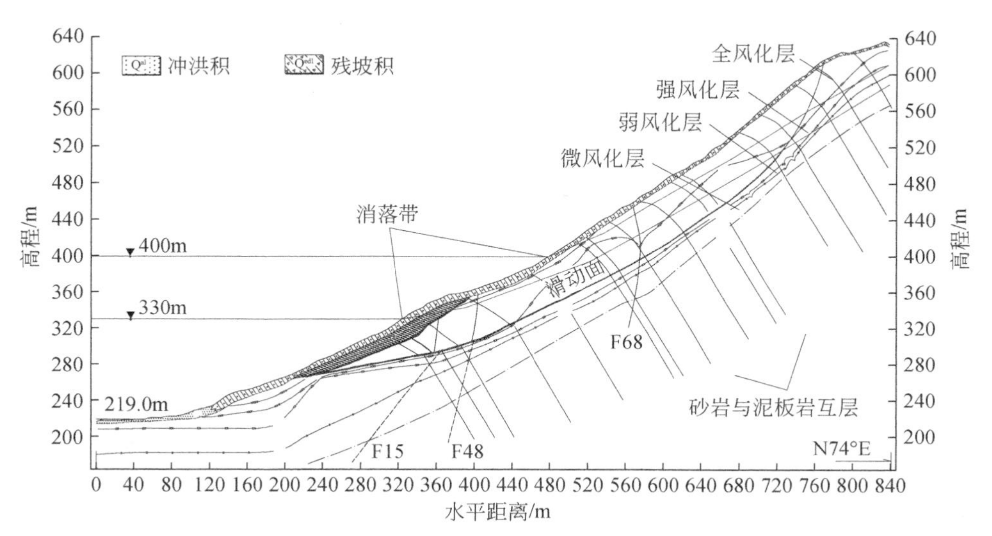

图 8-4　流变体 B 区典型剖面工程地质图

式中，y 为计算点库水位上升后的地下水位（从相对不透水层顶板算起）；y_p 为上升后的库水位（从相对不透水层顶板算起）；h_p 为上升前的库水位（从相对不透水层顶板算起）；s 为计算点库水位上升前至库岸的距离；s' 为计算点库水位上升后至库岸的距离；h 为计算点库水位上升前的地下水位（从相对不透水层顶板算起）。库水位消落带计算曲线如图 8-5 所示。

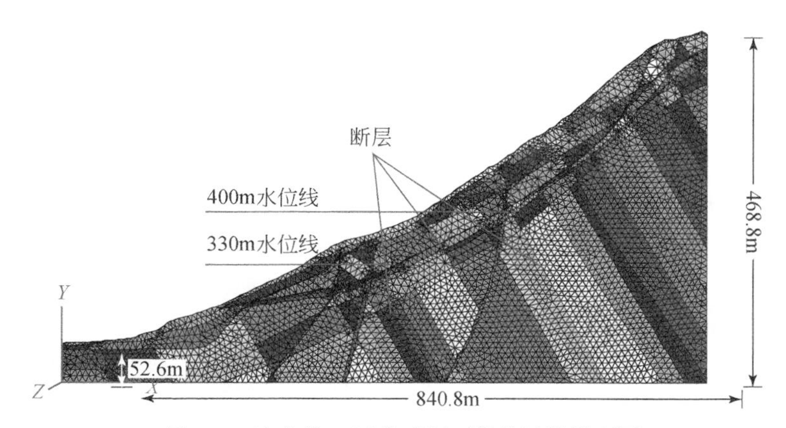

图 8-5　流变体 B 区典型剖面数值计算模型图

根据图 8-4 中的剖面，采用国际知名有限元分析软件 ANSYS 的前处理平台，建立了数值计算模型。模型建立了详细的边坡边界、地层、风化带、消落带等空间状态，对于边坡变形和稳定性计算影响较大的 F15、F48、F68，因其断层均有一定厚度，所以采用实体单元进行模拟，对于研究重点消落带区域，采用较密的单元进行处理，其余采用合理的网格划分技术进行过渡。共划分单元 8868 个、节点 8552 个、材料分组 293 个，计算网格如图 8-5 所示。模型底面采用全约束，竖直方向的自然坡面自由，其他端面法向约束。

根据中国水电工程顾问集团公司中南勘测设计研究院的红水河–龙滩水电站左右岸边坡安全监测分析月报（2002～2013 年），2007 年 5 月龙滩水电站开始投产运营，左岸 B 区流变体共有 4 个水位孔，其编号为 OH_2–1、OH_2–2、OH_2–3、OH_2–4。其中，OH_2–1（EL323. 86m）库水位上涨已淹没；左岸 B 区流变体部位水位孔 OH_2–2（EL389. 24m）的地下水位随库水位变化而发生相应变化，其历时曲线如图 8-6 所示，可见从 2007 年 5 月～2008 年 5 月 22 日、从 2008 年 5 月 22 日～2009 年 4 月 7 日、从 2009 年 4 月 7 日～2010 年 2 月 21 日、从 2010 年 2 月 21 日～2011 年 11 月 23 日、从 2011 年 11 月 23 日～2013 年 6 月 25 日，库水位有 5 次升降循环，即从 2007 年 5 月龙滩水电站开始投产运营到本书监测数据收集截止期(2013 年 6 月 25 日)，研究区域的库岸边坡消落带岩体伴随着地下水位、库水位的变化而饱水–失水循环了 5 次。

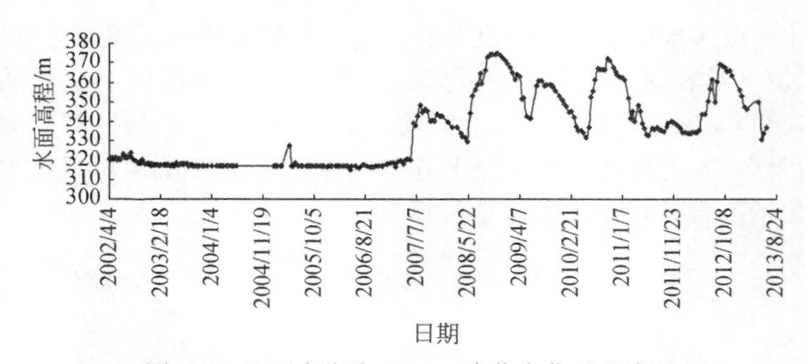

图 8-6　地下水位孔 OH_2–2 水位变化过程线图

因此，龙滩水电站坝址区库岸高边坡稳定性数值模拟计算工况可分为消落带岩体饱水–失水循环 1 次、2 次、3 次、4 次、5 次 5 种工况，用以根据红水河–龙滩水电站左右岸边坡安全监测分析月报的监测数据验证和分析饱水–失水循环劣化作用下的坝址区库岸高边坡的稳定性。

1. 坝址区库岸高边坡数值模型岩体力学参数的确定

在水库运营过程中，库水位涨落，边坡岩体受水的饱水–失水作用，其岩体力学参数必然会随之衰减，根据第 3 章室内岩样的岩石力学试验结果得出的“考虑饱水–失水循环作用规律对岩石损伤的改进的 GH-B 强度准则”——式（3-37）～式(3-50)，结合室内岩石试验结果和现场岩体结构特征的调查资料，利用本书提出的新的 GSI 量化取值表格（表 3-13）来确定不同饱水–失水循环作用下不考虑流变特性的坝址区库岸高边坡稳定性数值模拟计算的岩体力学参数，模型计算时岩土体本构采用改进的 GH-B 强度准则转化后的摩尔–库仑模型。

为调查龙滩水电站坝址区库岸高边坡的现场岩体结构特征，对其现场的边坡露头或开挖平洞进行岩体结构特征地质调查，用以获取新的 GSI 量化取值表格所需的岩体结构特征参数，以便将室内的岩石物理力学参数过渡到野外岩体大范围的力学参数中去。

1）岩体结构特征地质调查

选取岩体结构特征地质调查资料较为翔实和系统的且均处于消落带区域附近的地质调查点 1#、3#、5#、7#（地质调查点位置图如 8-2 所示）进行资料分析处理，其中，地质调查点 1 为 480#平洞内 B 流变体区域，岩性为泥板岩，高程为 480m；地质调查点 3 为 420#平洞内 B 流变体区域，露头岩性为砂岩夹少量泥板岩，高程为 420m；地质调查点 5 为左岸坝顶公路旁的边坡开挖岩体处，露头岩性为砂岩，高程约为 405m；地质调查点 7 为 B 流变体区域，高程约为 400m，某平洞内，露头岩性为泥板岩砂岩互层，各地质调查点野外露头如图 8-7 ~ 图 8-10 所示。

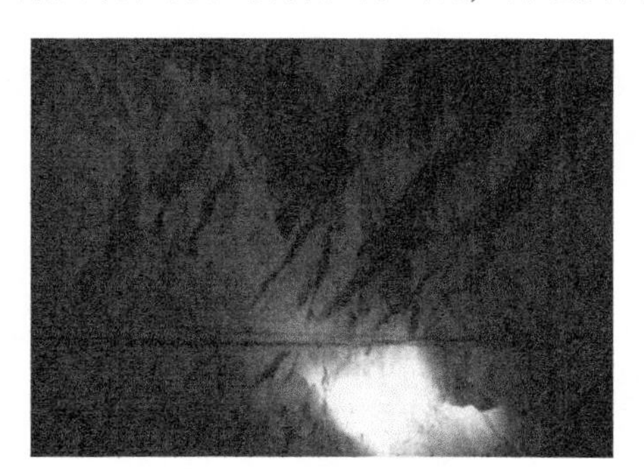

图 8-7　岩体结构特征地质调查点 1

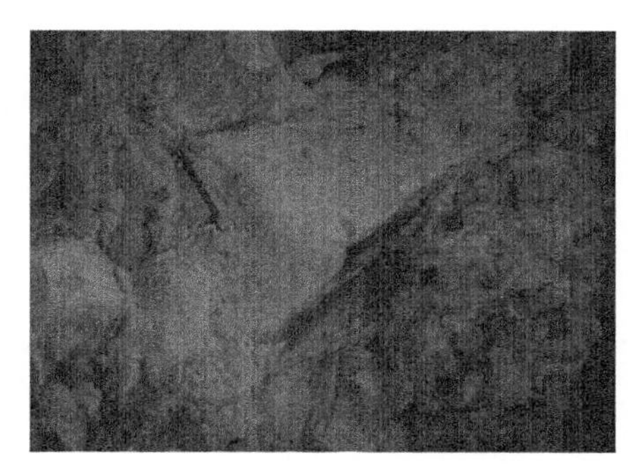

图 8-8　岩体结构特征地质调查点 3

图 8-9　岩体结构特征地质调查点 5

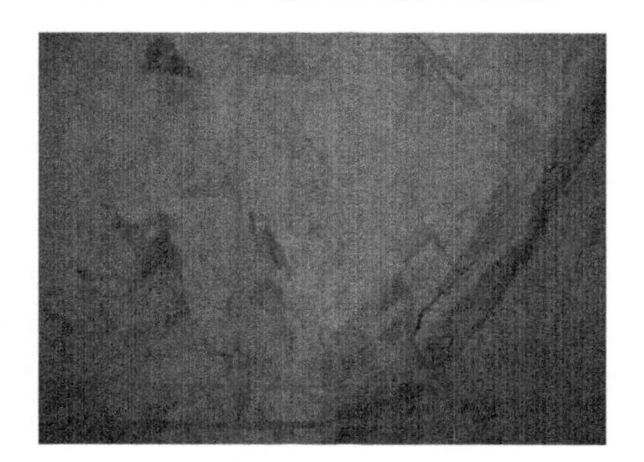

图 8-10　岩体结构特征地质调查点 7

2）岩体体积节理数 J_v、RQD 估算

采用测线法中的半统计窗法对各调查点的岩体结构面进行观测、测量，并记录，将结构面测量的结果先用 Dips 软件进行赤平投影分组（见表 8-2 中赤平投

表 8-2　岩体体积节理数获取示意表

调查点号	赤平投影分组图	三维真实图	三维线框图	J_v/(条/m^3)
1#	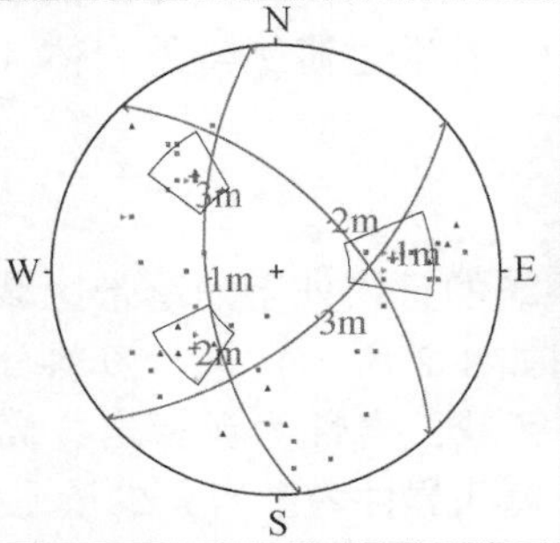	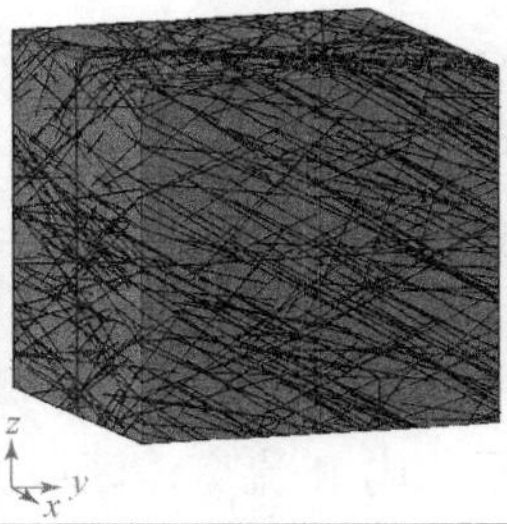	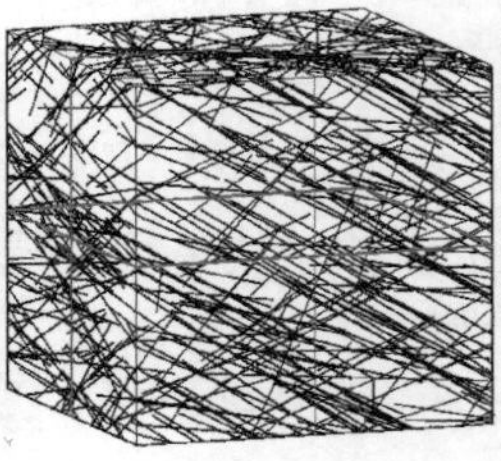	14.776
3#	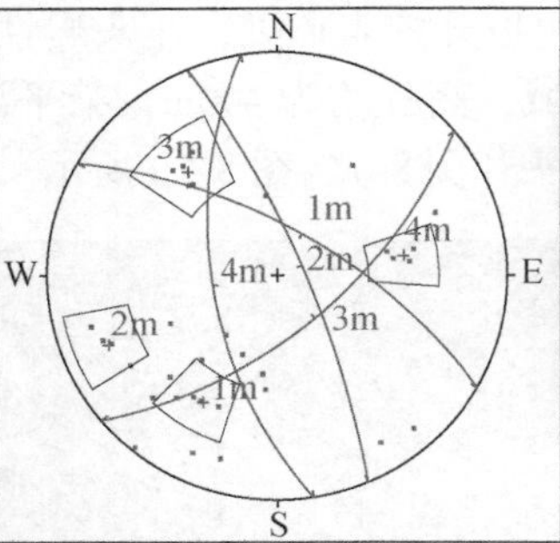	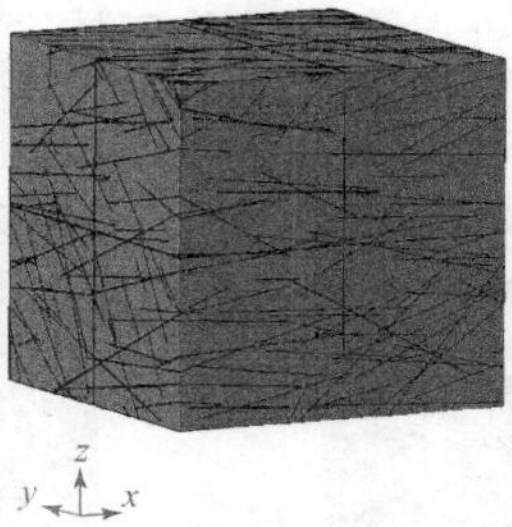	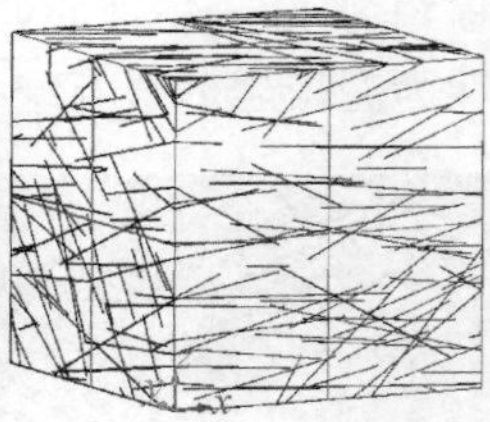	6.261
5#	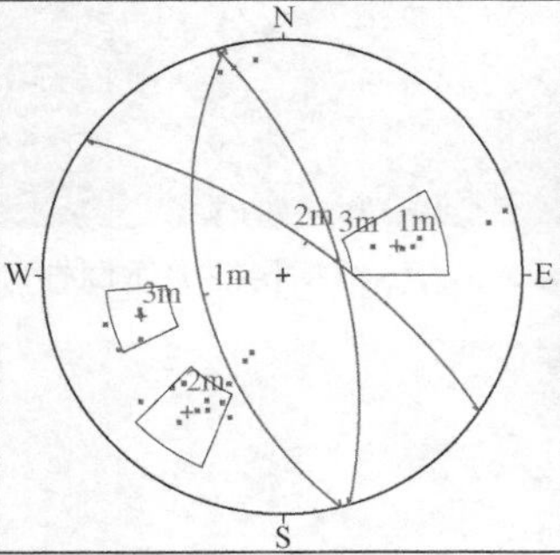	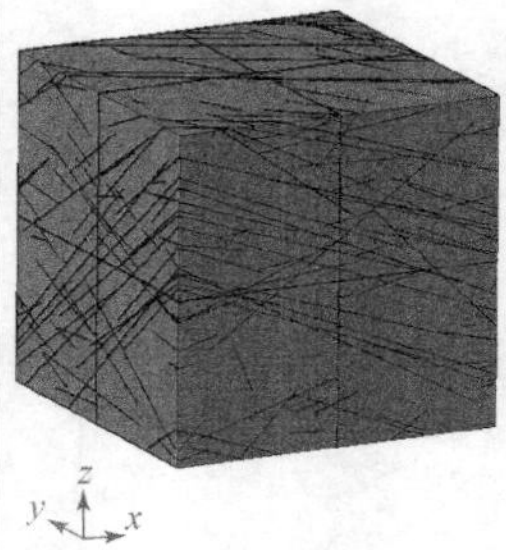	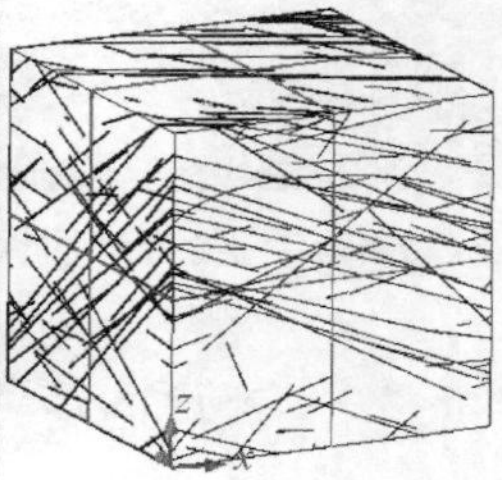	6.784
7#	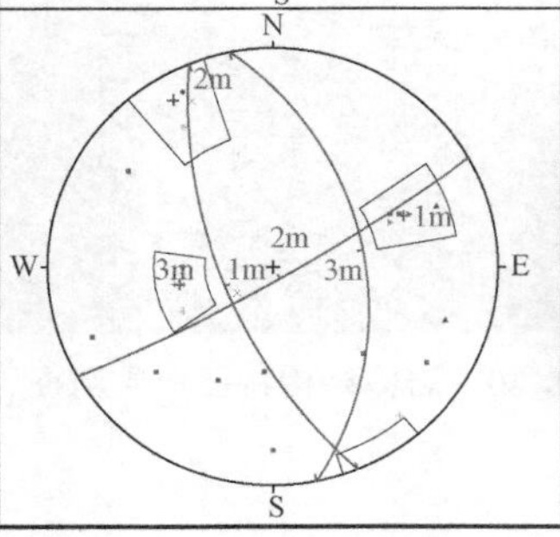	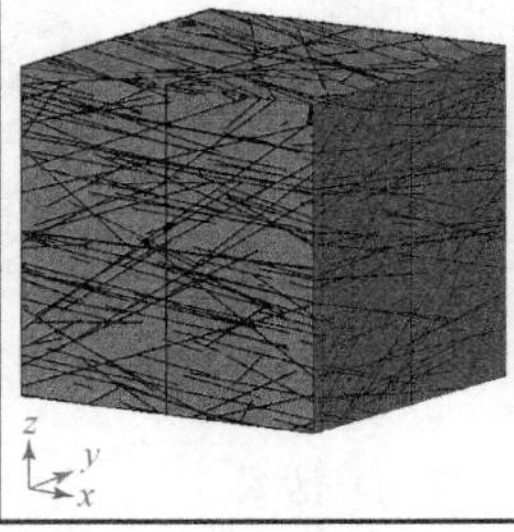	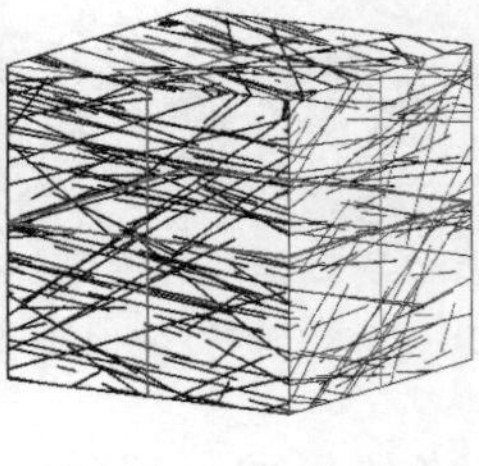	9.32

表 8-3　岩体 RQD 值获取示意表

调查点号	X轴方向剖面		Y轴方向剖面		Z轴方向剖面		RQD值
1#	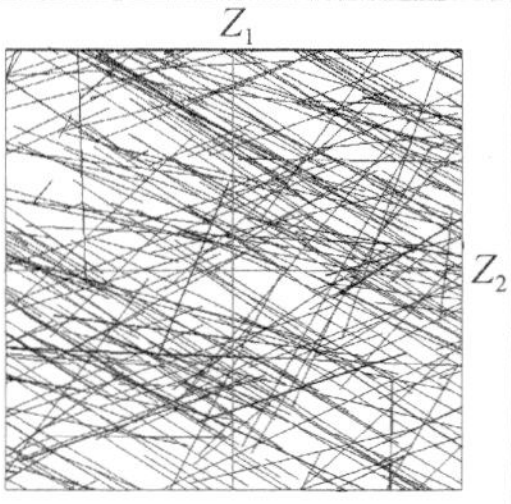		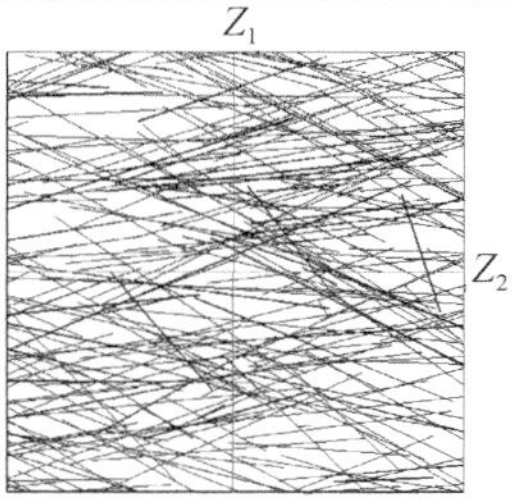		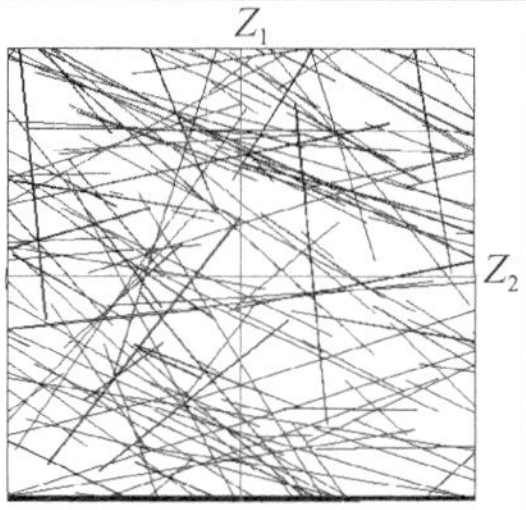		0.355~0.906
	RQD_{Z_1}=0.355	RQD_{Z_2}=0.688	RQD_{Z_1}=0.323	RQD_{Z_2}=0.879	RQD_{Z_1}=0.666	RQD_{Z_2}=0.906	
3#	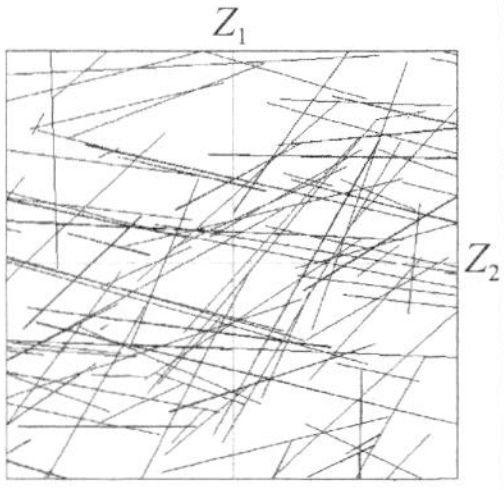		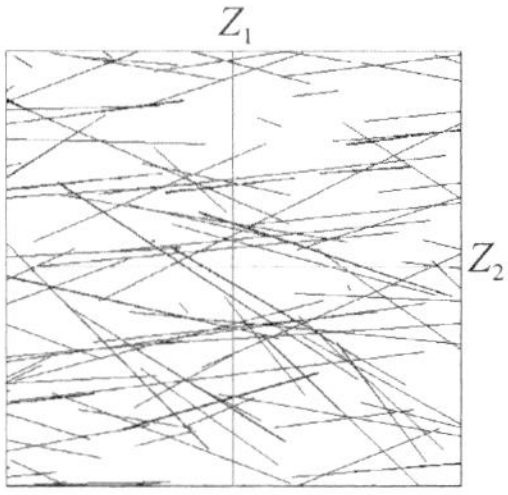		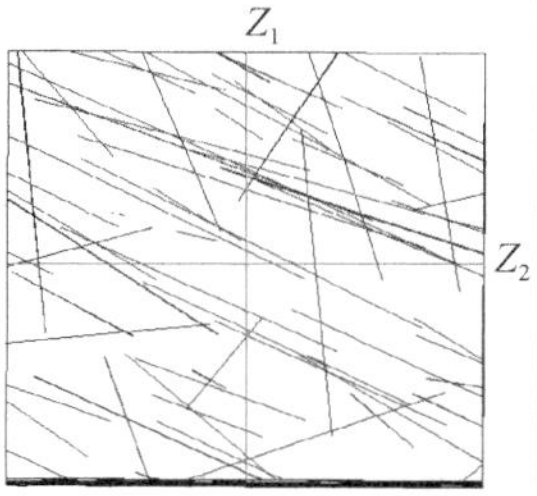		0.838~0.961
	RQD_{Z_1}=0.882	RQD_{Z_2}=0.897	RQD_{Z_1}=0.838	RQD_{Z_2}=0.955	RQD_{Z_1}=0.911	RQD_{Z_2}=0.961	
5#	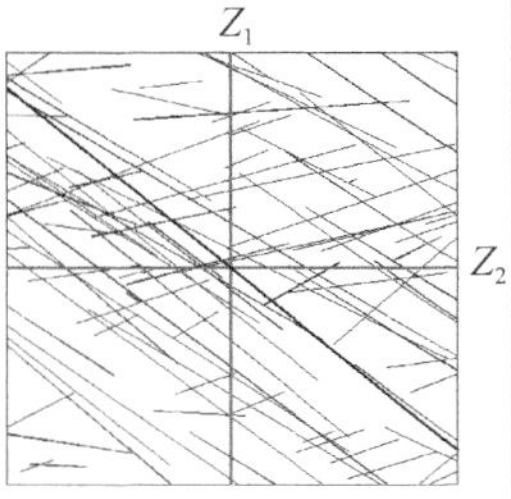		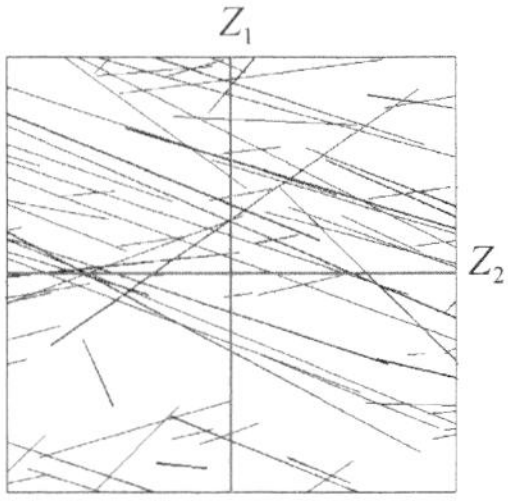		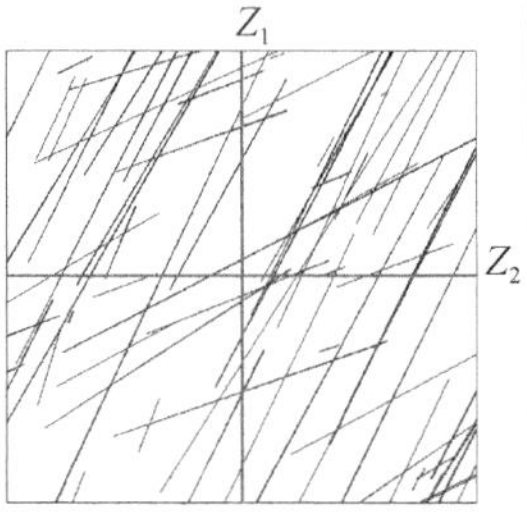		0.851~0.952
	RQD_{Z_1}=0.851	RQD_{Z_2}=0.922	RQD_{Z_1}=0.894	RQD_{Z_2}=0.952	RQD_{Z_1}=0.948	RQD_{Z_2}=0.888	
7#	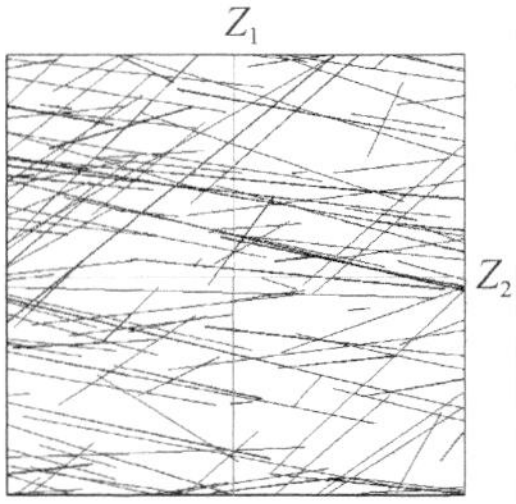		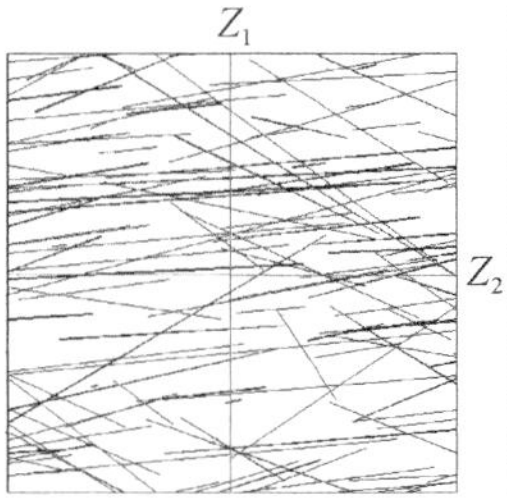		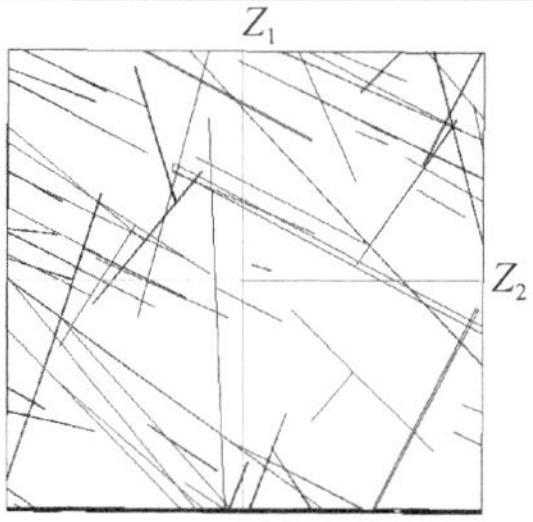		0.726~0.938
	RQD_{Z_1}=0.771	RQD_{Z_2}=0.938	RQD_{Z_1}=0.726	RQD_{Z_2}=0.931	RQD_{Z_1}=0.936	RQD_{Z_2}=0.904	

注：RQD_{Z_1}表示剖面竖直方向的RQD值；RQD_{Z_2}表示剖面水平方向的RQD值。

影分组图)，然后用 OriginLab 软件对每组结构面的倾向、倾角、迹长、隙宽 4 个参数进行拟合，得到它们的概率分布模型及均值、标准差。利用迹长与结构面直径的关系找到直径的概率分布及均值、标准差，进行各岩体结构特征地质调查点岩体的结构面三维网络模拟。

将获取的结构面三维网络模拟所需参数输入到 EXCEL 中，EXCEL 中定义的模型区范围是 7m×7m×7m，选择应用区 5m×5m×5m，运用 Mote carol 原理生成结构面随机实体，导入三维状态下的 CAD，生成网络模型（见表 8-2 中结构面三维网络真实图、线框图)，根据生成的结构面三维网络模型可以在 CAD 软件中获取模拟的岩体体积节理数 J_v。在结构面三维网络模型中分别沿垂直于 X，Y，Z 轴切取剖面，得到二维结构面网络图。沿二维结构面网络图的水平、竖直方向模拟钻孔可计算 RQD 值（表 8-3）。

由表 8-3 和表 8-4 可以看出：1#地质调查点，即 480#平洞内 B 流变体区域，泥板岩体积节理数较大，且其 RQD 取值为 0.355～0.906，RQD 取值范围较广，可见其岩性各项异性较强。

根据式（3-60）～式（3-67），结合新的 GSI 量化取值表格（表 3-13）可以合理对比的取得 5 种工况下消落带各岩性岩体相应的 GSI 值，进而根据考虑到饱水–失水循环作用对岩石损伤的改进的 GH-B 强度准则——式（3-37）～式（3-50)，获取数值计算摩尔–库仑模型相应的参数，见表 8-4～表 8-8，其中，泥板岩夹砂岩的单轴抗压强度参照泥板岩取值，泥板岩砂岩互层的单轴抗压强度取泥板岩与砂岩单轴抗压强度的平均值。而非消落带岩体参数取值可根据以上方法并结合室内试验综合获取，见表 8-9。

表 8-4　饱水–失水循环 1 次消落带模型计算参数表

项目	GSI	σ_{ci} /MPa	m_i	m_b	s	a	黏聚力/MPa	内摩擦角/(°)	抗拉强度/MPa	弹性模量/GPa
泥板岩	41	79.58	3	0.371	0.0014	0.511	0.812	33.38	0.311	5.31
泥板岩夹砂岩	52	79.58	4	0.723	0.0048	0.505	1.267	38.71	0.532	10.01
砂岩	56	144.79	17	3.536	0.0075	0.504	2.096	56.24	0.309	14.13
泥板岩砂岩互层	46	112.19	10	1.453	0.0025	0.508	1.296	47.97	0.191	7.94

表 8-5　饱水–失水循环两次消落带模型计算参数表

项目	GSI	σ_{ci} /MPa	m_i	m_b	s	a	黏聚力/MPa	内摩擦角/(°)	抗拉强度/MPa	弹性模量/GPa
泥板岩	41	75.57	3	0.365	0.0014	0.511	0.786	33.03	0.294	5.18
泥板岩夹砂岩	52	75.57	4	0.720	0.0048	0.505	1.221	38.37	0.506	9.75
砂岩	56	136.42	17	3.532	0.0075	0.504	2.025	55.88	0.291	14.13
泥板岩砂岩互层	46	106.00	10	1.454	0.0025	0.508	1.258	47.58	0.181	7.94

表 8-6　饱水–失水循环 3 次消落带模型计算参数表

项目	GSI	σ_{ci} /MPa	m_i	m_b	s	a	黏聚力 /MPa	内摩擦角/（°）	抗拉强度/MPa	弹性模量/GPa
泥板岩	41	71.87	3	0.365	0.0014	0.511	0.761	32.69	0.280	5.05
泥板岩夹砂岩	52	71.87	4	0.720	0.0048	0.505	1.178	38.04	0.482	9.51
砂岩	56	128.50	17	3.532	0.0075	0.504	1.958	55.52	0.274	14.13
泥板岩砂岩互层	46	100.19	10	1.454	0.0025	0.508	1.221	47.19	0.171	7.94

表 8-7　饱水–失水循环 4 次消落带模型计算参数表

项目	GSI	σ_{ci} /MPa	m_i	m_b	s	a	黏聚力 /MPa	内摩擦角/（°）	抗拉强度/MPa	弹性模量/GPa
泥板岩	41	68.47	3	0.365	0.0014	0.511	0.738	32.36	0.267	4.93
泥板岩夹砂岩	52	68.47	4	0.720	0.0048	0.505	1.138	37.73	0.459	9.28
砂岩	56	120.99	17	3.532	0.0075	0.504	1.893	55.16	0.258	14.13
泥板岩砂岩互层	46	94.73	10	1.454	0.0025	0.508	1.187	46.80	0.162	7.73

表 8-8　饱水–失水循环 5 次消落带模型计算参数表

项目	GSI	σ_{ci} /MPa	m_i	m_b	s	a	黏聚力 /MPa	内摩擦角/（°）	抗拉强度/MPa	弹性模量/GPa
泥板岩	41	65.33	3	0.365	0.0014	0.511	0.717	32.04	0.255	4.81
泥板岩夹砂岩	52	65.33	4	0.720	0.0048	0.505	1.101	37.42	0.438	9.07
砂岩	56	113.89	17	3.532	0.0075	0.504	1.831	54.78	0.243	14.13
泥板岩砂岩互层	46	89.61	10	1.454	0.0025	0.508	1.154	46.41	0.153	7.52

表 8-9　岩层材料力学参数

岩层项目	容重/（kN/m^3）	抗拉强度/MPa	抗剪强度参数		弹性模量/GPa	泊松比
			f/（°）	C/MPa		
强风化	25.5	0.08	36.9	0.49	1.75	0.34
弱风化	26.5	0.8	50.2	1.18	7.0	0.28
微风化砂岩	27	1.5	56.3	2.45	17.5	0.24
微风化泥板岩	26.8	0.8	47.7	1.48	12.5	0.26
微风化砂岩与泥板岩互层	26.9	1.3	52.4	1.96	15.5	0.25
折断错滑带	19.2	0.005	20.5	0.22	0.4	0.24
断层	21	0.008	18	0.04	0.5	0.34

注：对于同时属于消落带岩体和弱风化、微风化的岩体按消落带岩体参数取值。

2007 年 5 月之前边坡岩土体物理力学参数的获取，应在室内试验结果和现场工程地质条件的基础上，以“改进的 HG-B 强度准则”和“新的 GSI 量化取值表格”为桥梁合理取值，且应参照《红水河-龙滩水电站左右岸边坡安全监测分析月报》（2002 ~ 2013 年）中计算剖面边坡相应关键点位置的位移值做合理的调参调整，以保障计算模型中消落带岩体在不同饱水-失水循环后计算的合理性。模型计算时，因 2007 年 5 月 ~ 2013 年 6 月 30 日库水位有 5 次升降循环，则每次循环后消落带岩体取相应的计算参数，其他部位岩土体取值不变。

2. 计算结果及其分析

1）位移场分析

通过对图 8-4 中的龙滩水电站坝址区流变体 B 区典型剖面消落带岩体进行不同“饱水-失水循环”作用下不考虑流变特性的数值计算，得到其水平位移（向河床方向位移）变化云图，如图 8-11 ~ 图 8-15 所示。图中 n 表示龙滩水电站坝址区流变体 B 区剖面高边坡消落带岩体经受“饱水-失水循环”的次数。

由图 8-11 可知，n = 1 时，边坡岩土体向河岸方向的最大水平位移为 71.64mm，最大水平位移区域分布在边坡滑动带的后缘，以及高程为 560 ~ 580m 的边坡表面位置，此时 400m 高程位置（最高正常蓄水位线）的最大水平位移约为 20mm，边坡整体水平位移值较小，且没有大区域的连贯性的大位移滑移区域，边坡体处于稳定状态。由图 8-12 可知，n = 2 时，边坡岩土体向河岸方向的最大水平位移为 73.93mm，较 n = 1 时最大水平位移增大了 2.29mm，最大水平位移区域依然分布在边坡折断错滑带的后缘，以及高程为 560 ~ 580m 的边坡表面位置，此时 400m 高程位置（最高正常蓄水位线）的最大水平位移约为 10mm，边坡整体水平位移值较小，且没有大区域的连贯性的大位移滑移区域，边坡体处于稳定状态。

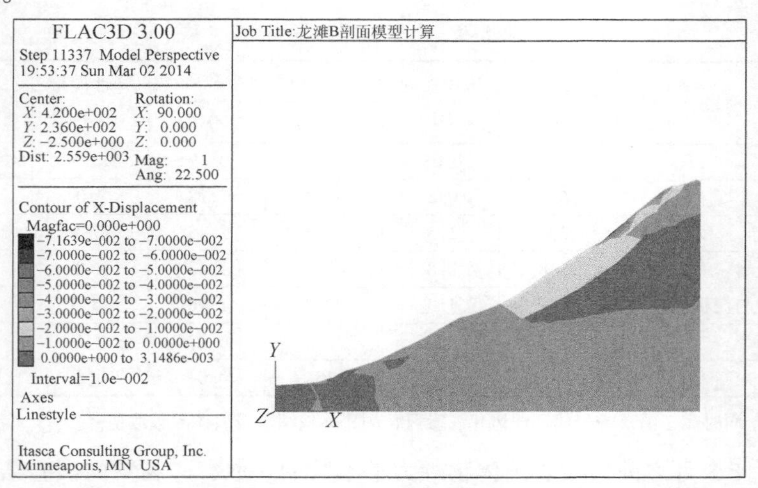

图 8-11　n = 1 时水平位移云图

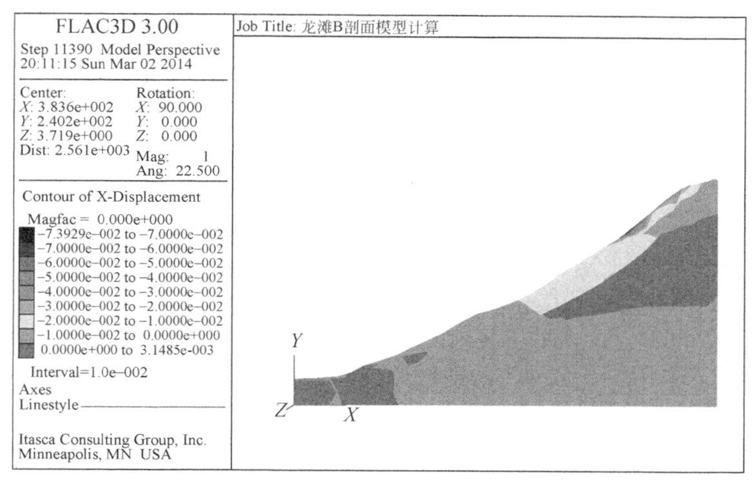

图 8-12　$n=2$ 时水平位移云图

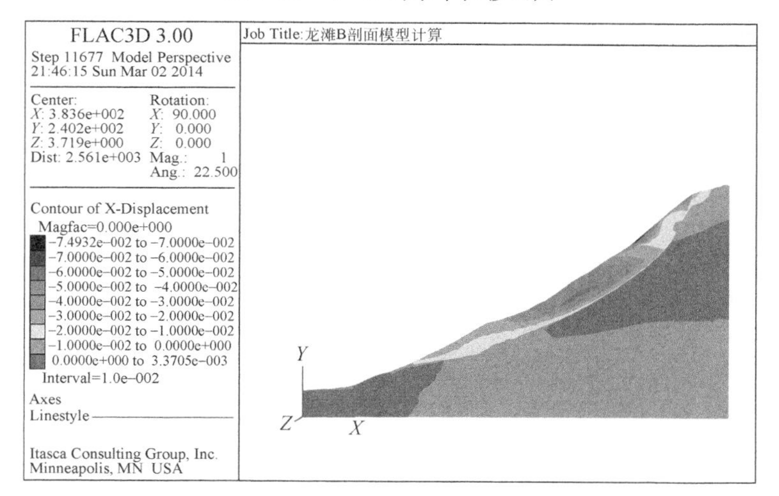

图 8-13　$n=3$ 时水平位移云图

由图 8-13 可知，$n=3$ 时，边坡岩土体向河岸方向的最大水平位移为 74.93mm，相较于 $n=2$ 时，最大水平位移增大了 1mm，最大水平位移区域面积增大，分布在边坡折断错滑带的后缘，以及高程为 560～580m 的边坡表面位置，边坡表面中部位置及中部消落带岩体位置最大水平位移相对有所增加，约为 40mm，此时 400m 高程位置（最高正常蓄水位线）的最大水平位移约为 15mm，边坡整体水平位移值较小，且没有大区域的连贯性的大位移滑移区域，边坡体处于稳定状态。由图 8-14 可知，$n=4$ 时，边坡岩土体向河岸方向的最大水平位移为 76.36mm，相较于 $n=3$ 时，最大水平位移增大了 1.43mm，最大水平位移区域面积进一步增大，分布在边坡折断错滑带的后缘，以及高程为 550～580m 的边坡表面位置，边坡表面中部位置，以及中部消落带岩体位置水平位移进一步增加，约为50mm，消落带位置岩体局部有55mm的水平位移，此时400m高程位置（最高正常蓄水位线）的水平位移约为20mm，边坡整体水平位移值较小，且没有大区域的连贯性的大位移滑移区域，边坡体处于稳定状态。

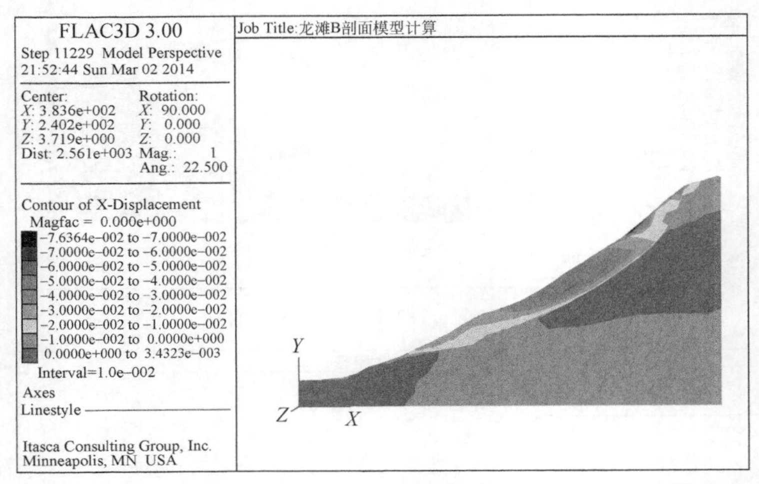

图 8-14　$n=4$ 时水平位移云图

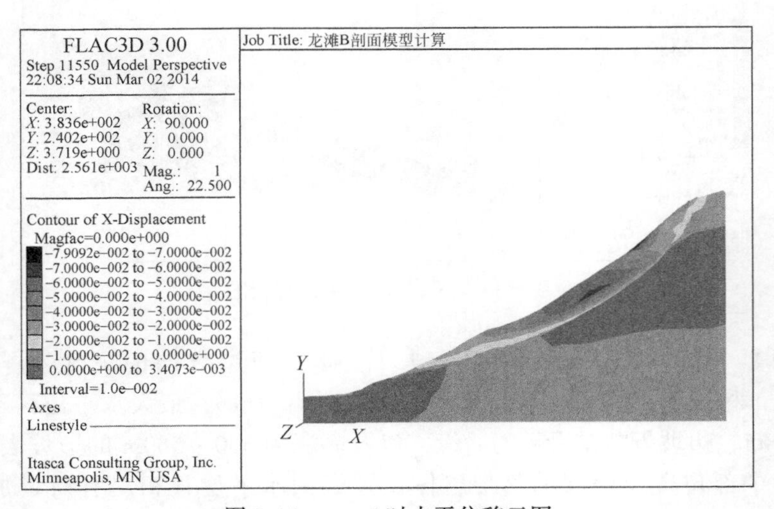

图 8-15　$n=5$ 时水平位移云图

由图8-15可知，$n=5$ 时，边坡岩土体向河岸方向的最大水平位移为79.09mm，相较于 $n=4$ 时，最大水平位移增大了2.73mm，最大水平位移区域面积进一步扩展，分布在边坡高程为550～580m的边坡表面位置，以及边坡中部消落带岩体位置，但边坡整体水平位移值较小，且没有大区域的连贯性的大位移滑移区域，边坡体处于稳定状态，此时 400m 高程位置（最高正常蓄水位线）的水平位移约为 25mm。

可见随着饱水–失水循环次数增多，边坡折断错滑带的后缘、消落带岩体剪出口位置（最高正常蓄水位线附近）、边坡中部消落带岩体位置的水平位移均有小范围增大，本次计算选择在 $n=1\sim5$ 次，对于 n 大于 5 次且考虑了岩体流变特性情况的计算，见本小节之后的研究计算分析。

2）应力场分析

通过对图 8-4 中龙滩水电站坝址区流变体 B 区典型剖面消落带岩体进行不同“饱水–失水循环”作用下不考虑流变特性的数值计算，得到其最大主应力变化云图，如图 8-16 ~ 图 8-20 所示。

由图 8-16 可知，$n=1$ 时，边坡最大主应力为 11.2MPa，出现在边坡模型的底部，并且随着高程的增加其值减小，其在坡面附近减小为 2MPa 左右，在坡顶、坡脚、330m 高程位置（最低正常蓄水位线）为 0.278MPa 左右。由图 8-17 可知，$n=2$ 时，边坡最大主应力为 11.2MPa，出现在边坡模型的底部，并且随着高程的增加其值减小，在坡面附近减小为 2MPa 左右，在坡顶、坡脚、330m 高程位置（最低正常蓄水位线）为 0.267MPa 左右。

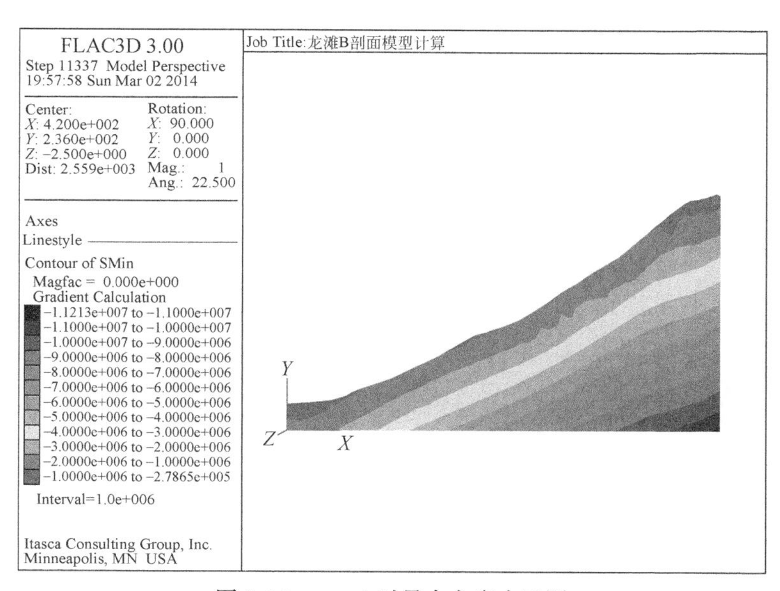

图 8-16　$n=1$ 时最大主应力云图

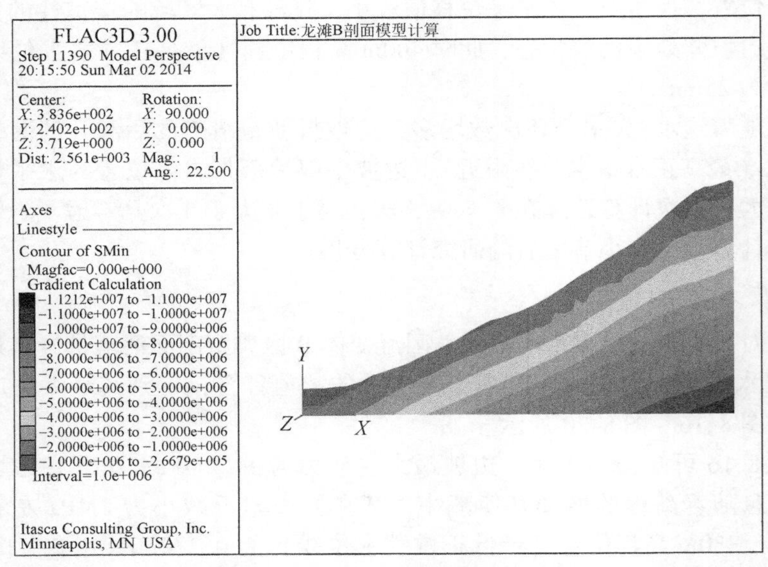

图 8-17　$n=2$ 时最大主应力云图

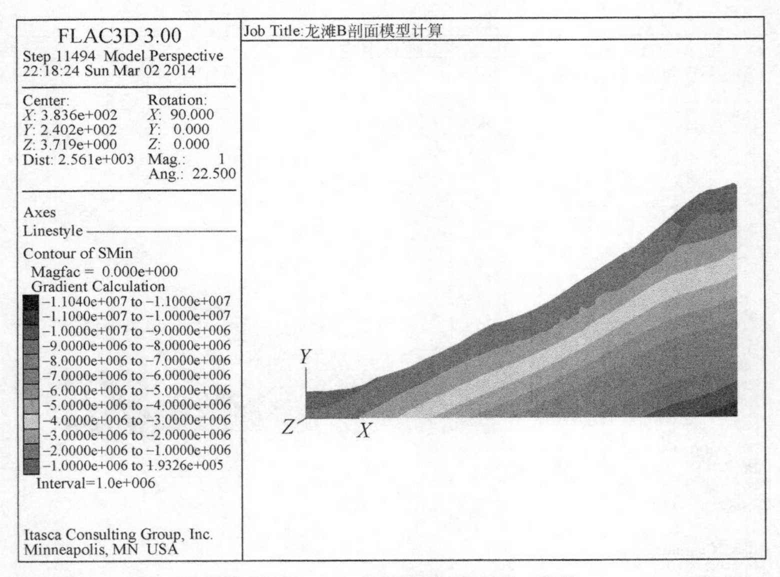

图 8-18　$n=3$ 时最大主应力云图

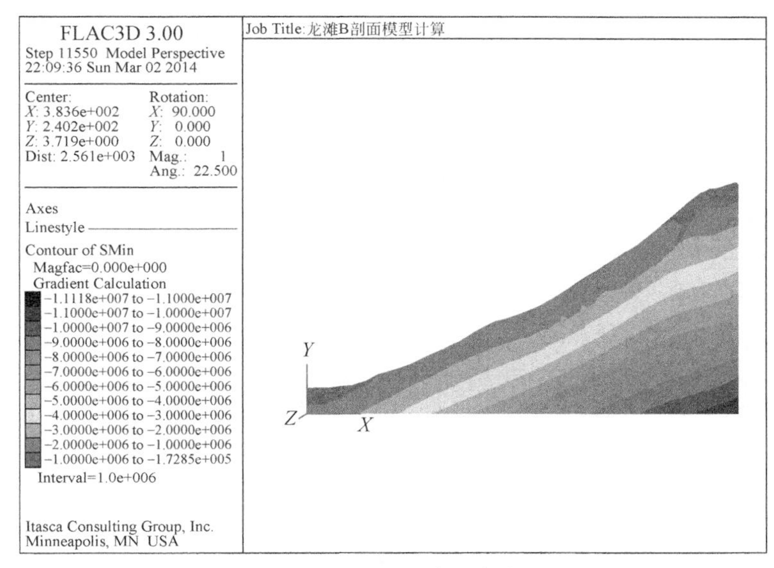

图 8-19　$n=4$ 时最大主应力云图

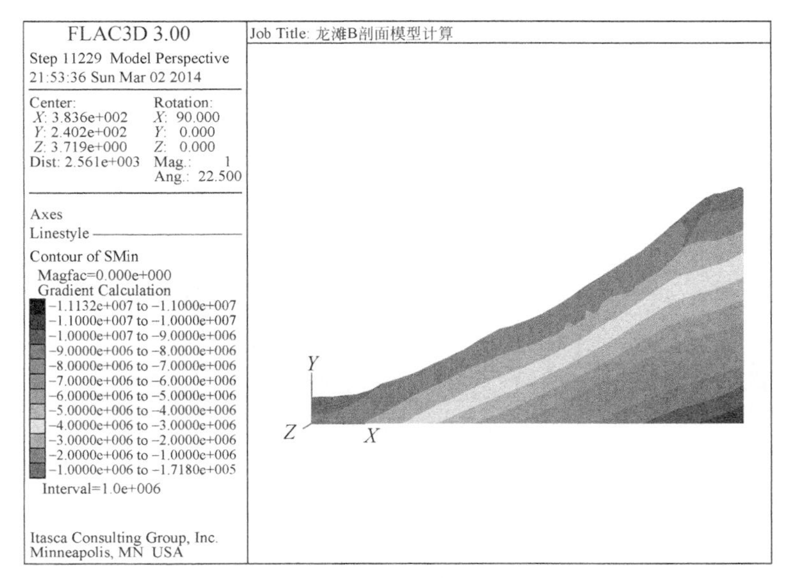

图 8-20　$n=5$ 时最大主应力云图

由图 8-18 可知, $n=3$ 时, 边坡最大主应力为 11.1MPa, 出现在边坡模型的底部, 并且随着高程的增加其值减小, 其在坡面附近减小为 2MPa 左右, 在坡顶、坡脚、330m 高程位置（最低正常蓄水位线）为 0.193MPa 左右。由图 8-19 可知, $n=4$ 时, 边坡最大主应力为 11.1MPa, 出现在边坡模型的底部, 并且随着高程的增加其值减小, 在坡面附近减小为2MPa 左右, 在坡顶、坡脚、330m 高程位置（最低正常蓄水位线）为 0.173MPa 左右。

由图 8-20 可知, $n=5$ 时, 边坡最大主应力为 11.1MPa, 出现在边坡模型的底部, 并且随着高程的增加其值减小, 在坡面附近减小为 2MPa 左右, 在坡顶、坡脚位置为 0.173MPa 左右。

可见, 边坡消落带岩体在不同饱水-失水循环后对边坡最大主应力的大小和分布没有太大影响, 仅对坡顶、坡脚、330m 高程位置（最低正常蓄水位线）的最大主应力量值有所影响, 分析认为这是由边坡相应位置位移变化造成的应力释放造成的。

3）剪应变增量分析

通过对图 8-4 中龙滩水电站坝址区流变体 B 区典型剖面消落带岩体进行不同“饱水-失水循环”作用下不考虑流变特性的数值计算, 得到其剪应变增量变化云图, 如图 8-21 ~ 图 8-25 所示。

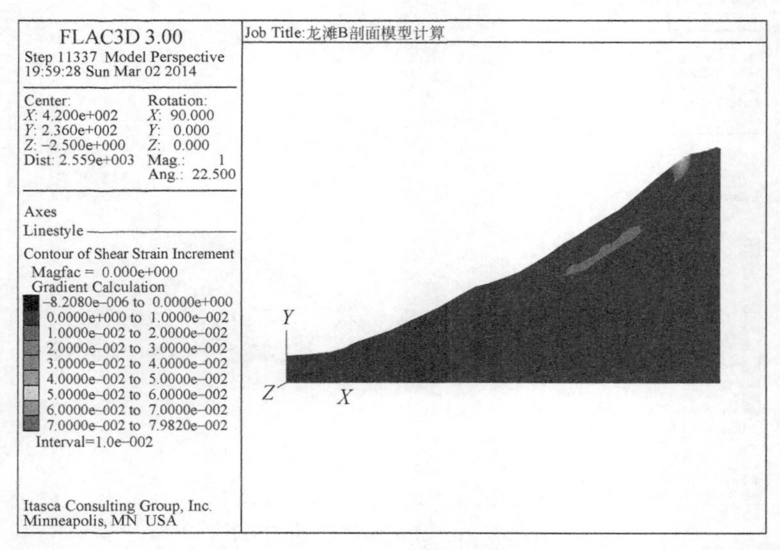

图 8-21　$n=1$ 时剪应变增量云图

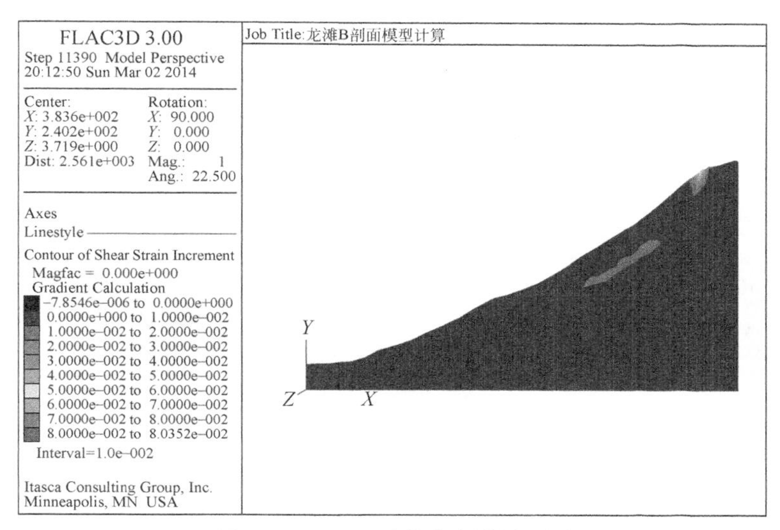

图 8-22　$n=2$ 时剪应变增量云图

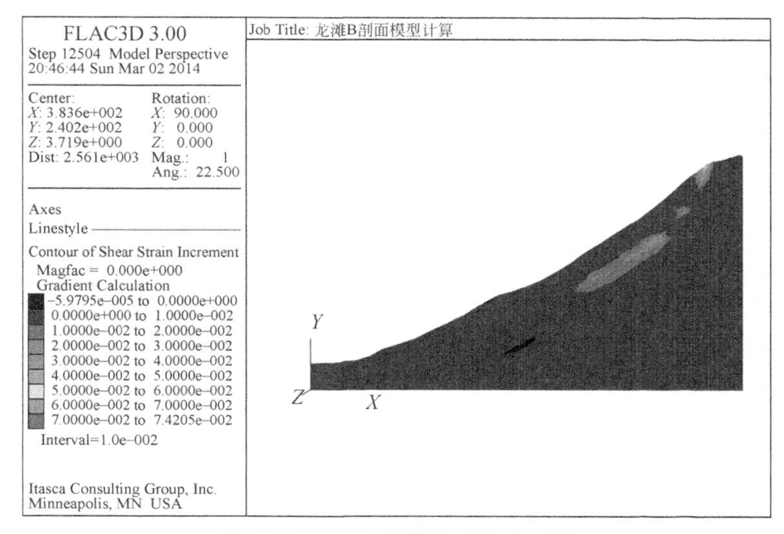

图 8-23　$n=3$ 时剪应变增量云图

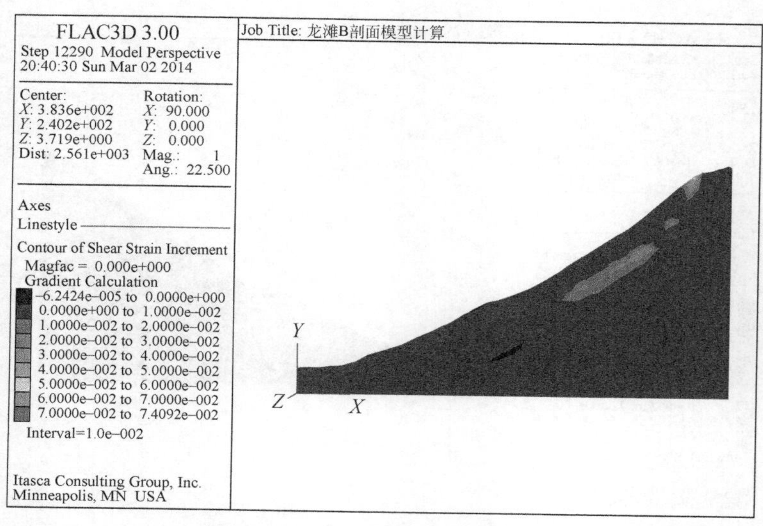

图 8-24　$n=4$ 时剪应变增量云图

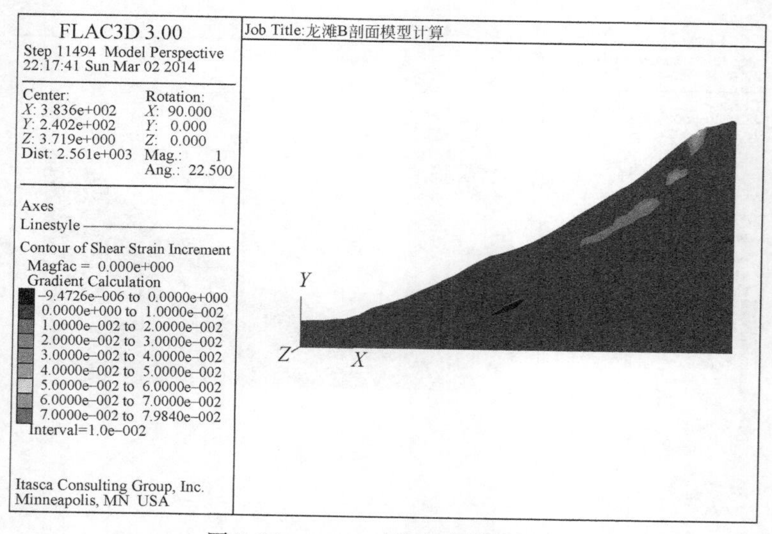

图 8-25　$n=5$ 时剪应变增量云图

由图 8-21 可知，$n=1$ 时，边坡最大剪应变增量为7.98e-2，出现在边坡折断错滑带的后缘区域，边坡中部消落带岩体位置也出现剪应变增量为2.31e-2的区域。由图 8-22 可知，$n=2$ 时，边坡最大剪应变增量为8.04e-2，出现在边坡折断错滑带的后缘区域，其相应区域面积较 $n=1$ 时有所扩展；边坡中部消落带岩体位置出现剪应变增量为 2.43e−2 的区域，其相应区域面积较 n =1 时有所扩展。

由图 8-23 可知，n =3 时，边坡最大剪应变增量为 7.42e−2，出现在边坡折断错滑带的后缘区域，其量值较 n =2 时有所减少，但其区域面积较 n =2 时有所扩展；边坡中部消落带岩体位置出现剪应变增量为 2.51e−2 的区域，其量值与相应区域面积都较 n =2 时有所增大。由图 8-24 可知，n =4 时，边坡最大剪应变增量为 7.41e−2，出现在边坡折断错滑带的后缘区域，其量值较 n =3 时有所减少，但其区域面积较 n =3 时有所扩展；边坡中部消落带岩体位置出现剪应变增量为 2.92e−2 的区域，其量值与相应区域面积都较 n =3 时有所增大。

由图 8-25 可知，n =3 时，边坡最大剪应变增量为 7.98e−2，出现在边坡折断错滑带的后缘区域，其量值与相应区域面积都较 n =4 时有所增大；边坡中部消落带岩体位置出现剪应变增量为 4.21e−2 的区域，其量值与相应区域面积都较 n =4 时有所增大。

可见，边坡消落带岩体在不同饱水−失水循环后对边坡剪应变增量的大小和分布面积均有影响，总体而言，n 越大，则边坡最大剪应变增量也越大，较大剪应变增量的区域也扩展越大。剪应变增量量值与区域面积越大，边坡越容易发生剪切破坏。

4）塑性区分析

通过对图 8-4 中的龙滩水电站坝址区流变体 B 区典型剖面消落带岩体进行不同“饱水−失水循环”作用下不考虑流变特性的数值计算，得到其塑性区分布图，如图 8-26 ~ 图 8-30 所示。

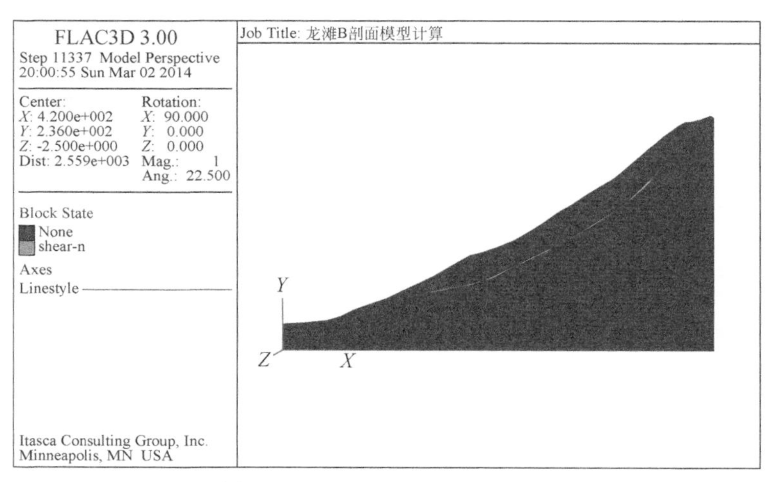

图 8-26　n =1 时塑性区分布图

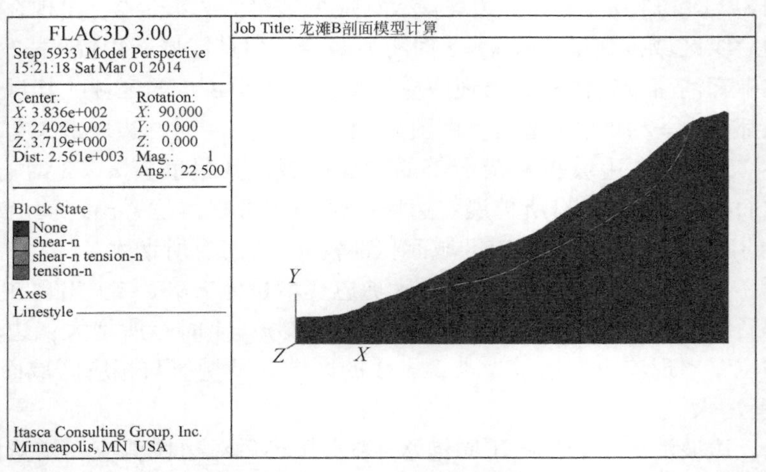

图 8-27　$n=2$ 时塑性区分布图

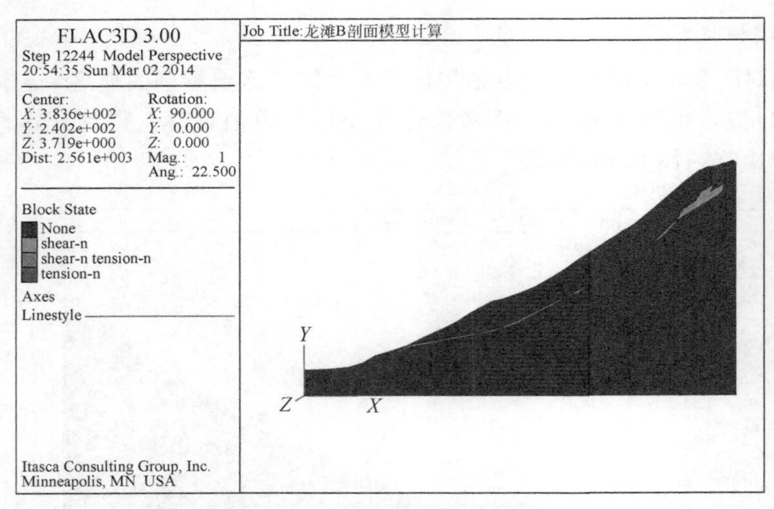

图 8-28　$n=3$ 时塑性区分布图

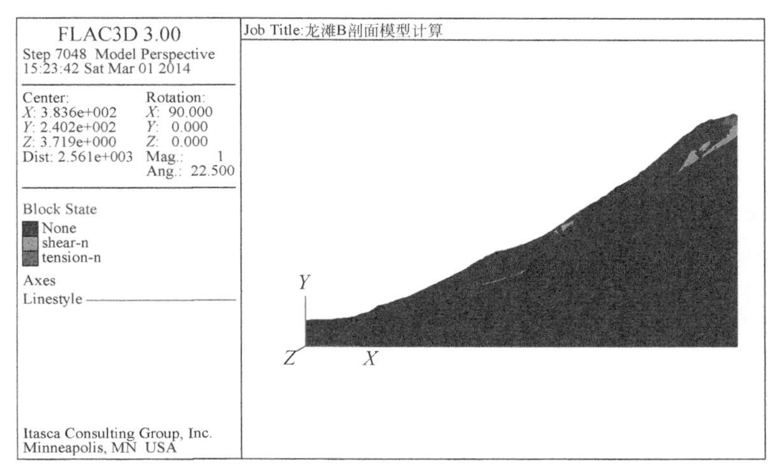

图 8-29　$n=4$ 时塑性区分布图

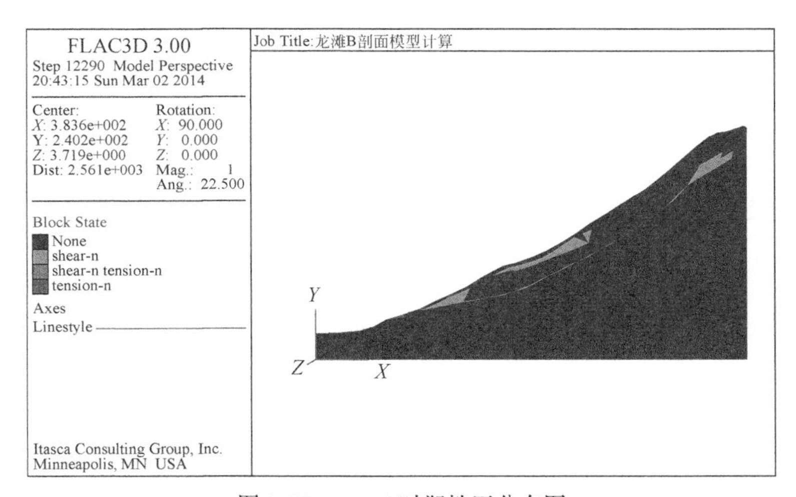

图 8-30　$n=5$ 时塑性区分布图

从图 8-26 可以看出，当 $n=1$ 时，边坡折断错滑带出现“零星”剪切塑性区，但并未贯通整个折断错滑带，边坡其他部位没有出现贯通的塑性区，边坡整体安全，没有发生破坏失稳的迹象。由图 8-27 可以看出，当 $n=2$ 时，边坡折断错滑带出现的“零星”剪切塑性区面积有小范围的扩展，但并未贯通整个折断错滑带，边坡折断错滑带的后缘出现局部的拉张破坏，边坡其他部位没有出现贯通的塑性区，边坡整体安全，没有发生破坏失稳的迹象。

由图 8-28 可以看出，当 $n=3$ 时，边坡折断错滑带出现的剪切塑性区，仍未贯通整个折断错滑带，边坡后缘的消落带岩体出现局部的剪切塑性区，边坡其他部位没有出现贯通的塑性区，边坡整体安全，没有发生破坏失稳的迹象。由图 8-29 可以看出，当 $n=4$ 时，边坡折断错滑带出现的“零星”剪切塑性区面积缩小，边坡后缘的消落带岩体出现局部的剪切和拉张塑性区，400m 高程位置（最高正常蓄水位线）也出现“零星”剪切塑性区，但边坡整体安全，没有发生破坏失稳的迹象。分析认为，边坡在 400m 高程位置（最高正常蓄水位线）的位移剪出和应力的释放，“缓解”了边坡折断错滑带的下滑力，是边坡折断错滑带剪切塑性区面积缩小的主要原因。

由图 8-30 可以看出，当 $n=5$ 时，边坡折断错滑带出现的剪切塑性区但仍未贯通整个折断错滑带，边坡后缘的消落带岩体出现局部的剪切塑性区，边坡前缘的消落带岩体出现局部的剪切塑性区。400m 高程位置（最高正常蓄水位线）也出现较大范围的剪切塑性区，但也未贯通整个区域，该区域边坡岩体随着库水位的变动，以及考虑消落带岩体饱水-失水后流变特性情况下的安全性有待于进一步研究分析。

5）计算结果与监测数据对比分析

左岸流变体 B 区共布置了 11 套多点位移计，6 个测斜孔，其中多点位移计 M_1^4-5（高程约 570m）、测斜孔 I2-4（高程约 400m，2009/7/21 ~ 2013/6/25 有数据）、测斜孔 I-1（高程约 260m，2010. 7. 23 ~ 2011. 7. 24 有数据）离本书所选取的计算剖面位置较近，因此，选取多点位移计 M_1^4-5、测斜孔 I2-4、测斜孔 I-1 的监测数据与数值计算结果进行对比分析。

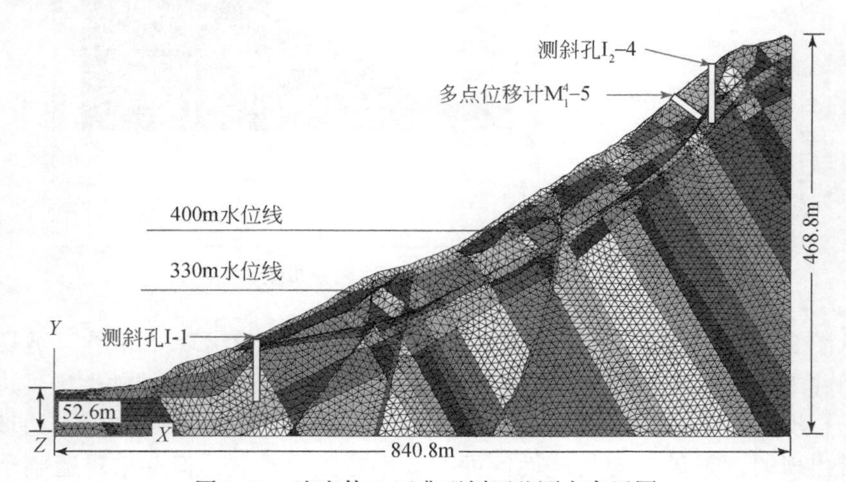

图 8-31　流变体 B 区典型剖面监测点布置图

a. 多点位移计 M_1^4-5 监测数据

左岸流变体 B 区中的多点位移计 M_1^4-5 的监测位移过程线如图 8-32 所示。多点位移计在距坡面 10m 位置与孔口（距坡面 43.3m）位置位移变化趋势为正值（向河岸方向）；在距坡面 20.5m 和 32.8m 位置为负值（逆向河岸方向），分析认为，靠近边坡表面时坡体位移向河岸方向滑移；在多点位移计的孔口（距坡面 43.3m）位置恰好在边坡折断错滑带的后缘附近，此处坡体位移也向河岸方向滑移；两端向河岸方向的滑移造成了多点位移计在中部朝向逆向河岸方向的挠曲，因此，多点位移计在距坡面 20.5m 和 32.8m 位置为负值（逆向河岸方向）。图 8-11 ~ 图 8-15 中相应位置处的位移方向与监测结果相一致。

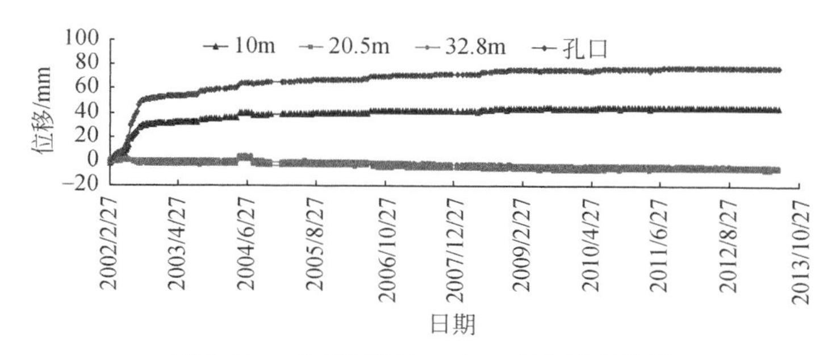

图 8-32　多点位移计 $M_1{}^4$-5 变化过程线图

在数值计算模型中，多点位移计 M_1^4-5 相应的距坡面 10m 位置与孔口位置设置监测点，对其数值模型计算结果进行提取，并与图 8-32 中的监测数据进行对比分析，见表 8-10。根据表 8-10 绘制多点位移计 M_1^4-5 的实测值与计算值对比图，如图 8-33 和图 8-34 所示。

表 8-10　计算结果与监测数据误差对比表

饱水-失水循环次数	日期	M_1^4-5 距坡面 10m 位置			M_1^4-5 孔口位置		
		实测值/mm	计算值/mm	误差百分率/%	实测值/mm	计算值/mm	误差百分率/%
1	2008/5/22	40.17	34.52	-14.06	71.99	65.01	-9.69
2	2009/5/27	40.85	38.69	-5.27	74.41	66.95	-14.71
3	2010/5/19	42.25	38.24	-9.48	74.75	70.05	-6.28
4	2011/7/21	43.31	40.40	-6.71	76.82	69.25	-9.85
5	2013/6/25	44.32	45.27	2.14	78.56	76.97	-2.02

注：误差百分率为负值表示计算值小于实测值的情况。

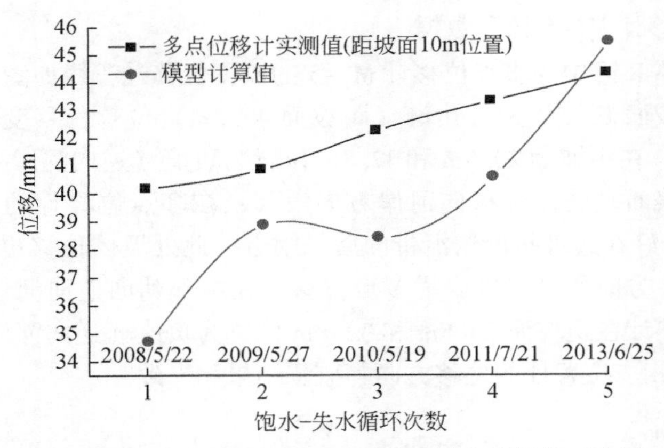

图 8-33 M_1^4-5 距坡面 10m 位置实测值与计算值对比图

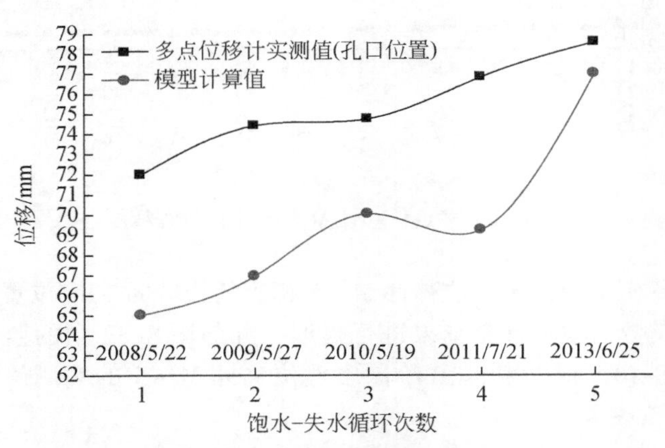

图 8-34 M_1^4-5 孔口位置实测值与计算值对比图

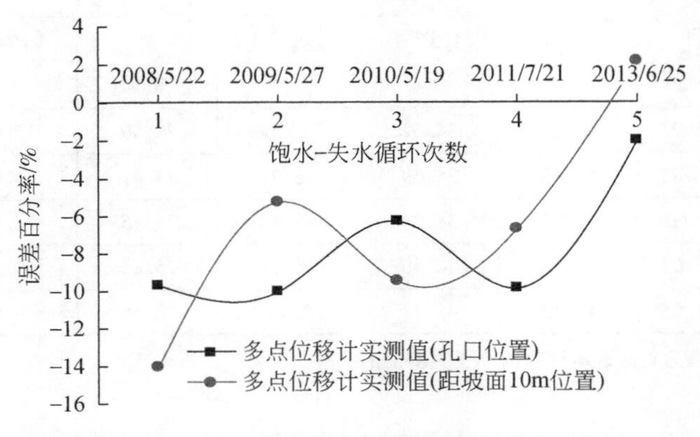

图 8-35 M_1^4-5 实测值与计算值误差百分率分析

图 8-35 为多点位移计 M_1^4–5 实测值与计算值误差百分率分析情况。由图 8-35 可见，多点位移计 M_1^4–5 距坡面 10m 位置、孔口位置的模型计算值与实测值有最大为 14.71% 的误差，整体误差较小，证明本书数值计算的可靠性；误差百分率整体为负值，说明计算值小于实测值，这是因为以上模型计算中仅考虑饱水–失水循环对消落带岩体的劣化作用，而未考虑饱水–失水循环劣化作用下的岩体损伤流变特性。假设岩体的总变形量为

$$\varepsilon = \varepsilon_e + \varepsilon_p + \varepsilon_r \tag{8-2}$$

式中，ε 为岩体的总变形量；ε_e 为弹性变形；ε_p 为塑性变形；ε_r 为流变变形。

以上计算结果仅考虑了岩体的弹性变形和塑性变形，未考虑岩体的流变变形，计算结果反映了本书对饱水–失水循环作用岩石力学参数转换为岩体力学参数的合理性，证明本书第 3 章中提出考虑了饱水–失水循环作用对岩石损伤的改进的 GH-B 强度准则和构建新的 GSI 量化取值表格是合理的，但是未考虑岩体流变特性的计算结果和实测值的误差百分率整体为负值，对于龙滩水电站这样的特大型水利水电工程、百年工程，其坝址区库岸高边坡的长期稳定性计算和边坡的位移等变化情况预测，应该力求精准可靠，因此，坝址区库岸高边坡消落带岩体在饱水–失水循环劣化作用下，岩体损伤流变特性引起的流变变形不可忽略。

b. 测斜孔

测斜孔 I2–4 的数据历时曲线图如图 8-36 ~ 图 8-39 所示。图中规定向河床方向变形为正，反之为负。

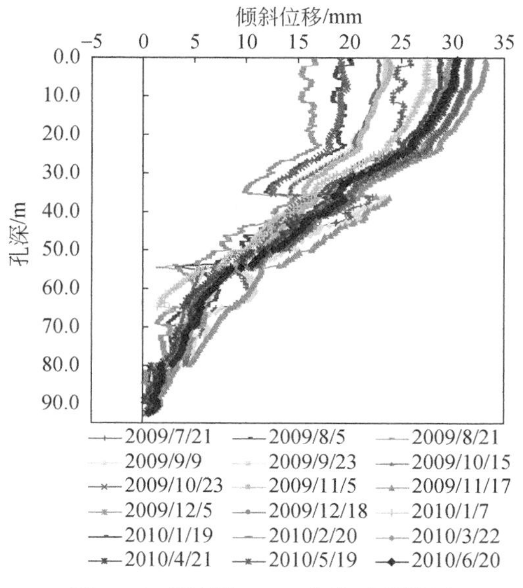

图 8-36 测斜孔 I2–4 变化过程线图

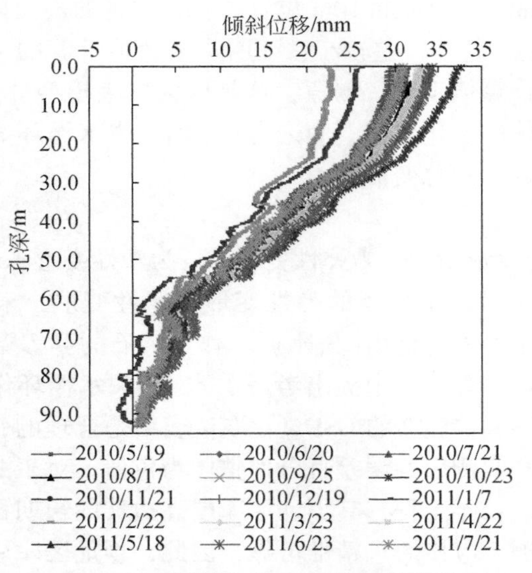

图 8-37　测斜孔 I2-4 变化过程线图

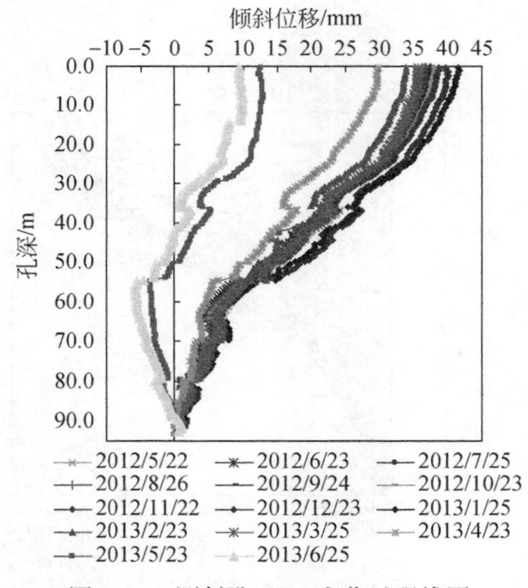

图 8-38　测斜孔 I2-4 变化过程线图

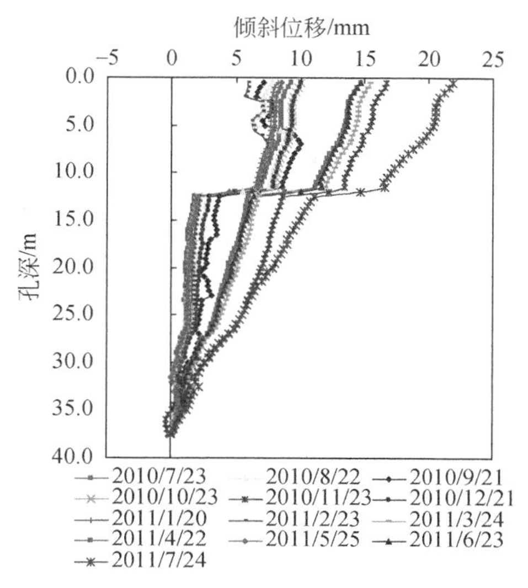

图 8-39 测斜孔 I-1 变化过程线图

监测成果表明，测斜孔 I2-4 孔深 0m 位置位移较大方向指向河岸方向，其中，2009/11/17 日（此时图 8-6 中库水位已开始第 3 次下降）孔深 0m 位置监测数据位移约为 34mm，沿着孔深方向位移变小，直至约为 0mm，这与图 8-13 中 $n=3$ 时水平位移云图的相应位置位移接近，但略大于计算值；2010/10/23 日（此时图 8-6 中库水位已开始第 4 次下降）孔深 0m 位置监测数据位移约为 38mm，沿着孔深方向位移变小，直至约为 0mm，这与图 8-14 中 $n=4$ 时水平位移云图的相应位置位移接近，但略大于计算值；2013/1/25 日（此时图 8-6 中库水位已开始第 5 次下降）孔深 0m 位置监测数据位移约为 42mm，沿着孔深方向位移变小，直至约为 0mm，这与图 8-15 中 $n=5$ 时水平位移云图的相应位置位移接近，但略大于计算值。

可见，测斜孔 I2-4 孔深 0m 位置（边坡折断错滑带后缘露头位置附近）位移随饱水-失水循环的变化与数值计算结果中的位移场云图、剪切应变增量云图、塑性区分布等分析较为吻合，测斜孔 I2-4 孔深 80～90m 位置因已位于边坡折断错滑带下方基岩，所以位移变小，几乎为 0。

测斜孔 I-1 的历时曲线图如图 8-39 所示，图中规定向河床方向变形为正，反之为负。

监测成果表明，测斜孔 I-1 孔深 0m 位置位移较大，方向指向河岸方向，其中，2010/7/23 日（此时图 8-6 中库水位已开始第 4 次上升）孔深 0m 位置监测数据位移约为 9mm，沿着孔深方向位移变小，直至约为 0mm；2011/7/24 日（此时图 8-6 中库水位已完成第 4 次下降）孔深 0m 位置监测数据位移约为 22mm，沿着孔深方向位移变小，直至约为0mm，这与图8-14中 $n=4$ 时水平位移云图的相应位置位移接近，但略大于计算值；图8-39中各月份监测数据在孔深约12m位置出现“拐点”，12m位置之后沿着孔深方向位移急剧变小，直至约为0mm，这是因为测斜孔I-1孔深12m位置之后位于边坡折断错滑带下方基岩，所以其位移急剧变小。

以上对测斜孔I2-4、I-1的监测数据与数值计算进行的对比分析发现，测斜孔监测数据的位移随饱水-失水循环的变化与数值计算结果中的位移场云图、剪切应变增量云图、塑性区分布等分析较为吻合，其中，监测数据相应时期相应位置的监测值接近但略大于数值模型计算值，更进一步证明了本书第3章中提出考虑了饱水-失水循环作用对岩石损伤的改进的GH-B强度准则和构建的新的GSI量化取值表格是合理的，但要更为准确地预测与分析龙滩水电站坝址区库岸高边坡的长期稳定性，应考虑其消落带岩体在饱水-失水循环劣化作用下的岩体损伤流变特性。

8.1.3 流变参数反演与考虑流变特征的坝址区库岸边坡稳定性分析

水库运营期间库水位涨落，消落带岩体经过饱水-失水循环，其力学参数必然会损伤衰减，进而使边坡消落带岩体的流变效应更趋于明显。但是，考虑饱水-失水循环作用机理的边坡“岩体”长期流变分析是另一个非常复杂的论题，而且由于研究范畴、研究时间、工作量等问题，本书将从复杂问题的宏观表现入手，尝试从室内岩石流变试验与现场监测数据相结合的角度，根据本书所提出的考虑岩石饱水-失水循环次数 n 损伤的DNBVP模型，运用基于“BP-PSO算法的边坡位移反分析方法”获取龙滩水电站坝址区库岸高边坡消落带“岩体”的DNBVP模型参数，进而探讨龙滩水电站坝址区左岸B流变体典型剖面高边坡在水库运营期间库水位涨落情况下考虑流变特性的长期稳定性。

1. 边坡岩体流变参数反演

本书运用数值分析方法对龙滩水电站坝址区B流变体典型剖面库岸高边坡长期稳定性进行分析，岩体本构采用本书建立的DNBVP模型。采用基于BP-PSO算法的边坡位移反分析方法获取DNBVP模型相应的流变参数，其主要思路是将粒子群算法、BP神经网络和FLAC3D有限差分软件相结合。首先，根据室内岩石流变试验结果和相关工程经验，确定待反演岩体参数的取值范围，并利用均匀设计原理构造方案样本。对龙滩水电站坝址区B流变体典型剖面的数值计算模型采用基于FLAC3D二次开发的DNBVP模型，进行构造的样本流变计算，获得相应监测点的计算位移值，然后应用BP神经网络进行学习，以此来建立岩体待反演参数和计算位移之间的非线性映射关系。最后采用PSO算法搜索获得最优的反演流变参数，使得监测点的实测位移值与计算位移值之间的误差最小。将反演得到流变参数带入到数值计算模型中进行计算，再将监测点的计算位移值与实测位移值进行比较，检验所反演参数的优劣与否及流变本构模型的正确性。该方法的技术路线图如图 8-40 所示。

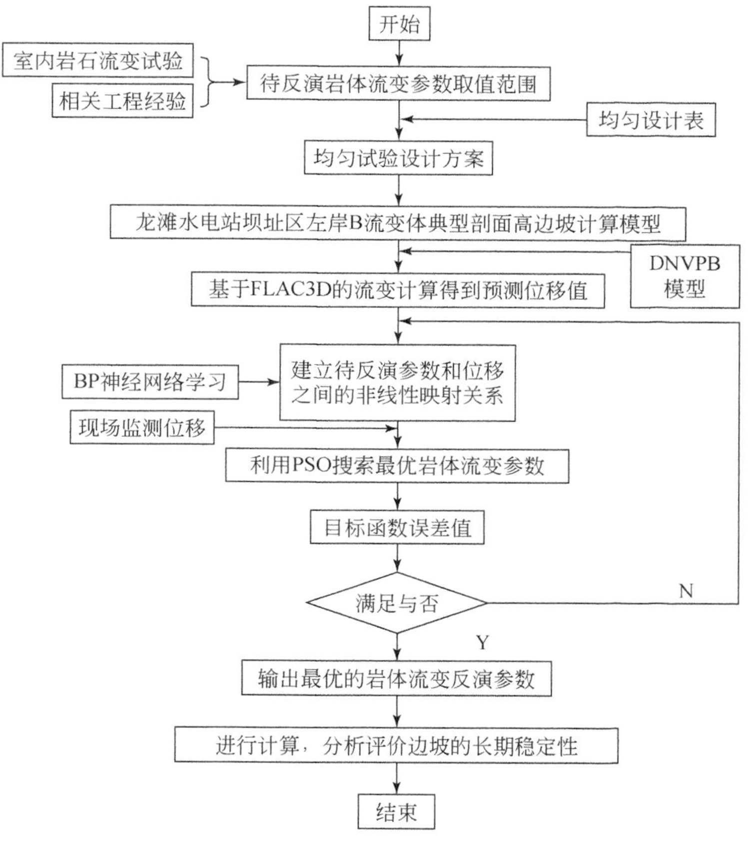

图 8-40　基于 BP-PSO 算法的边坡位移反分析法技术路线图

1）BP-PSO 神经网络的基本原理

BP 神经网络（back propagation）是一种多层前馈神经网络，代表着人工神经网络的精华，主要特点是信息前向传递，误差反向传递，它包括输入层、隐含层和输出层。BP 神经网络具有良好的自适应能力、泛化能力、较好的容错能力、高速寻找优化解的能力，因此，在岩土体稳定性评价领域得到了广泛应用。但是在实际应用中，BP 神经网络存在着训练过度、收敛慢、易陷入局部极小、过拟合等问题。

粒子群优化算法（particle swarm optimization，PSO）最早由 Eberhart 和 Kennedy

(1995)于1995年提出，它的基本概念源于对鸟群觅食行为的研究。粒子群算法首先随机产生一群粒子，在解空间内，每一个粒子都有与其相应的目标函数，即该粒子的适应度，而且每个粒子还有一个速度来决定他们飞行的方向与距离，之后粒子就追随当前的最优粒子在解空间中搜索。在粒子每次迭代过程中，粒子通过跟踪个体最优极值和全局最优极值来不断更新自己，来寻找粒子的最优适应度值，从而实现对可行解空间的快速智能搜索，发现最优解。粒子通过以下公式来实现对空间解内速度和位置的更新。

假设空间维数为 D 维的粒子群，其由 l 个粒子所组成，第 i 个粒子的位置为 $x_i=(x_{i1}, x_{i2}, x_{i3}, \cdots, x_{iD})$，速度为 $v_i=(v_{i1}, v_{i2}, v_{i3}, \cdots, v_{iD})$；第 i 个粒子迄今为止所经历的最优位置，即个体极值为 $p_i=(p_{i1}, p_{i1}, p_{i1}, \cdots, p_{iD})$，整个粒子群目前搜索到的最优位置，即全局极值为 $p_g=(p_{g1}, p_{g1}, p_{g1}, \cdots, p_{gD})$，在第 k 次迭代中，第 i 个粒子按照下式更新速度和位置：

$$v_{id}^{k+1}=wv_{id}^{k}+c_1r_1(p_{id}^{k}-x_{id}^{k})+c_2r_2(p_{gd}^{k}-x_{id}^{k}) \tag{8-3}$$

$$x_{id}^{k+1}=x_{id}^{k}+v_{id}^{k+1} \tag{8-4}$$

式中，w 为惯性权重；c_1 为自身学习因子，表示粒子本身的思考能力；c_2 为社会学习因子，表示粒子间的信息共享和相互合作能力；r_1，r_2 为在［0，1］范围内均匀分布的随机数。

粒子群优化算法（particle swarm optimization，PSO）是一种较为简单而有效的、随机的搜索算法，相比于遗传算法，其有着更好的优化结果，特别是在解决一些大量不可微、多峰值、非线性的高度复杂函数优化问题时（Shi et al.，2000）。运用BP神经网络建立起岩体流变力学参数与位移之间的非线性映射关系，通过引入粒子群优化算法，利用其全局寻优能力来寻找最优的边坡岩体流变力学参数，可有效地提高反分析的效率和精度。

2）数值模型流变计算情况确定

a. 计算模型

计算模型采用图8-5中流变体B区典型剖面数值计算模型。

b. 流变时间

由图8-6可知，从2007年5月22日龙滩水电站开始投产运营到本书监测数据收集截止期（2013年6月25日），库水位共有5次升降循环，即研究区域的库岸边坡消落带岩体伴随着地下水位、库水位的变化而饱水-失水循环了5次，相应的研究监测数据也截止到2013年6月25日，因此，总流变时间确定为2226天。流变计算时，每次饱水-失水循环次数对应的日期由图8-6获取。为加快流变计算速度和便于根据监测数据运用PSO搜索最优岩体流变参数，将图8-6中从2007年5月22日到2013年6月25日分为11个计算时间段，即每次库水位下降稳定后的日期、下次库水位下降稳定后的日期，以及两者日期的中间值。

c. 位移反演目标

在多点位移计 M_1^4–5 距坡面 10m 位置和孔口位置、测斜孔 I2–4（0m 孔深位置）、测斜孔 I–1（0m 孔深位置）设置监测点，进行基于 FLAC3D 的流变计算，得到预测位移值。以便用于流变参数的反演和对比验证。

d. 力学参数

边坡岩土体物理力学参数初值采用前文提到的以“改进的 GH-B 强度准则”和“新的 GSI 量化取值表格”为桥梁，合理确定 2007 年 5 月 22 之前的参数取值，以便保障在既考虑了岩体的流变特性，又考虑了消落带岩体在不同饱水–失水循环后损伤性的计算合理性。计算时，泥板岩夹砂岩、泥板岩砂岩互层流变参数取值参照泥板岩取值，采用表 8-9 中的取值；消落带岩体的 n 值参照图 8-6 中每次库水位下降稳定后的日期取值，其他岩体 n 取 0（饱水状态）。

3）流变本构模型的选取

数值计算模型岩体的流变本构模型均采用本书基于 FLAC3D 二次开发的“考虑岩石饱水–失水循环次数 n 损伤的 DNBVP 模型”。所不同的是，DNBVP 模型中，消落带岩体 n 值参照图 8-6 中每次库水位下降稳定后的日期取值，其他岩体 n 取 0（饱水状态）。

4）目标函数的建立

目标函数是基于优化技术反分析的驱动力，基于优化方法的位移反分析就是寻找一组待反演岩体力学参数，使得计算出的位移值与实测位移值的误差达到最小，该参数就是最优的待反演的岩体力学参数。因此，取各监测点位移预测值与实测值的误差平方和的最小值作为参数寻优的依据，目标函数可以取以下形式：

$$F(X) = \sum_{i=1}^{n} [f_i(X) - u_i]^2 \tag{8-5}$$

式中，X 为待反演参数（$X = G_1$、G_2、η_1、η_2、η_3、m）；$f_i(X)$ 为监测点位移计算值；u_i 为相应位移实测值。

5）反演样本构造

根据室内岩石流变试验结果和相关工程经验确定砂岩和泥板岩的流变参数的取值范围，对于砂岩 G_1：10 ~ 50 GPa，G_2：0.8 ~ 4 GPa，η_1：1.6E4 ~ 8E4 GPa · h，η_2：0.6 ~ 2 GPa · h，η_3：2E4 ~ 9E4 GPa · h，m：0.2 ~ 0.9；对于泥板岩 G_1：2 ~ 16 GPa，G_2：0.3 ~ 2 GPa，η_1：2E3 ~ 10E3 GPa · h，η_2：3 ~ 12 GPa · h，η_3：2E5 ~ 8E5 GPa · h，m：0.2 ~ 0.9。采用均匀设计方法，对砂岩、泥板岩分别构造了 25 组训练样本和 5 组验证样本，见表 8-11 和表 8-12。

表 8-11　砂岩的训练及验证样本输入参数

样本种类	样本编号	G_1 /GPa	G_2 /GPa	η_1 /（GPa · h）	η_2 /（GPa · h）	η_3 /(GPa · h）	m
训练样本	1	10.00	1.131	3.59E+04	1.2280	6.10E+04	0.7793
	2	11.38	1.572	5.79E+04	1.9030	2.97E+04	0.6345
	3	12.76	2.014	8.00E+04	1.0830	7.31E+04	0.4897
	4	14.14	2.455	3.37E+04	1.7590	4.17E+04	0.3448
	5	15.52	2.897	5.57e+04	0.9379	8.52E+04	0.2000
	6	16.90	3.338	7.78E+04	1.6140	5.38E+04	0.8034
	7	18.28	3.779	3.15E+04	0.7931	2.24E+04	0.6586
	8	19.66	0.800	5.35E+04	1.4690	6.59E+04	0.5138
	9	21.03	1.241	7.56E+04	0.6483	3.45E+04	0.3690
	10	22.41	1.683	2.92E+04	1.3240	7.79E+04	0.2241
	11	23.79	2.124	5.13E+04	2.0000	4.66E+04	0.8276
	12	25.17	2.566	7.34E+04	1.1790	9.00E+04	0.6828
	13	26.55	3.007	2.70E+04	1.8550	5.86E+04	0.5379
	14	27.93	3.448	4.91E+04	1.0340	2.72E+04	0.3931
	15	29.31	3.890	7.12E+04	1.7100	7.07E+04	0.2483
	16	30.69	0.910	2.48E+04	0.8897	3.93E+04	0.8517
	17	32.07	1.352	4.69E+04	1.5660	8.28E+04	0.7069
	18	33.45	1.793	6.90E+04	0.7448	5.14E+04	0.5621
	19	34.83	2.234	2.26E+04	1.4210	2.00E+04	0.4172
	20	36.21	2.676	4.47E+04	0.6000	6.35E+04	0.2724
	21	37.59	3.117	6.68E+04	1.2760	3.21E+04	0.8759
	22	38.97	3.559	2.04E+04	1.9520	7.55E+04	0.7310
	23	40.34	4.000	4.25E+04	1.1310	4.41E+04	0.5862
	24	41.72	1.021	6.46E+04	1.8070	8.76E+04	0.4414
	25	43.10	1.462	1.82E+04	0.9862	5.62E+04	0.2966
验证样本	26	44.48	1.903	4.03E+04	1.6620	2.48E+04	0.9000
	27	45.86	2.345	6.23E+04	0.8414	6.83E+04	0.7552
	28	47.24	2.786	1.60E+04	1.5170	3.69E+04	0.6103
	29	48.62	3.228	3.81E+04	0.6966	8.03E+04	0.4655
	30	50.00	3.669	6.01E+04	1.3720	4.90E+04	0.3207

表 8-12　泥板岩的训练及验证样本输入参数

样本种类	样本号	G_1 /GPa	G_2 /GPa	η_1 /（GPa · h）	η_2 /（GPa · h）	η_3 /（GPa · h）	m
训练样本	1	2. 00	0. 4759	4483	7. 034	5. 52E+05	0. 7793
	2	2. 14	0. 7103	7241	11. 380	2. 83E+05	0. 6345
	3	2. 28	0. 9448	10000	6. 103	6. 55E+05	0. 4897
	4	2. 41	1. 1790	4207	10. 450	3. 86E+05	0. 3448
	5	2. 55	1. 4140	6966	5. 172	7. 59E+05	0. 2000
	6	2. 69	1. 6480	9724	9. 517	4. 90E+05	0. 8034
	7	2. 83	1. 8830	3931	4. 241	2. 21E+05	0. 6586
	8	2. 97	0. 3000	6690	8. 586	5. 93E+05	0. 5138
	9	3. 10	0. 5345	9448	3. 310	3. 24E+05	0. 3690
	10	3. 24	0. 7690	3655	7. 655	6. 97E+05	0. 2241
	11	3. 38	1. 0030	6414	12. 000	4. 28E+05	0. 8276
	12	3. 52	1. 2380	9172	6. 724	8. 00E+05	0. 6828
	13	3. 66	1. 4720	3379	11. 070	5. 31E+05	0. 5379
	14	3. 79	1. 7070	6138	5. 793	2. 62E+05	0. 3931
	15	3. 93	1. 9410	8897	10. 140	6. 35E+05	0. 2483
	16	4. 07	0. 3586	3103	4. 862	3. 66E+05	0. 8517
	17	4. 21	0. 5931	5862	9. 207	7. 38E+05	0. 7069
	18	4. 35	0. 8276	8621	3. 931	4. 69E+05	0. 5621
	19	4. 48	1. 0620	2828	8. 276	2. 00E+05	0. 4172
	20	4. 62	1. 2970	5586	3. 000	5. 72E+05	0. 2724
	21	4. 76	1. 5310	8345	7. 345	3. 03E+05	0. 8759
	22	4. 90	1. 7660	2552	11. 690	6. 76E+05	0. 7310
	23	5. 03	2. 0000	5310	6. 414	4. 07E+05	0. 5862
	24	5. 17	0. 4172	8069	10. 760	7. 79E+05	0. 4414
	25	5. 31	0. 6517	2276	5. 483	5. 10E+05	0. 2966
验证样本	26	5. 45	0. 8862	5034	9. 828	2. 41E+05	0. 9000
	27	5. 59	1. 1210	7793	4. 552	6. 14E+05	0. 7552
	28	5. 72	1. 3550	2000	8. 897	3. 45E+05	0. 6103
	29	5. 86	1. 5900	4759	3. 621	7. 17E+05	0. 4655
	30	6. 00	1. 8240	7517	7. 966	4. 48E+05	0. 3207

6）流变参数反演结果的分析

分别将表8-11和表8-12各自构造的25组训练样本输入进行流变计算，获得相应监测点的计算位移值，然后应用BP神经网络进行学习，建立岩体待反演参数和计算位移之间的非线性映射关系。在此基础上采用PSO算法搜索获得最优的反演流变参数（表8-13和表8-14），使得数值计算位移值与监测点的实测位移值之间的误差最小。将反演得到的最优流变参数代入到数值计算模型中进行计算，最后将最优流变参数对应监测点的反演计算理论位移值与现场实测位移值进行对比，如图8-41和图8-42所示，以检验所反演参数的优劣与否及流变本构模型的正确性。

表8-13 反演得到的砂岩岩体的流变参数

G_1/GPa	G_2/GPa	η_1/(GPa · h)	η_2/(GPa · h)	η_3/(GPa · h)	m
24.13	2.417	2.96E+04	1.324	3.91E+4	0.6591

表8-14 反演得到的泥板岩岩体的流变参数

G_1/GPa	G_2/GPa	η_1/(GPa · h)	η_2/(GPa · h)	η_3/(GPa · h)	m
3.27	1.214	4536	5.214	4.6517E+4	0.5325

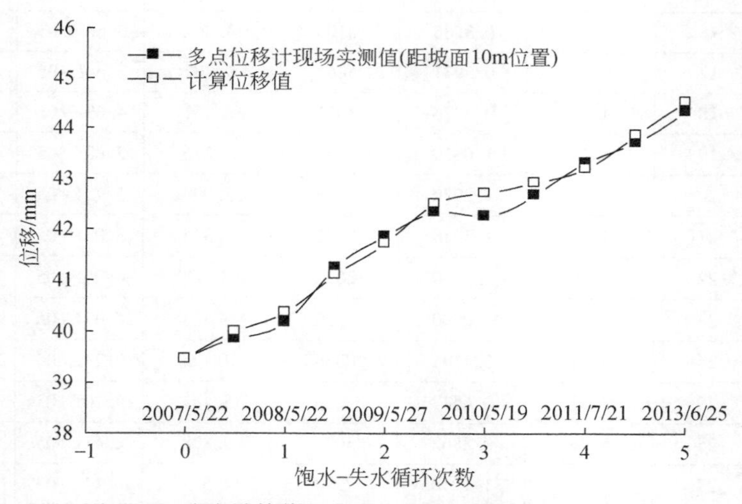

图8-41 流变计算值与实测值对比（距坡面10m位置）

由以上现场监测点位移与流变计算位移的对比图可以看出，现场监测点位移值与流变计算值的变化趋势基本相同，在量值上也接近。能够比较合理地反映出库水位涨落下边坡岩体的流变特性，这也表明采用BP-PSO算法的边坡位移反分

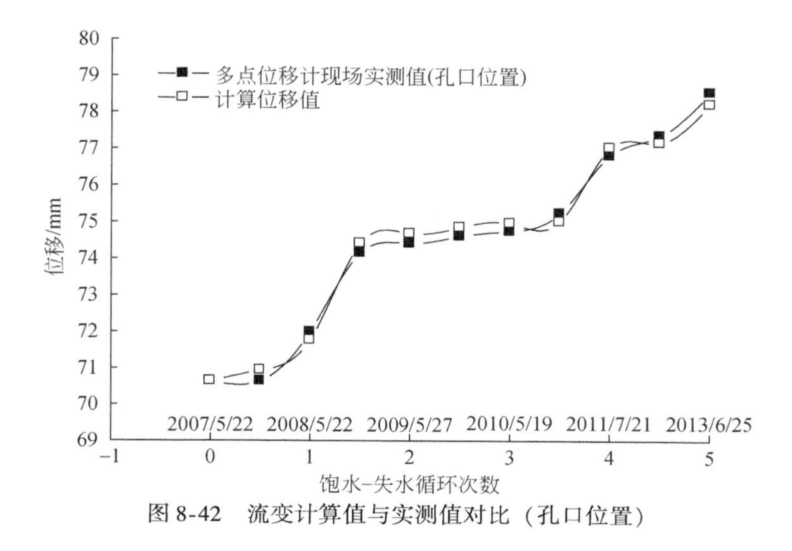

图 8-42　流变计算值与实测值对比（孔口位置）

析法达到了预期的目标，同时也证明了本书提出的“考虑岩石饱水-失水循环次数 n 损伤的 DNBVP 模型”的正确性。

2. 坝址区库岸高边坡长期稳定性预测分析

本书对龙滩水电站坝址区库岸高边坡“消落带”岩石进行了“饱水-失水循环”后的室内常规试验，以及三轴流变时间，进而提出了“考虑岩石饱水-失水循环次数 n 损伤的 DNBVP 模型”，因室内试验最大“饱水-失水循环”次数为 20 次，而图 8-6 中左岸 B 区流变体部位水位孔 OH_2-2 的地下水位随库水位变化而发生相应变化，由《红水河-龙滩水电站左右岸边坡安全监测分析月报》可知，从 2007 年 5 月龙滩水电站开始投产运营，每年库水位发生一次升降，即每年消落带岩体发生一次“饱水-失水循环”。因此，本书对龙滩水电站左岸 B 流变体典型剖面高边坡，进行饱水-失水循环 20 次（水库运营 20 年后），且考虑流变特性的稳定性计算分析。对于 $n>20$ 的情况有待于以后进一步研究。同样，选择图 8-4 中龙滩水电站坝址区流变体 B 区典型剖面进行流变计算，其中，断层、折断错滑带不考虑其流变性，采用表 8-9 的取值，消落带岩体流变参数按“饱水-失水循环”20 次取值，其他部位非消落带岩体流变参数按自然饱水情况下的流变参数取值。计算后水平位移云图、最大主应力变化云图、剪应变增量变化云图、塑性区分布图结果如图 8-43 ~ 图 8-46 所示。

由图 8-43 可知，当 $n=20$ 次后（水库运营 20 年后），边坡岩土体向河岸方向的最大水平位移为 96. 82mm，最大水平位移区域面积较大，分布在边坡高程约 550 到边坡最高处的边坡表面位置；由图 8-44 可知，当 $n=20$ 次后（水库运营 20 年后），边坡最大主应力为 11. 1MPa，出现在边坡模型的底部，并且随着高程的

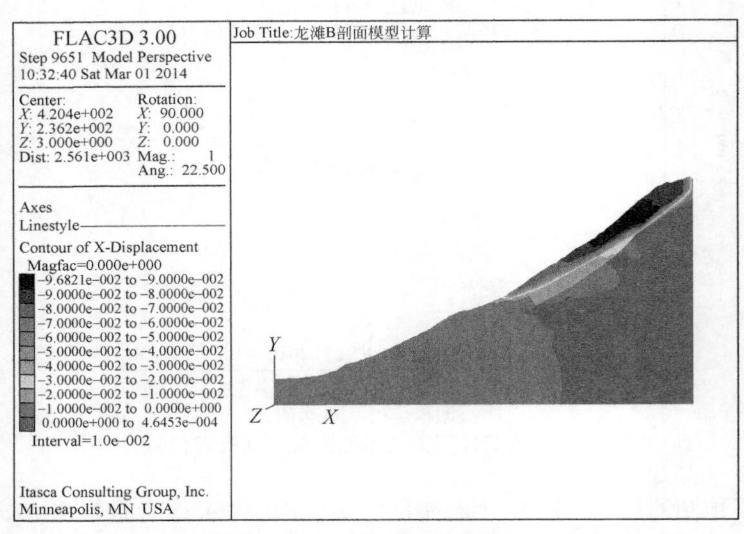

图 8-43　流变 20 年水平位移云图（自 2007 年 5 月）

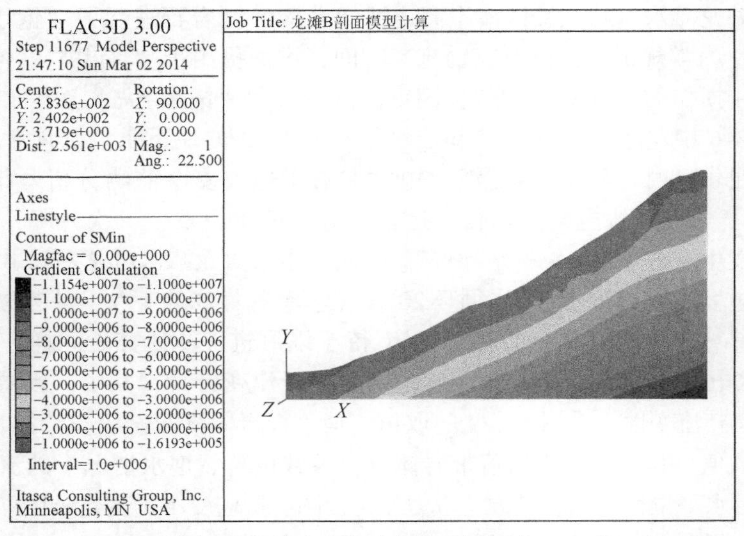

图 8-44　流变 20 年最大主应力变化云图（自 2007 年 5 月）

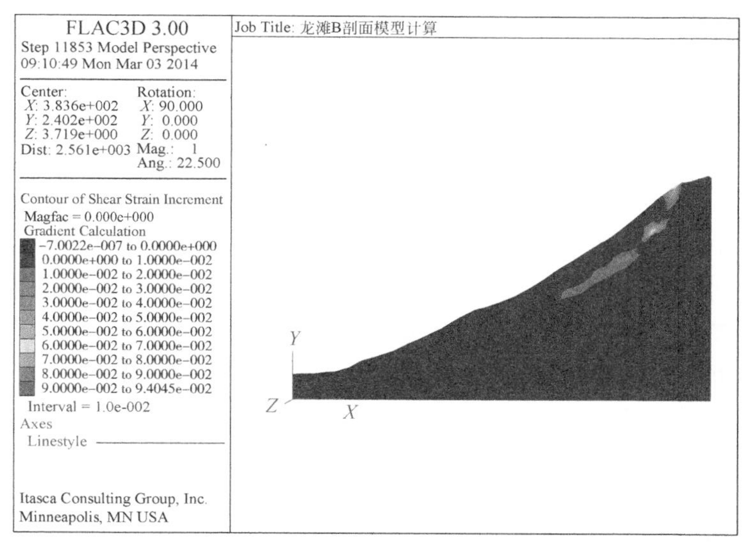

图 8-45　流变 20 年剪应变增量变化云图（自 2007 年 5 月）

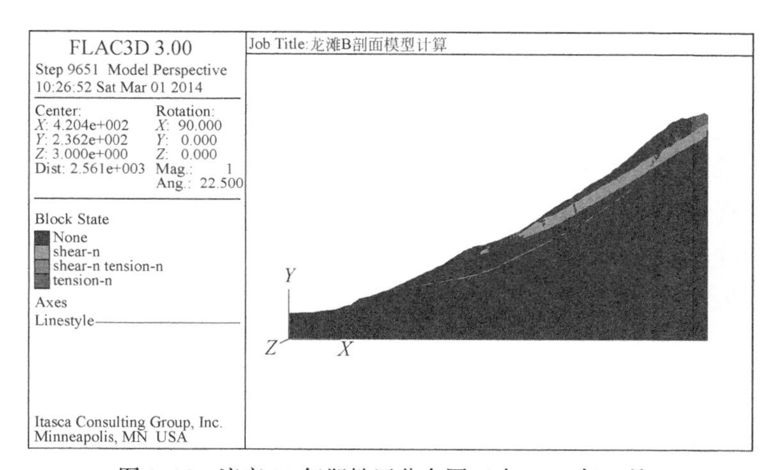

图 8-46　流变 20 年塑性区分布图（自 2007 年 5 月）

增加其值减小，在坡面附近减小为 2MPa 左右，在坡顶、坡脚位置为 1MPa 左右；由图 8-45 可知，当 $n=20$ 次后（水库运营 20 年后），边坡最大剪应变增量为 9.4%，出现在边坡折断错滑带的后缘、边坡中部消落带岩体区域；由图 8-46 可以看出，当 $n=20$ 次后（水库运营 20 年后），边坡折断错滑带出现剪切塑性区，但仍未贯通整个折断错滑带；边坡折断错滑带后缘、边坡坡体后缘岩体、

400m 高程位置（最高正常蓄水位线）出现局部的拉张塑性区；消落带岩体有较为贯通的剪切塑性区。

以上分析表明，当 $n=20$ 次后（水库运营 20 年后），边坡可能有局部不稳定的倾向，特别是消落带岩体在库水位涨落 20 次后，即饱水–失水循环 20 次后，可能出现较为贯通的塑性区域，而边坡折断错滑带后缘、边坡坡体后缘也出现小区域面积的拉张塑性区。

综上所述，水电站运营期间的库水位涨落对边坡消落带岩体有一定的影响，特别是同时考虑岩体流变特性后，其影响更为明显。边坡可能有局部不稳定的倾向，因此，水库运营期间，其坝址区边坡坡体的防渗、防风化，以及防止软弱断层、结构面的软化十分重要。建议对坝址区边坡 400m（最高正常蓄水位线）位置高程以下的各主要断层出露处进行混凝土灌浆置换等防渗处理，并且加强坡体内各排水洞和防渗帷幕的布置，尽量防止库水位涨落作用对边坡岩体的损伤劣化作用；此外，应在边坡阻滑段设置锚杆、锚索或抗滑桩等支护方式。

8.2 西藏邦铺矿区露采边坡长期稳定性分析

矿区开挖边坡长期稳定性分析如下。

1. 工程概况

西藏邦铺矿区位于西藏自治区墨竹工卡县北东约34km 处，该矿区是高海拔、高寒、高边坡露天开采矿山，其露采边坡最大开采深度达 1065 m。矿区一期、二期露天开采的总服务年限为 33 年，研究其长期安全性有重要的意义。

矿区工程地质条件复杂，边坡不同部位的影响因素不同，其稳定性和变形破坏形式也各异。选取地势较陡峭的 1–1 剖面（图 8-47）为例进行稳定性分析。1–1剖面走向为 182°（图 8-48），一期开挖台阶边坡角为 75°，开挖开口线位置高程为 4903m，一期开挖底部高程为 4498m，人工开挖边坡高程为 405m，用有限元软件建立的数值模型进行计算，岩土体采用摩尔–库仑准则分析。

2. 数值模拟模型计算参数

岩体的长期强度是评价工程长期稳定性的重要参量，目前应用最广泛的是等时应力–应变曲线簇法，根据该法结合图 7-5 的成果确定了矿区花岗岩剪切流变的长期强度，结果见表 8-14；对花岗岩岩样进行室内快剪试验，得出其在不同正应力下的瞬时强度，其试验结果见表 8-15。

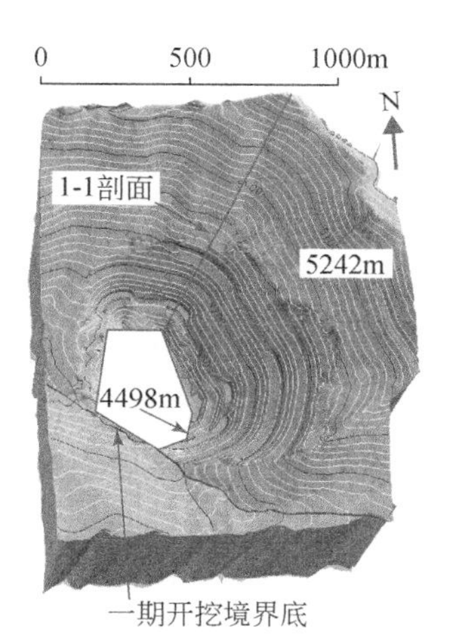

图 8-47　矿区开挖境界三维视觉图

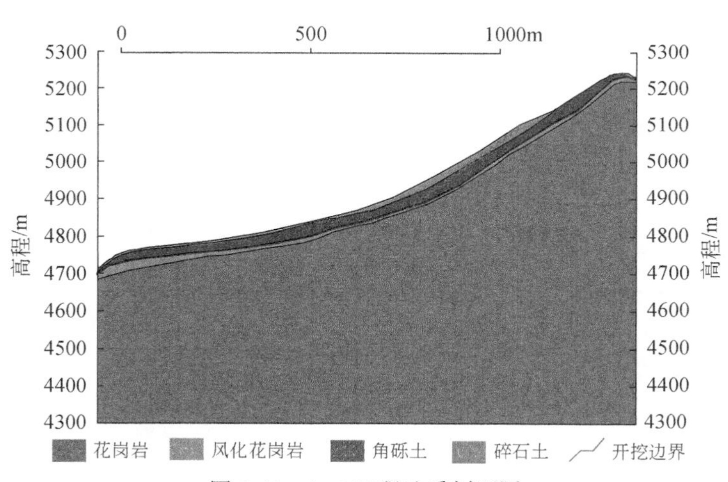

图 8-48　1–1 工程地质剖面图

表 8-15　花岗岩剪切试验力学参数

力学指标	含水状态	正应力/MPa		力学指标	含水状态	正应力/MPa	
		2. 216	5. 299			2. 216	5. 299
瞬时强度 τ / MPa	饱水	22. 4	31. 2	长期强度 τ_s /MPa	饱水	15. 3	24. 3
	干燥	29. 7	39. 4		干燥	18. 5	27. 4

根据文献（王新刚等，2014b），花岗岩达到长期抗剪强度前，当 $t \to \infty$时：

$$\gamma_{\max} = \frac{\tau_0(G_1 + G_2)}{G_1 G_2} = \frac{\tau_0}{G_\infty} \tag{8-6}$$

式中，γ_{max} 为某剪切应力作用下的岩样长期应变值；G_1 和 G_2 的取值由表 7-3 中的 G_1、G_2 平均值求得；G_∞ 为岩样长期剪切模量值，可得

$$G_\infty = \frac{\tau_0}{\gamma_{max}} = \frac{G_1 G_2}{(G_1 + G_2)} \tag{8-7}$$

$$G_\infty = \frac{E_\infty}{2(1+\mu)} \qquad K_\infty = \frac{E_\infty}{3(1-2\mu)} \tag{8-8}$$

式中，E_∞、K_∞ 为岩样长期弹性模量、体积模量；μ 为泊松比。

花岗岩的黏聚力、摩擦角、长期黏聚力、长期摩擦角可根据表 8-14 的结果由摩尔-库仑准则获取，花岗岩泊松比，以及碎石土层、角砾土层计算所需物理参数由室内试验获取；分化花岗岩层受水作用，采用饱水状态长期流变参数，花岗岩层采用干燥状态长期流变参数，结合式(8-6)～式（8-8），1-1 剖面长期稳定性计算所需的计算参数见表 8-16。

表 8-16　数值模型计算参数

岩土名称	时效性	黏聚力/MPa	摩擦角/（°）	剪切模量/GPa	体积模量/GPa
碎石土	瞬时	0.081	29.2	0.0033	0.0053
角砾土		0.082	26.4	0.0033	0.0053
花岗岩		22.72	72.36	55.56	74.07
风化花岗岩		16.07	70.69	40.81	54.41
花岗岩	长期	12.10	68.89	44.44	59.26
风化花岗岩		8.83	66.09	32.65	43.53

3. 计算结果及分析

根据表 8-15 确定的模型计算参数，对于 1-1 开挖边坡剖面分不考虑流变的开挖边坡稳定性、考虑流变的开挖边坡长期稳定性两种工况，进行有限元计算分析，计算结果如图 8-49 和图 8-50 所示，图 8-49 为位移等值线图，图 8-50 为塑性区分布图。

由图 8-49 可以看出，1-1 开挖边坡剖面考虑流变的位移值比不考虑流变的位移值要大，不考虑流变的最大位移值位于开挖边坡中部台阶顶面，为 0.144 m；考虑流变的最大位移值为 2.04 m，最大位移发生在开挖边坡中部台阶顶面和开挖边坡坡脚位置。考虑流变工况的最大位移值是没有考虑流变位移值的 14.1 倍。

塑性区分布特征图如图 8-50 所示，可以看出，未考虑流变的工况开挖边坡的塑性区以剪切破坏为主，塑性区范围较小，分布在开挖边坡中部台阶顶面，破面有小范围的拉伸断裂，但未形成贯通的区域，因此，这种工况下边坡是稳定的；图 8-50（b）中考虑流变的工况下，开挖边坡中部和坡脚位置发生了较大范

围的剪切破坏，且开挖边坡中部有大面积的拉伸断裂，形成了一定区域的拉伸贯通区，因此，这种工况下边坡是不稳定的，破坏现象比较明显。

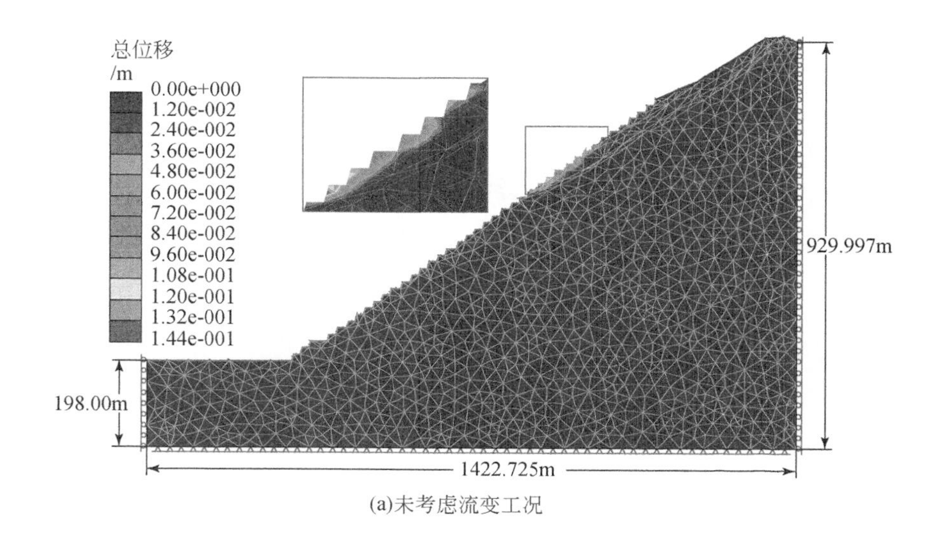

(a)未考虑流变工况

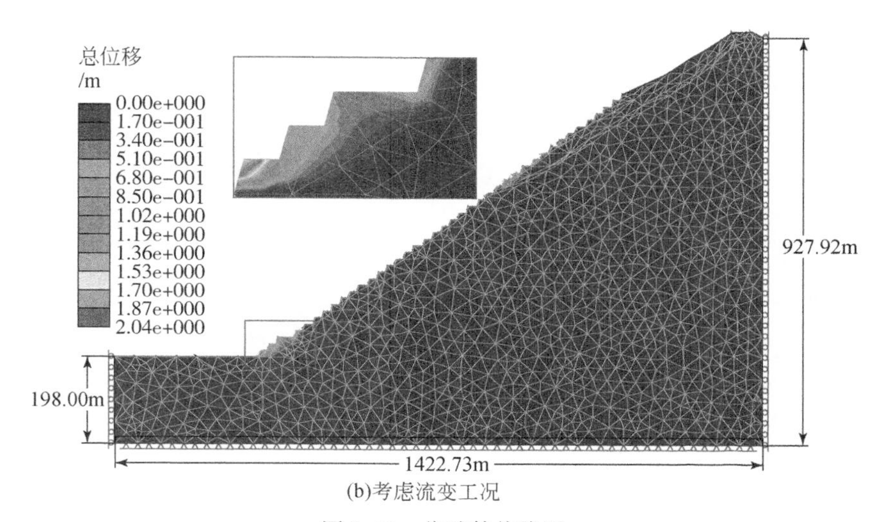

(b)考虑流变工况

图 8-49　位移等值线图

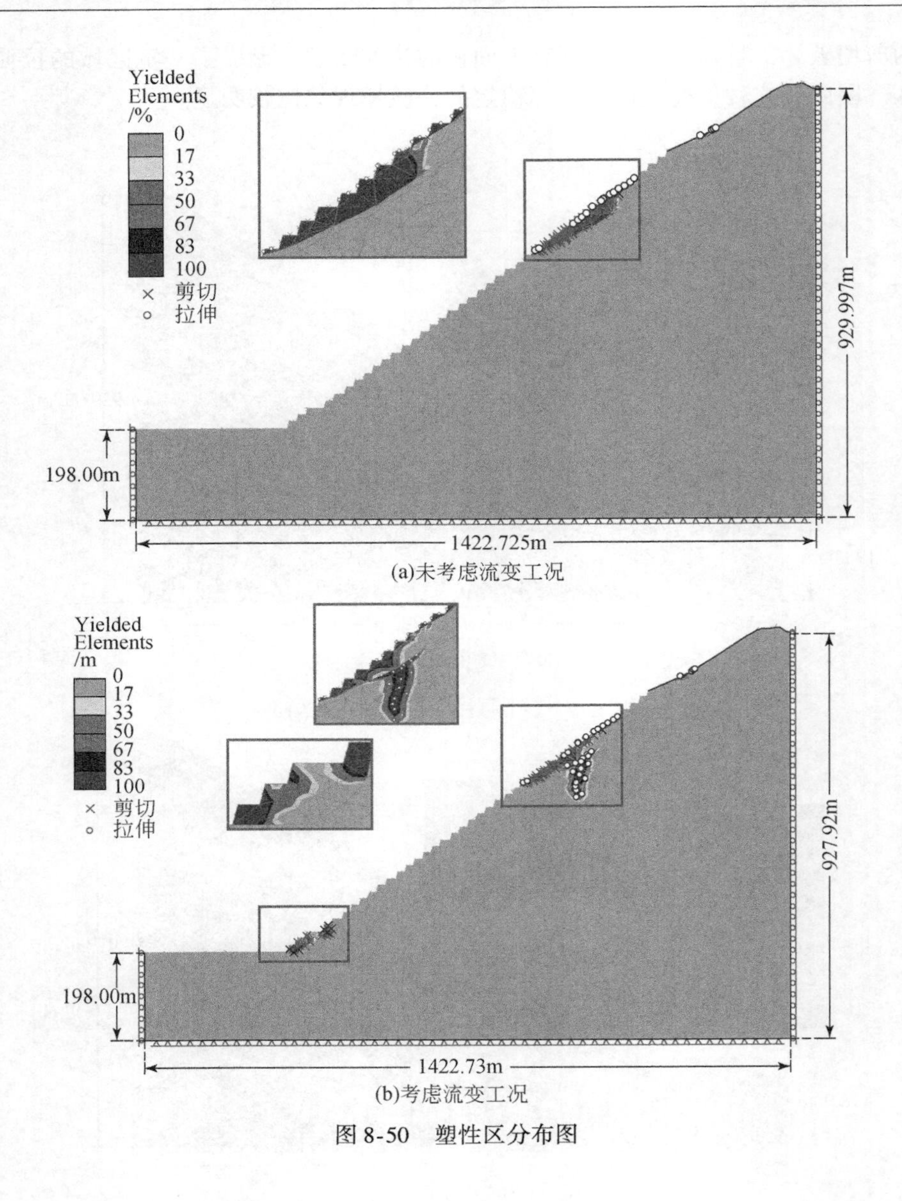

(a)未考虑流变工况

(b)考虑流变工况

图 8-50　塑性区分布图

8.3 本章小结

选取龙滩水电站坝址区流变体 B 区的典型剖面进行饱水-失水循环劣化作用下不考虑流变特性与考虑流变特性的坝址区库岸高边坡稳定性数值模拟计算分析。得到了如下结论。

(1) 不考虑流变特性时，随着饱水-失水循环次数增多，边坡折断错滑带的后缘、消落带岩体剪出口位置（最高正常蓄水位线附近）、边坡中部消落带岩体位置的水平位移均有小范围的增大；边坡消落带岩体在不同饱水-失水循环后对边坡最大主应力的大小和分布没有太大影响；边坡消落带岩体在不同饱水-失水循环后对边坡剪应变增量的大小和分布面积均有影响，饱水-失水循环次数 n 越大，则边坡最大剪应变增量也越大，较大剪应变增量的区域面积亦扩展也越大，边坡越容易发生剪切破坏。

（2）数值计算结果（不考虑流变特性时）与现场监测数据较为吻合，表明本书对饱水-失水循环作用下岩石力学参数转换为岩体力学参数方法的合理性，证明本书提出的考虑了饱水-失水循环作用对岩石损伤的改进的 GH-B 强度准则和构建新的 GSI 量化取值表格是合理的；而数值计算值略小于实测值，这是因为计算时仅考虑饱水-失水循环对消落带岩体的劣化作用，但未考虑饱水-失水循环劣化作用下的岩体流变损伤特性。

（3）将室内岩石流变试验与现场监测数据相结合，根据本书所提出的考虑岩石饱水-失水循环次数 n 损伤的 DNBVP 模型，采用“BP-PSO 算法的边坡位移反分析方法”可反演获取龙滩水电站坝址区库岸高边坡消落带“岩体”的 DNBVP 模型的最优流变参数，以“改进的 GH-B 强度准则”和“新的 GSI 量化取值表格”为桥梁，合理确定龙滩水电站运营前所选剖面模型计算的初值参数，再将反演得到的最优流变参数代入到数值计算模型中进行计算，最后将最优流变参数对应监测点的反演计算理论位移值与现场实测位移值进行对比，发现现场实测位移值与流变计算值的变化趋势基本相同，量值上也接近，表明本书“基于 BP-PSO 算法的边坡位移反分析法”达到了预期的目标，同时也证明了本书提出的 DNBVP 模型的正确性。

（4）由《红水河-龙滩水电站左右岸边坡安全监测分析月报》可知，从 2007 年 5 月龙滩水电站开始投产运营，每年库水位发生一次升降，即每年库岸边坡消落带岩体发生一次“饱水-失水循环”。因此，对龙滩水电站左岸 B 流变体典型剖面高边坡消落带岩体进行饱水-失水循环 20 次后（水库运营 20 年后），并做考虑流变特性的长期稳定性计算分析，计算后发现，边坡可能有局部不稳定的倾向，特别是消落带岩体在库水位涨落 20 次后，即饱水-失水循环 20 次后，可能出现较为贯通的塑性区。建议对坝址区边坡 400m（最高正常蓄水位线）位置高程以下的各主要断层出露处进行混凝土灌浆置换等防渗处理，并且加强坡体内各排水洞和防渗帷幕的布置，尽量防止库水位涨落作用对边坡岩体的损伤劣化作用，此外，应在边坡阻滑段设置锚杆、锚索或抗滑桩等支护方式。

对西藏邦铺矿区 1-1 开挖边坡剖面进行不考虑流变和考虑流变长期稳定性两种工况的计算分析，结果表明，在未考虑流变工况下，边坡较稳定，考虑流变工况的最大位移值是没有考虑流变位移值的 14.1 倍，在考虑流变工况下，开挖边坡中部和坡脚位置发生了较大范围的剪切破坏，且开挖边坡中部有大面积的拉伸断裂，形成了一定区域的拉伸贯通区，这种工况下边坡是不稳定的，破坏现象比较明显，因此，应在相应区域采取预警监测并加强支护；在考虑流变和不考虑流变两种工况下的位移和塑性区，在开挖边坡中部台阶顶面和坡脚位置差异较大，这是由于在考虑流变长期作用后，花岗岩物理力学参数在长期流变效应下被减弱，造成开挖边坡位移变大，塑性区面积也发生扩展。

参考文献

陈炳瑞，冯夏庭，黄书岭，等.2007. 基于快速拉格朗日分析–并行粒子群算法的黏弹塑性参数反演及其应用. 岩石力学与工程学报，26（12）：2517-2525.

陈昌富，朱剑峰，周志军.2008. H-B 经验强度准则中参数 m，s 改进取值方法. 湖南大学学报：自然科学版，35（11）：154-158.

陈芳，王新刚，吴永风.2014. 改进的邓肯–张本构模型在碎石土边坡稳定性分析中的应用. 水力发电，40（5）：21-23+36.

陈卫忠.1998. 节理岩体损伤断裂时效机理及其工程应用. 岩石力学与工程学报，17（6）：718.

陈育民，刘汉龙.2007. 邓肯–张本构模型在 FLAC3D 中的开发与实现. 岩土力学，28（10）：2123- 2126.

陈宗基，康文法.1991. 岩石的封闭应力、蠕变和扩容及本构方程. 岩石力学与工程学报，10（4）：299-312.

程东幸，刘大安，丁恩保，等.2007. 龙滩水电站左岸边坡工程地质研究及蠕变体 B 区岩体质量评价. 工程地质学报，15（3）：362-368.

傅晏.2010. 干湿循环水岩相互作用下岩石劣化机理研究. 重庆：重庆大学博士学位论文.

葛修润.1987. 周期荷载作用下岩石大型三轴试验的变形和强度特性研究. 岩土力学，8（2）：12-15.

谷天峰，王家鼎，付新平.2013. 基于斜坡单元的区域斜坡稳定性评价方法. 地理科学，33（11）：1400-1405.

郭健，王新刚，刘强.2014. 节理控制性岩质边坡的稳定性分析. 矿业研究与开发，34（5）：31-35.

何怡，陈学军，王新刚.2015. 某煤矿岩质台阶开挖边坡破坏类型分析. 金属矿山，（2）：151-154.

胡斌，蒋海飞，胡新丽，等.2012. 紫红色泥岩剪切流变力学特性分析. 岩石力学与工程学报，31（S1）：2796-2802.

胡斌，王伟，张腾，等.2013. 露天矿最终边坡角优化设计模拟分析. 金属矿山，（9）：14-18.

胡斌，王新刚，刘智权，等.2011. 西藏邦铺露天矿岩体优势结构面与边坡稳定性分析. 金属矿山，（4）：12-15.

胡盛明，胡修文.2011. 基于量化的 GSI 系统和 Hoek-Brown 准则的岩体力学参数的估计. 岩土力学，32（3）：861-866.

黄达，黄润秋.2010. 卸荷条件下裂隙岩体变形破坏及裂纹扩展演化的物理模型试验. 岩石力学与工程学报，29（3）：502-512.

黄明.2010. 含水泥质粉砂岩蠕变特性及其在软岩隧道稳定性分析中的应用研究. 重庆：重庆

大学博士学位论文 .
贾洪彪，唐辉明，刘佑荣，等 . 2008. 岩体结构面三维网络模拟理论与应用 . 北京：科学出版社 .
蒋海飞，胡斌，刘强，等 . 2013. 考虑岩土蠕变特性的边坡长期稳定性研究 . 金属矿山，(12)：131-134+157.
蒋海飞，胡斌，刘强，等 . 2014. 一种新的岩石黏弹塑性流变模型 . 长江科学院院报，31（7）：44-48.
李博，胡斌，张勇，等 . 2012. 基于大型剪切试验的西藏某露天矿高原碎石土力学特性研究 . 工程勘察，40（7）：14-18.
连宝琴，王新刚 . 2015. 节理型黄土开挖边坡塌滑破坏机理 . 煤田地质与勘探，43（1）：68-71.
刘强，胡斌，蒋海飞，等 . 2013a. 基于强度折减法的露采边坡稳定性分析 . 金属矿山，(5)：49-52.
刘强，胡斌，蒋海飞，等 . 2013b. 改进的边坡楔形体破坏定性分析方法 . 人民长江，44（22）：69-71+78.
刘强，胡斌，王新刚，等 . 2013c. 青海松树南沟矿区台阶边坡破坏类型分析 . 中国矿业，22（8）：85-89.
刘新荣，张梁，傅晏 . 2014. 酸性环境干湿循环对泥质砂岩力学特性影响的试验研究 . 岩土力学，35（S2）：45-52.
刘艳辉，刘大安，李守定，等 . 2006. 龙滩水电工程左岸 B 区边坡压脚工程效果分析 . 工程地质学报，14（2）：239-244.
马闫，王家鼎，彭淑君，等 . 2016. 黄土贴坡高填方变形破坏机制研究 . 岩土工程学报，38（3）：518-528.
饶晨曦，胡斌，刘飞，等 . 2014. 双强度折减法分析岩质边坡稳定性 . 人民黄河，36（6）：119-121.
孙钧 . 1999. 岩土材料流变及其工程应用 . 北京：中国建筑工业出版社 .
孙钧 . 2007. 岩石流变力学及其工程应用研究的若干进展 . 岩石力学与工程学报，26（6）：1081-1106.
谭维佳，王新刚，刘飞 . 2015. 考虑降雨渗流影响的露天煤矿黄土开挖边坡分析 . 地质科技情报，34（1）：198-203.
谭维佳，魏云杰，王新刚，等 . 2015. 某露天矿岩质开挖边坡岩体力学参数获取及开挖稳定性分析 . 中国地质灾害与防治学报，26（1）：62-65+76.
王家鼎 . 1992. 高速黄土滑坡的一种机理——饱和黄土蠕动液化 . 地质论评，(6)：532-539.
王家鼎 . 1996. 中国黄土山城“依山造居”的几个灾害问题讨论——黄土滑坡分析 . 西北大学学报（自然科学版），(1)：57-61.
王家鼎，张倬元 . 1999a. 地震诱发高速黄土滑坡的机理研究 . 岩土工程学报，(6)：670-674.
王家鼎，刘悦 . 1999b. 高速黄土滑坡蠕、滑动液化机理的进一步研究 . 西北大学学报（自然科学版），(1)：83-86.
王家鼎，惠泱河 . 2001. 黑方台台缘灌溉水诱发黄土滑坡群的系统分析 . 水土保持通报，(3)：

10-13+51.
王家鼎，王建斌 . 2016. 水－力耦合作用下三趾马红土围岩变形特征研究 . 工程地质学报，24（6）：1157-1169.
王家鼎，冯学才，孟兴民 . 1991a. 黄土斜坡稳定性的模糊信息分析法 . 山地研究，（1）：33-40.
王家鼎，黄海国，阮爱国 . 1991b. 滑坡体滑动轨迹的研究 . 地质灾害与防治，（2）：3-12.
王家鼎，白铭学，肖树芳 . 2001a. 强震作用下低角度黄土斜坡滑移的复合机理研究 . 岩土工程学报，（4）：445-449.
王家鼎，肖树芳，张倬元 . 2001b. 灌溉诱发高速黄土滑坡的运动机理 . 工程地质学报，（3）：241-246.
王家鼎，王靖泰，黄海国 . 1993. 饱和土蠕（滑）动液化的研究 . 现代地质，（1）：102-108.
王家鼎，谢婉丽，骆凤涛 . 2007. 高填方加筋黄土路堤稳定性的有限元分析 . 地理科学，（2）：268-272.
王家鼎，谷天峰，任权 . 2008. 高速铁路路基黄土滑移变形的动力数值模拟 . 水文地质工程地质，（5）：19-23+40.
王思敬 . 2004. 中国岩石力学与工程世纪成就 . 南京：河海大学出版社 .
王伟 . 2007. 改进粒子群优化算法在边坡工程力学参数反演中的应用 . 南京：河海大学博士学位论文 .
王新刚，胡斌，李博，等 . 2011. 西藏邦铺露天矿台阶边坡破坏类型分析 . 工程勘察，39（11）：1-4+28.
王新刚，胡斌，连宝琴，等 . 2013a. 库水位骤变下滑坡——抗滑桩体系作用三维分析 . 岩石力学与工程学报，32（12）：2439-2446.
王新刚，胡斌，余宏明，等 . 2013b. 降雨入渗通道对黄土开挖边坡影响 . 辽宁工程技术大学学报（自然科学版），32（9）：1178-1181.
王新刚，余宏明，胡斌，等 . 2013c. 节理控制的降雨入渗通道对黄土开挖边坡稳定性的影响 . 山地学报，31（4）：413-417.
王新刚，胡斌，刘强，等 . 2013d. 松树南沟矿区节理岩质边坡开挖稳定性分析 . 金属矿山，（8）：127-130.
王新刚，陈晋，胡斌，等 . 2013e. 基于赤平投影的节理控制性黄土边坡破坏模式分析 . 煤矿安全，44（8）：210-212.
王新刚，胡斌，刘强，等 . 2013f. 碎石土大型直剪研究与边坡稳定性分析 . 长江科学院院报，30（6）：63-67.
王新刚，胡斌，李博，等 . 2013g. 碎石土直剪试验三维数值模拟 . 实验室研究与探索，32（9）：5-8.
王新刚，胡斌，连宝琴，等 . 2013h. 碎石土边坡石灰改良与桩锚护坡稳定性数值分析 . 岩石力学与工程学报，32（S2）：3852-3860.
王新刚 . 2014a. 饱水－失水循环劣化作用下库岸高边坡岩石流变机理及工程应用研究 . 武汉：中国地质大学博士学位论文 .
王新刚，胡斌，连宝琴，等 . 2014b. 西藏邦铺矿区花岗岩剪切流变本构研究及其开挖边坡长期稳定性分析．岩土力学，35（12）：3496-3502.

王新刚，胡斌，连宝琴，等．2014c. 改进的非线性黏弹塑性流变模型及花岗岩剪切流变模型参数辨识．岩土工程学报，36（5）：916-921.

王新刚，胡斌，赵治海，等．2014d. 渗流作用下节理型黄土开挖边坡塌滑破坏分析．自然灾害学报，23（2）：47-52.

王新刚，胡斌，王家鼎，等．2015. 基于 GSI 的 Hoek-Brown 强度准则定量化研究．岩石力学与工程学报，34（S2）：3805-3812.

王新刚，谷天峰，王家鼎．2017. 基质吸力控制下的非饱和黄土三轴蠕变试验研究．水文地质工程地质，44（4）：57-61+70.

王新刚，胡斌，唐辉明，等．2016. 渗透压-应力耦合作用下泥岩三轴流变实验及其流变本构．地球科学，41（5）：886-894.

王芝银，李云鹏．2008. 岩体流变理论及其数值模拟．北京：科学出版社．

谢和平，陈忠辉．2004. 岩石力学．北京：科学出版社．

徐卫亚，杨圣奇，褚卫江．2006. 岩石非线性黏弹塑性流变模型（河海模型）及其应用．岩石力学与工程学报，25（3）：433-447.

徐卫亚，杨圣奇，杨松林，等．2005. 绿片岩三轴流变力学特性的研究（Ⅰ）：试验结果．岩土力学，26（4）：531-537.

闫长斌，徐国元．2005. 对 Hoek-Brown 公式的改进及其工程应用．岩石力学与工程学报，24（22）：4030-4035.

杨圣奇，徐卫亚，谢守益，等．2006. 饱和状态下硬岩三轴流变变形与破裂机制研究．岩土工程学报，28（8）：962-969.

杨文东．2011. 复杂高坝坝区边坡岩体的非线性损伤流变力学模型及其工程应用．济南：山东大学博士学位论文．

杨文东，张强勇，张建国，等．2010. 基于 FLAC3D 的改进 Burgers 蠕变损伤模型的二次开发研究．岩土力学，31（6）：1956-1964.

尹双增．1992. 断裂 · 损伤理论及应用．北京：清华大学出版社．

袁文军，阮怀宁，孔不凡，等．2013. 广义 H-B 准则中经验参数的改进取值方法．人民黄河，35（4）：98-100.

张建海，何江达，范景伟．2000. 小湾工程岩体力学研究．云南水力发电，16（2）：26-27.

张强勇，杨文东，陈芳，等．2011. 硬脆性岩石的流变长期强度及细观破裂机制分析研究．岩土工程学报，（12）：1910-1918.

张强勇，杨文东，张建国，等．2009. 变参数蠕变损伤本构模型及其工程应用．岩石力学与工程学报，28（4）：732-739.

张永杰，曹文贵，赵明华，等．2011. 基于地质强度指标与区间理论的岩体抗剪强度确定方法．岩土力学，32（8）：2446-2452.

张勇，胡斌，李博，等．2011. 路基沉降的非等间隔时变离散灰色预测模型．安全与环境工程，18（4）：31-32+42.

中国水电工程顾问集团公司中南勘测设计研究院．2002～2013. 红水河-龙滩水电站左右岸边坡安全监测分析月报．广西：中国水电工程顾问集团公司中南勘测设计研究院龙滩水电工程安全监测项目部.
周创兵.2013. 水电工程高陡边坡全生命周期安全控制研究综述. 岩石力学与工程学报, 32 (6): 1081-1093.
周洪福, 聂德新.2010. 水电站坝基河床地段岩件结构评价指标获取. 湖南科技大学学报 (自然科学版), 25 (4): 54-58.
祝凯, 胡斌, 寇天, 等.2016. 灰岩三轴试验颗粒流模拟和能量变化特征研究. 黄金, 37 (5): 30-35.
Agan C. 2016. Prediction of squeezing potential of rock masses around the Suruc Water tunnel. Bulletin of Engineering Geology And The Environment, 75 (2): 451-468.
Aydan O, Ito T, Ozbay U, et al. 2014. ISRM suggested methods for determining the creep characteristics of rock. Rock Mech Rock Eng, 47 (1): 275-290.
Barla G, Debernardi D, Sterpi D. 2012. Time-dependent modeling of tunnels in squeezing conditions. ASCE Int J Geomech, 12 (6): 697-710.
Beiki M, Bashari A, Majdi A. 2010. Genetic programming approach for estimating the deformation modulus of rock mass using sensitivity analysis by neural network. Int J Rock Mech Min Sci, 47: 1091-1103.
Bieniawski Z T. 1978. Determining rock mass deformability—experience from case histories. Int. J. Rock Mech. Min Sci Geomech Abstr, 15: 237-247.
Boidy E, Bouvand A, Pellet F. 2002. Back analysis of time-dependent behavior of a test gallery in claystone. Tunneling and Underground Space Technology, 17 (4): 415-424.
Boukharov G N, Chanda M W, Boukharov N G. 1995. The three processes of brittle crystalline rock creep. International Journal of Rock Mechanics and Mining Sciences and Geomechanics Abstracts, 32 (4): 325-335.
Bozzano F, Martino S, Montagna A. 2012. A back analysis of a rock landslide to infer rheological parameters. Eng Geol, 131-132: 45-56.
Brantut N, Heap M J, Baud P, et al. 2014. Rate-and strain-dependent brittle deformation of rocks. J Geophys Res: Solid Earth, 119 (3): 1818-1836
Cai M, Kaisera P K, Unob H, et al. 2004. Estimation of rock mass deformation modulus and strength of jointed hard rock masses using the GSI system. International Journal of Rock Mechanics & Mining Sciences, 41: 3-19.
Cai M, Kaisera P K. 2006. Visualization of rock mass classification systems. Geotechnical and Geological Engineering, 24 (4): 89-102.
Carvalho J. 2004. Estimation of rock mass modulus (see paper by Hoek and Diederichs 2006).
Chen H X, Wang J D. 2014. Regression analysis for the minimum intensity-duration conditions of continuous rainfall for mudflows triggering in Yan' an, Northern Shaanxi (China). Bulletin of Engineering Geology and Environment, 73 (4): 917-928.
Chen L, Wang C P, Liu J F. 2014. A damage-mechanism-based creep model considering temperature effect in granite. Mech Res Commun, 56: 76-82.
Conil N, Djeran M I, Cabrillac R, et al. 2004. Poroplastic damage model for claystones. Applied Clay

Science, 26: 473-487.

Debernardi D, Barla G. 2009. New viscoplastic model for design analysis of tunnels in squeezing conditions. Rock Mech Rock Eng, 42 (2): 259-288.

Deng H F, Zhou M L, Li J L, et al. 2016. Creep degradation mechanism by water-rock interaction in the red-layer soft rock. Arab J Geosci, 9: 601.

Dragan G, Homand F, Hoxha D. 2003. A short- and long- term rheological model to understand the collapses of iron mines in Lorraine, France. Computers and Geotechnics, 30 (7): 557-570.

Eberhart R, Kennedy J. 1995. A new optimizer using particle swarm theory. Proc. On 6th International Symposium on Micromachine and Human Science. Piscataway NJ: IEEE Serviee Center.

Fabre G, Pellet F. 2006. Creep and time-dependent damage in argillaceous rocks. Int J Rock Mech Min Sci, 43 (6): 950-960.

Feng X, Chen B, Yang C, et al. 2006. Identification of viseo- elastic models for rocks using genetic programming coupled with the modified particle swarm optimization algorithm. International Journal of Rock Mechanics and Mining Sciences, 43 (5): 789-801.

Fuenkajorn K, Sriapai T, Samsri P. 2012. Effects of loading rate on strength and deformability of Maha Sarakham salt. Eng Geol, 135-136: 10-23.

Furuya G, Sassa K, Hiura H, et al. 1999. Mechanism of creep movement caused by landslide activity and underground erosion in crystalline schist, Shikoku Island, southwestern Japan. Eng Geol, 53: 311-325.

Gao Y N, Gao F, Zhang Z Z, et al. 2010. Visco- elastic- plastic model of deep underground rock affected by temperature and humidity. Mining Science and Technology, 20 (2): 183-187.

Gilles A, Nathalie C, Jean T, et al. 2017. Fundamental aspects of the hydromechanical behaviour of Callovo- Oxfordian claystone: From experimental studies to model calibration and validation. Computers and Geotechnics, 85: 277-286.

Griggs D T. 1939. Creep of rocks. Journal of Geology, 47: 225-251.

Gu T F, Wang J D. 2015. GIS and limit equilibrium in the assessment of regional slope stability and mapping of landslide susceptibility. Bulletin of Engineering Geology and Environment, 74: 1105-1115.

Hao S W, Zhang B J, Tian J F, et al. 2014. Predicting time- to- failure in rock extrapolated from secondary creep. J Geophys Res: Solid Earth, 119 (3): 1942-1953.

Hendron A J, Patton F D. 1987. The vaiont slide- A geotechnical analysis based on new geologic observations of the failure surface. Engineering Geology, 24: 475-491.

Hoek E, Brown E T. 1997. Practical estimates of rock mass strength. Int J Rock Mech Min Sci, 34 (8): 1165-1186.

Hoek E, Carran Za- Torres C, Corkum B. 2002. Hoek- Brown failure criterion- 2002 edition. Minging Innovation and Technology, 2002: 267-273.

Hoek E, Diederichs M S. 2006. Empirical estimation of rock mass modulus. International Journal of Rock Mechanics and Mining Sciences, 43 (2): 203-215.

Jane P. 2017. Creeping earth could hold secret to deadly landslides. Nature, 548: 384.

Jiang Q H, Qi Y J, Wang Z J, et al. 2013. An extended Nishihara model for the description of three stages of sandstone creep. Geophys. J. Int. , 193: 841-854.

Johan C, Lars D. 2008. An exact implementation of the Hoek-Brown criterion for elasto-plastic finite element calculations. International Journal of Rock Mechanics and Mining Sciences, 45 (6): 831-847.

Kachanov M L. 1999. Rupture time under rheological condition. International Journal of Fracture, 97 (1/4): 11-18.

Kennedy J, Eberhart R. 1995. Particle Swarm OPtimi Zation. Proc. IEEE International Conference on Neural Networks. Piscataway NJ: IEEE Serviee Center.

Ma L, Daemen J J K. 2006. An experimental study on creep of welded tuff. Int J Rock Mech Min Sci. , 43 (2): 282-291.

Malan D F. 1999. Time-dependent behavior of deep level tabular excavations in hard rock. Rock Mechanics and Rock Engineering, 32 (2): 123-155.

Maranini E, Brigooli M. 1999. Creep behavior of a weak rock: experimental characterization. International Journal of Rock Mechanics and Mining Sciences, 36: 127-138.

Maranini E, Yamaguchi T. 2001. A non-associated viscoplastic model for the behaviour of granite in triaxial compression. Mech Mater, 33 (5): 283-93.

Marinos V, Marinos P, Hoek E. 2005. The geological strength index: applications and limitations. Bulletin of Engineering Geology and the Environment, 64 (1): 55-65.

Mehrotra V K. 1992. Estimation of engineering parameters of rock mass. PhD thesis, Department of Civil Engineering. India: University of Roorkee.

Mitri H S, Edrissi R, Henning J. 1994. Finite element modeling of cable bolted stopes in hard rock ground mines. In: Presented at the SME annual meeting, New Mexico, Albuquerque, 94-116.

Nedjar B, Le Roy R. 2013. An approach to the modeling of viscoelastic damage. Application to the long-term creep of gypsum rock materials. Int J Numer Anal Met, 37 (9): 1066-1078.

Nicholson G A, Bieniawski Z T. 1990. A nonlinear deformation modulus based on rock mass classification. Int J Min Geol Eng, 8: 181-202.

Nishihara M. 1952. Creep of shale and sandy-shale. J Geol Soc Jpn, 58: 373-377.

Nomikos P, Rahmannejad R, Sofianos A. 2011. Supported axisymmetric tunnels within linear viscoelastic Burgers rocks. Rock Mech Rock Eng, 44 (5): 553-564.

Okubo S, Fukui K, Gao X. 2008. Rheological behaviour and model for porous rocks under air-dried and water-saturated conditions. The Open Civil Engineering Journal, 2: 88-98.

Okubo S, Fukui K, Hashiba K. 2010. Long-term creep of water-saturated tuff under uniaxial compression. International Journal of Rock Mechanics & Mining Sciences, 47: 839-844.

Pellet F L, Keshavarz M, Boulon M. 2013. Influence of humidity conditions on shear strength of clay rock discontinuities. Eng Geol, 157: 33-38.

Pham Q T, Vales F, Malinsky L, et al. 2007. Effects of desaturation-resaturation on mudstone. Phys Chem Earth, 32 (8/14): 646-55.

Read S A L, Richards L R, Perrin N D. 1999. Applicability of the Hoek-Brown failure criterion to New

Zealand greywacke rocks. In: Vouille G, Berest P. Paris: Proceedings of the nineth international congress on rock mechanics.

Rutter E H, Green S. 2011. Quantifying creep behaviour of clay-bearing rocks below the critical stress state for rapid failure. landslide Science for a Safer Geoenvironment, 168: 359-372.

Serafim J L, Pereira J P. 1983. Considerations on the geomechanical classification of Bieniawski. In: Proceedings of the symposium on engineering geology and underground openings. Portugal, Lisboa, 1133-1144.

Shao J F, Zhu Q Z, Su K. 2003. Modeling of creep in rock materials in terms of material degradation. Comput Geotech, 30: 549-555.

Sheinin V I, Blokhin D I. 2012. Features of thermomechanical effects in rock salt sample under uniaxial compression. J Min Sci, 48: 39-45.

Shen J Y, Karakus M, Xu C S. 2012. A comparative study for empirical equations in estimating deformation modulus of rock masses. Tunnelling and Underground Space Technology, 32: 245-250.

Shi Y H, Eberhart R C. 2000. Experimental study of particle swarm optimization. Orlando: Proceedings of SCI Conference.

Sonmez H, Gokceoglu C, Ulusay R. 2004. Indirect determination of the modulus of deformation of rock masses based on the GSI system. International Journal of Rock Mechanics and Mining Sciences, 41 (5): 849-857.

Sonmez H, Ulusay R. 1999. Modifications to the geological strength index (GSI) and their applicability to stability of slopes. International Journal of Rock Mechanics & Mining Sciences, 36 (6): 743-760.

Steipi D, Gioda G. 2009. Visco- plastic behaviour around advancing tunnels in squeezing rock. Rock Mechanics and Rock Engineering, 42 (2): 319-339.

Sun M J, Tang H M, Wang M Y, et al. 2016. Creep behavior of slip zone soil of the Majiagou landslide in the Three Gorges area. Environ Earth Sci, 75 (16): 1199.

Thomas B, Radu S, Regina A K, et al. 2008. Hoek- Brown criterion with intrinsic material strength factorization. International Journal of Rock Mechanics and Mining Sciences, 45 (2): 210-222.

Tomanovic Z. 2006. Rheological model of soft rock creep based on the tests on marl. Mech Time-Depend Mat. , 10: 135-154.

Wang J D, Gu T F, Xu Y J. 2017. Field tests of expansive soil embankment slope deformation under the effect of the rainfall evaporation cycle. Applied Ecology and Environmental Research, 15 (3): 343-357.

Wang J D, Huang C F, Liu Z R. 1991. The study on sliding locus for landslide, Proceedings of the International Symposium on Landslide and Geotechnic. Wuhan: Huazhong University of Science and Technology Press.

Wang J D, Xia M, Gu T F. 2013. The application of TRIGRS method in the evaluation of loess slope stability. Global View of Engineering Geology and the Environment. Beijing: CRC Press.

Wang J D, Zeng Y J, Xu Y J, et al. 2017. Analysis of the influence of tunnel portal section construction on slope stability. Geology, Ecology and Landscapes, 1 (1): 56-65.

Wang J D. 1991. The study of synthetically geological hazards and the working out its map of LanZhou, Proc. of Intern. Symposium of habitat from floods, debris flows and avalanches, 3: 217-230.

Wang J D. 1993. The analysis of loess slope instability based on fuzzy information method. Busfal, 53: 83-92.

Wang X G, Hu B, Hu X L, et al. 2016. A constitutive model of granite shear creep under moisture. Journal of Earth Science, 27 (4): 677-685.

Wang X G, Wang J D, Gu T F. 2017. A modified Hoek- Brown failure criterion considering the damage to reservoir bank slope rocks under water saturation- dehydration circulation. Journal of Mountain Science, 14 (4): 771-781.

Weidinger J T, Ibetsberger H J, Wang J D, et al. 2001. Geoanalytical hazard analysis along valley flanks with high potential of landslides in the Loess Plateau of the provinces Gansu and Shaanxi. Mitteilungen Der Oesterreichischen Geographischen Gesellschaft, 143: 233-256.

Weidinger J T, Wang J D, Ma N X et al. 2002. The earthquake-triggered rock avalanche of Cui Hua, Qin Ling Mountains, P. R. of China—the benefits of a lake- damming prehistoric natural disaster. Quaternary International, 94: 207-214.

Weng M C. 2014. A generalized plasticity- based model for sandstone considering time- dependent behavior and wetting deterioration. Rock Mech Rock Eng, 7: 1197-1209.

Wu L Z, Li B, Huang R Q, et al. 2017. Experimental study and modeling of shear rheology in sandstone with nonpersistent joints. Eng Geol, 222: 201-211.

Xie S Y, Shao J F. 2006. Elastoplastic deformation of a porous rock and water interaction. International Journal of Plasticity, 22: 2195-2225.

Xu W Y, Wang R B, Wang W, et al. 2012. Creep properties and permeability evolution in triaxial rheological tests of hard rock in dam foundation. Journal of Central South University, 19 (1): 252-261.

Yahya O M L, Aubertin M, Julien M R. 2000. A unified representation of the plasticity, creep and relaxation behavior of rocksalt. Int J Rock Mech Min Sci, 37 (5): 787-800.

Yang S Q, Cheng L. 2011. Non-stationary and nonlinear visco-elastic shear creep model for shale. Int J Rock Mech Min Sci, 48 (6): 1011-1020.

Yang W D, Zhang Q Y, Li S C, et al. 2013. Time-Dependent Behavior of Diabase and a Nonlinear Creep Model. Rock Mech. Rock Eng, 47: 1211-1224.

Zhou H W, Wang C P, Han B B, et al. 2011. A creep constitutive model for salt rock based on fractional derivatives. Int J Rock Mech Min Sci, 48 (1): 116-121.